"十四五"职业教育国家规划教材　　　　工业和信息化精品系列教材

Information Technology

信息技术

基础模块｜WPS Office｜AI 协同

微课版

U0647177

张敏华　史小英 ◎ 主编

王欣欣　叶梦雄　赵钢 ◎ 副主编

人民邮电出版社

北　京

图书在版编目（CIP）数据

信息技术：基础模块：WPS Office：AI 协同：微
课版 / 张敏华，史小英主编. -- 北京：人民邮电出版
社，2025. --（工业和信息化精品系列教材）. -- ISBN
978-7-115-67352-7

Ⅰ. TP3

中国国家版本馆 CIP 数据核字第 2025D7M321 号

内 容 提 要

本书全面、系统地介绍了信息技术的基础知识及 WPS Office 的基本操作。全书共 7 个模块，涉及文档处理、电子表格处理、演示文稿处理、信息检索、新一代信息技术概述、信息素养与社会责任、WPS AI 应用等内容。

本书以《高等职业教育专科信息技术课程标准（2021 年版）》为依据，采用任务驱动的讲解方式组织教学内容，旨在锻炼学生的信息技术操作能力，培养学生的信息素养。本书中的任务主要按照"任务描述—任务准备—制作思路—效果展示—任务实现—能力拓展"的结构（根据模块内容的性质，部分任务的制作思路、效果展示、能力拓展环节可能会酌情省略）进行讲解，并且每个模块的最后还安排了课后练习，以便学生对所学知识进行巩固。

本书可以作为高校信息技术课程的教材或参考书，也可以作为计算机培训班的教材或各行各业相关人员自学信息技术的参考书。

◆ 主　　编　张敏华　史小英
　　副主编　王欣欣　叶梦雄　赵　钢
　　责任编辑　郭　雯
　　责任印制　王　郁　焦志炜

◆ 人民邮电出版社出版发行　　北京市丰台区成寿寺路 11 号
　　邮编　100164　电子邮件　315@ptpress.com.cn
　　网址　https://www.ptpress.com.cn
　　三河市兴达印务有限公司印刷

◆ 开本：787×1092　1/16
　　印张：14.5　　　　　　　　　　2025 年 8 月第 1 版
　　字数：423 千字　　　　　　　　2025 年 8 月河北第 1 次印刷

定价：49.80 元

读者服务热线：(010)81055256　印装质量热线：(010)81055316
反盗版热线：(010)81055315

前　言

在信息爆炸的 21 世纪，飞速发展的信息技术正以前所未有的方式影响着整个世界。从国家战略的深远布局到日常生活的点滴，信息技术的触角已渗透到社会的每一个角落，成为推动社会进步和国家经济发展的关键力量。党的二十大报告明确指出，加快发展数字经济，促进数字经济和实体经济深度融合，打造具有国际竞争力的数字产业集群。当前，随着数字经济和新一代信息技术的迅猛发展，人们逐渐步入 AI 技术引领的新纪元。AI 技术的广泛实践与深度融合不仅激发了信息技术领域的持续创新与优化，更作为强大的驱动力加速推动着全球产业结构的变革与升级。在这样的时代背景下，掌握信息技术不仅是一项基本技能，更是通往未来世界的通行证。

为此，编者编写了《信息技术（基础模块）（WPS Office）（AI 协同）（微课版）》一书。本书以培育符合社会经济发展、产业转型升级等要求的应用型人才为己任，深入贯彻人才强国战略，旨在为学生搭建一座通往知识殿堂的桥梁，引领他们探索信息技术的广阔天地，理解其发展趋势，并培养他们在未来社会中不可或缺的信息素养与社会责任感。

信息技术作为职业院校的一门公共基础必修课程，对课程知识与教学方法有着较高的要求。为了便于学生学习，本书综合考虑了目前信息技术基础教育的实际情况和计算机技术的发展状况，用通俗易懂的语言和日常生活、学习中的常见案例讲解信息技术的基础知识和应用方法，并按照《高等职业教育专科信息技术课程标准（2021 年版）》的要求，采用"模块—任务"的方式带领学生学习，从而激发学生的学习兴趣。

本书内容

本书精心设计了 7 个模块，从基础的"文档处理""电子表格处理""演示文稿处理"等模块入手，锻炼学生对 WPS Office 办公软件的操作能力和应用能力，为学生未来职业生涯中的高效沟通与协作办公打下坚实的基础。通过"信息检索"模块，学生可以具备在信息海洋中筛选、鉴别和应用信息的能力，这也是信息时代的人们必备的核心素养之一。通过"新一代信息技术概述"模块，学生可以走进人工智能、大数据、云计算、物联网等前沿领域。这些技术可以改变人们生产生活的方式，激发学生对未来科技的无限遐想与探索欲，培养他们的创新思维和前瞻意识。通过"信息素养与社会责任"模块，学生可以提高保护个人隐私、尊重知识产权、维护网络安全的意识，以便在信息社会中做出明智的判断与选择，同时培养信息社会中的道德伦理和社会责任。最后，"WPS AI 应用"模块将理论与实践相结合，通过具体案例展示如何运用 WPS Office的 AI 功能提升工作效率与创造力，让学生在实践中感受 AI 技术的魅力，从而为未来的学习与工作打下坚实的基础。

本书特色

本书在知识讲解、体例设计及配套资源方面具有以下特色。

（1）理实一体，学以致用。本书采用理论与实践一体化的教学模式，能够提升学生使用信息技术解决实际问题的综合能力，使学生成为德智体美劳全面发展的高素质技术人才。

（2）任务驱动，目标明确。本书主要按照"任务描述—任务准备—制作思路—效果展示—任务实现—能力拓展"的结构讲解任务。每个模块都安排了多个任务，让学生可以带着任务去学习，从而厘清思路，更好地将知识融入实际操作和应用。

（3）深入浅出，通俗易懂。本书在注重系统性和科学性的基础上，突出了实用性和可操作性，对重点概念和操作技能进行了详细讲解，并且语言流畅、内容深入浅出，符合计算机基础教学的标准，满足社会人才培养的基本要求。

本书通过"技能提升"小栏目为学生提供更多解决问题的方法和更加全面的知识，引导学生尝试更好、更快地完成当前工作任务及类似的工作任务；通过"行业动态""学思启示"小栏目介绍行业的新动态与相关专业知识，帮助学生开拓视野，树立正确的价值观。

（4）融入 AI，与时俱进。在新一代信息技术中，AI 正在大放异彩。本书紧跟信息技术发展的趋势，将 AI 工具的应用融入办公应用，通过各种案例培养学生借助 AI 工具解决实际问题的能力，帮助学生更好地理解新技术、应用新技术。

需要注意的是，本书使用了 AI 工具来辅助案例的制作，包括生成内容、改写内容、寻求建议、获取信息等，但 AI 工具生成的内容具有随机性，同时这些 AI 平台的功能和界面在不断更新变化，因此读者在实际操作中，即使使用相同的指令，也难以生成完全一致的内容。书中 AI 所生成的内容或提供的建议主要用作参考，实际操作时，读者可以使用 AI 生成的其他内容来代替进行练习，从而提升 AI 的创意能力，也可以使用配套资源提供的素材进行操作练习。

（5）配套微课，便于学习。本书的所有操作内容均已录制成视频，读者可扫描书中提供的二维码观看视频，从而轻松掌握相关知识。同时，本书提供了相关操作的素材文件和效果文件。

读者可以通过人邮教育社区（www.ryjiaoyu.com）下载本书的 PPT 课件、教学大纲、素材文件和效果文件等相关配套资源。

本书由西安航空职业技术学院的张敏华和史小英任主编，河北石油职业技术大学的王欣欣和西安航空职业技术学院的叶梦雄、赵钢任副主编。其中，张敏华、史小英负责整体设计及统稿，王欣欣负责编写模块四、模块五、模块七，赵钢负责编写模块一、模块二，叶梦雄负责编写模块三、模块六。感谢北京四合天地科技有限公司为本书提供部分案例。由于编者水平有限，书中难免存在不足之处，欢迎广大读者批评指正。

编者
2025 年 3 月

目　录

模块二
电子表格处理 ············ 69

模块四

信息检索 ……………………… 167

模块五

新一代信息技术概述 ……… 184

模块一
文档处理

01

在工业时代及以前，人们主要通过手工抄写、纸质存储等方式来处理文字信息，这一时期的"文档处理"效率不高，而且信息的传播与保存存在着极大的局限。当人类走出工业文明，步入信息时代、数字化时代、智能化时代之后，基于计算机应用的文档处理便逐渐崭露头角。现代文档处理即通过现代计算机技术和软件工具，对文字等信息进行编辑、管理、存储和传输等操作。与传统的文字处理相比，基于计算机技术的文档处理更加高效、便捷。通过文档处理软件，人们可以迅速地对大量文档进行编辑，从而实现更精准、更完善的信息管理与传播。而在目前的 AI 时代，随着人工智能技术的日益成熟，文档处理的流程变得更加简化、方法更加高效，文档的处理与应用也将再次迈入一个新的阶段。

如今，文档处理已经广泛应用于人们生活、学习和工作的方方面面。例如，编制学习计划、毕业论文、实习报告等文档时，都会用到文档处理相关的操作。因此，本模块将基于 WPS 文字这一文档处理软件，制作共建网络文明倡议书、探寻我国饮茶文化的千年传承、赏析《滕王阁序》、二十四节气、个人简历、毕业论文等文档，详细介绍文档的制作与编辑方法。

课堂学习目标

- **知识目标：**掌握 WPS 文字的各种基本操作，如文档操作、文本操作、格式设置、各种对象的插入与编辑、页面设置、长文档的编辑等。

- **技能目标：**能够利用 WPS 文字制作和编辑各种各样的文档。

- **素质目标：**培养学生对信息的管理和应用能力，提高其逻辑思维能力、判断能力和表达能力，促使其关注社会问题，传播积极信息，培养其社会责任感。

任务一 创建"共建网络文明倡议书"文档

一、任务描述

自人类进入信息社会以来，网络就成为人们生活、学习和工作中不可或缺的一部分。网络构建了一个庞大的数据库和知识库，也形成了一个巨大的虚拟社交空间。在这个空间中，人们的任何行为都可能影响整个空间的健康发展。为了营造良好的网络环境、发展积极向上的网络文明、倡导广大网民共同遵守网络道德规范，从而引导社会形成积极向上、文明健康的网络风尚，本任务将创建一篇以"共建网络文明倡议书"为主题的文档，通过创建该文档介绍创建文档、输入文本、基于 AI 工具快速生成文本，保存、加密并输出文档等操作。

二、任务准备

要完成使用 WPS 文字创建和制作"共建网络文明倡议书"文档的任务，需要了解文档制作的基础
知识，如明确文档的常见应用场景，了解 WPS 文字的操作界面，以及掌握快速生成文档内容的方法等，
以便后续对文档进行操作和处理。

（一）文档的常见应用场景

在信息社会中，文档的应用非常广泛，几乎涵盖了所有需要进行文字处理和信息记录的领域。下面
列举了一些常见的文档应用场景。

（1）教育、学术领域，如编写学术论文、科研报告、课程教案等。

（2）办公领域，如编写企业项目进展报告、合同，编辑会议记录、工作总结等。

（3）学习、生活领域，如记录心得、感想，编写学习计划，整理知识、经验和观点等。

（4）媒体出版领域，如编写书籍、新闻稿件、文案、制作宣传册等。

（5）技术工程领域，如编写用户手册、技术文档等。

（二）WPS 文字的操作界面

WPS 文字是 WPS Office 软件的核心组件之一，是北京金山办公软件股份有限公司自主研发的一
款文字处理工具，具有强大的功能和广泛的应用领域。它具备支持多种文档格式、文字编辑功能丰富、
多媒体元素插入、云存储同步等多种功能与特点。进入 WPS 文字的操作界面后，便可查看其提供的各
种功能分区和功能选项。

单击"开始"按钮🔲，在打开的下拉列表中选择"WPS Office"选项，便可启动该软件并打开"首
页"选项卡；单击"新建"按钮➕，在打开的"新建"面板中，首先选择"文字"选项，然后选择"空白
文档"选项，便可新建空白文档。WPS 文字的操作界面如图 1-1 所示。

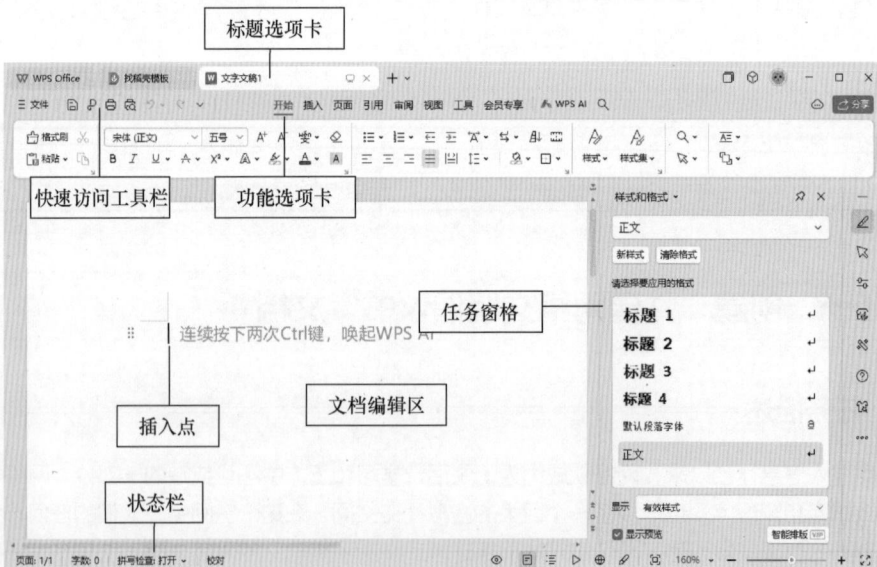

图1-1　WPS 文字的操作界面

1. 标题选项卡

标题选项卡位于 WPS 文字操作界面的顶端，主要用于显示文档的名称，同时支持切换文档、关闭

文档（单击标题选项卡右侧的"关闭"按钮× ）等操作。

2. 功能选项卡

功能选项卡为用户编辑文档提供了各种工具，它主要由以下 5 个部分组成。

（1）左侧的"文件"选项卡可用于实现文档的新建、打开、保存、退出等操作。

（2）"文件"选项卡与"开始"选项卡之间的区域称为"快速访问工具栏"，在此处可添加常用的命令按钮。

（3）"开始""插入""页面""引用"等选项卡是 WPS 文字的功能选项卡，每个功能选项卡中都集合了各种功能按钮和设置参数，可用于对文档进行各种编辑和其他设置。

（4）功能选项卡右侧的搜索框称为"智能搜索框"，用户可在其中输入需要搜索的内容，如输入"插入目录"，然后在显示的搜索结果下拉列表中选择"插入目录"选项，从而快速执行"插入目录"的操作。

（5）智能搜索框右侧有◎、 ◻分享两个按钮，其功能分别是将文档保存到云端和将文档分享给他人，其主要作用是实现数据共享、提高操作效率。

3. 文档编辑区

文档编辑区是输入与编辑文本的区域，对文本进行的各种操作及对应的结果都会显示在该区域中。新建一个空白文档后，文档编辑区的左上角将显示一个闪烁的光标，该光标称为"插入点"，插入点所在的位置便是文本的起始输入位置。

4. 任务窗格

任务窗格位于文档编辑区的右侧，单击该任务窗格右侧的某个任务按钮便可打开对应的任务窗格，其作用是辅助用户编辑当前文档。

5. 状态栏

状态栏位于 WPS 文字操作界面的底端。状态栏左侧主要用于显示当前文档的工作状态，包括页面、字数、拼写检查、校对等；状态栏右侧则显示了用于切换视图模式的各种按钮，以及用于调整页面显示比例的按钮与滑块等。

（三）文档内容的快速生成与常用的 AI 工具

文档处理实际上是对信息的记录和管理，而文字则是文档处理的主要对象。通常来说，文档中的文字内容是由文档编辑者逐字逐句编写和输入的，但随着信息技术的发展，AI 工具的应用逐渐广泛，文档编辑者可以根据文档制作的需要，借助合适的 AI 工具实现文档内容的快速生成。所谓借助 AI 工具快速生成文本，就是基于目前各类 AI 大模型提供的文本生成功能，快速生成文档的框架、初稿等。例如，要求 AI 工具撰写一篇"共建网络文明倡议书"，AI 工具将围绕该要求自动生成相关内容。此时，文档编辑者可以以该内容为参考，快速完成文档内容的编写。

目前，适用于快速生成文档内容的 AI 工具非常多，如文心一言、通义、智谱清言、豆包、Kimi、讯飞星火认知大模型等。这些 AI 工具在文本生成方面都表现出较大的功能与优势。

（1）文心一言。文心一言是由百度开发的知识增强大语言模型，能够与人对话互动、回答问题、协助创作，可帮助人们快速获取信息、知识和灵感。

（2）通义。通义是由阿里云开发的语言模型，支持多轮对话、文案创作、逻辑推理、多模态理解、多语言支持等功能。

（3）智谱清言。智谱清言是由北京智谱华章科技有限公司开发的生成式 AI 助手，具备通用问答、多轮对话、创意写作、代码生成、虚拟对话、AI 画图、文档和图片解读等功能。

（4）豆包。豆包是由字节跳动公司基于云雀模型开发的 AI 工具，不仅可以提供聊天机器人、写作助手及英语学习助手等功能，还可以回答各种问题并展开对话，帮助人们获取信息。

（5）Kimi。Kimi 是由北京月之暗面科技有限公司开发的 AI 智能助手，具备专业学术论文翻译和理解、辅助分析法律问题、快速理解 API 开发文档等功能，是全球首个支持输入 20 万汉字的智能助手产品。

（6）讯飞星火认知大模型。讯飞星火认知大模型是由科大讯飞发布的 AI 大模型，具有文本生成、语言理解、知识问答、逻辑推理、数学能力、代码能力、多模交互等功能。

图 1-2 所示为文心一言的内容生成页面。现在，主流 AI 大模型的使用方法大同小异，进入其官方页面后，在下方的文本框中输入问题或要求并发送，便可获得对应的信息。

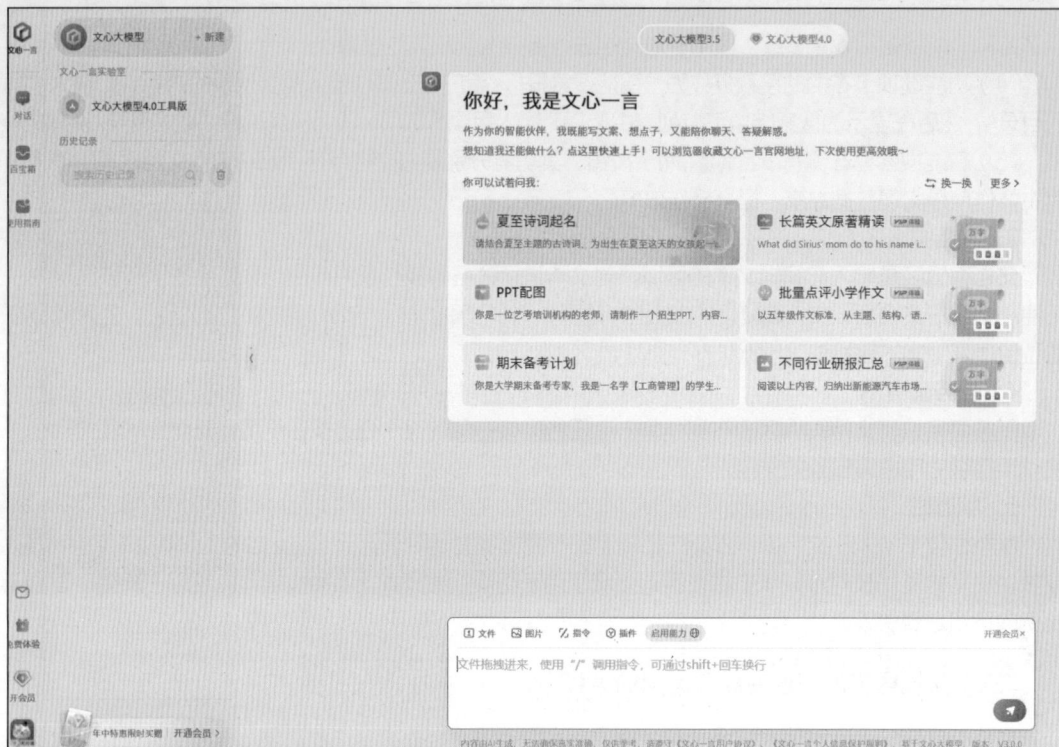

图1-2　文心一言的内容生成页面

┃行业动态┃

AI 与 AIGC 的应用

　　AI（Artificial Intelligence，人工智能）是一种模拟人类智能行为的机器系统，这种系统能够感知环境并采取相应的行动以实现特定的目标。当前，AI 已广泛渗透到各行各业，包括医疗保健、交通运输、教育培训、娱乐休闲等。其中，广泛应用于日常工作和学习的 AI 类型主要是 AIGC（Artificial Intelligence Generated Content，人工智能生成内容），是指基于人工智能的技术与方法，通过对已有数据的学习和识别，生成相关内容的技术。根据不同模态，AIGC 可以分为音频生成、文本生成、视频生成、图像生成，以及图像、视频、文本间的跨模态生成等类型。例如，文心一言、通义是文本生成模态的 AI 工具，文心一格、通义万相是图片生成模态的 AI 工具。

三、制作思路

　　创建"共建网络文明倡议书"文档的操作比较基础，其思路整理如下。

（1）创建并命名文档。

（2）梳理"共建网络文明倡议书"文档的内容与结构，并列举文档中需要包含的几个部分。

（3）基于文档的内容与结构，使用文心一言生成文档初稿。

（4）为文档加密并输出文档。

四、效果展示

"共建网络文明倡议书"文档参考效果（部分）如图1-3所示。

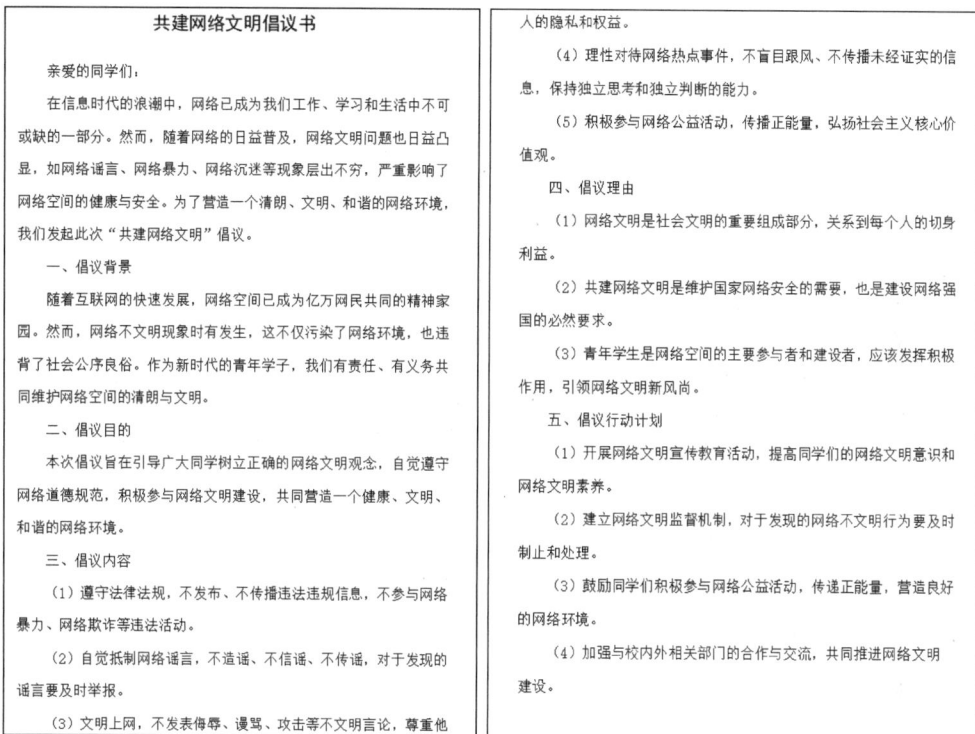

共建网络文明倡议书

亲爱的同学们：

在信息时代的浪潮中，网络已成为我们工作、学习和生活中不可或缺的一部分。然而，随着网络的日益普及，网络文明问题也日益凸显，如网络谣言、网络暴力、网络沉迷等现象层出不穷，严重影响了网络空间的健康与安全。为了营造一个清朗、文明、和谐的网络环境，我们发起此次"共建网络文明"倡议。

一、倡议背景

随着互联网的快速发展，网络空间已成为亿万网民共同的精神家园。然而，网络不文明现象时有发生，这不仅污染了网络环境，也违背了社会公序良俗。作为新时代的青年学子，我们有责任、有义务共同维护网络空间的清朗与文明。

二、倡议目的

本次倡议旨在引导广大同学树立正确的网络文明观念，自觉遵守网络道德规范，积极参与网络文明建设，共同营造一个健康、文明、和谐的网络环境。

三、倡议内容

（1）遵守法律法规，不发布、不传播违法违规信息，不参与网络暴力、网络欺诈等违法活动。

（2）自觉抵制网络谣言，不造谣、不信谣、不传谣，对于发现的谣言要及时举报。

（3）文明上网，不发表侮辱、谩骂、攻击等不文明言论，尊重他人的隐私和权益。

（4）理性对待网络热点事件，不盲目跟风、不传播未经证实的信息，保持独立思考和独立判断的能力。

（5）积极参与网络公益活动，传播正能量，弘扬社会主义核心价值观。

四、倡议理由

（1）网络文明是社会文明的重要组成部分，关系到每个人的切身利益。

（2）共建网络文明是维护国家网络安全的需要，也是建设网络强国的必然要求。

（3）青年学生是网络空间的主要参与者和建设者，应该发挥积极作用，引领网络文明新风尚。

五、倡议行动计划

（1）开展网络文明宣传教育活动，提高同学们的网络文明意识和网络文明素养。

（2）建立网络文明监督机制，对于发现的网络不文明行为要及时制止和处理。

（3）鼓励同学们积极参与网络公益活动，传递正能量，营造良好的网络环境。

（4）加强与校内外相关部门的合作与交流，共同推进网络文明建设。

图1-3 "共建网络文明倡议书"文档参考效果（部分）

五、任务实现

（一）创建联机文档

启动WPS Office，在"首页"选项卡中单击"新建"按钮，在打开的"新建"面板中选择"文字"选项，可创建一个空白文档。此外，也可以创建联机文档。所谓创建联机文档，是指在计算机连接了互联网时，可以使用网络上的文档模板快速创建一个包含一定内容和样式的文档，从而有效提高编辑文档的效率。本任务需创建"共建网络文明倡议书"文档，可以选择一个与之相似的文档模板快速完成该文档的创建，具体操作如下。

微课
创建联机文档

（1）启动WPS Office，在"首页"选项卡中单击"新建"按钮，在打开的"新建"面板中选择"文字"选项。

（2）在搜索框中输入"倡议书"，按"Enter"键后，在显示的搜索结果中选择需要的文档模板，如图1-4所示。

（3）单击 [免费使用] 按钮，应用该模板，此时，WPS Office 便将根据所选模板创建文档，效果如图 1-5 所示。应用模板需要登录 WPS 账号，若没有登录，则需登录后再选择模板。

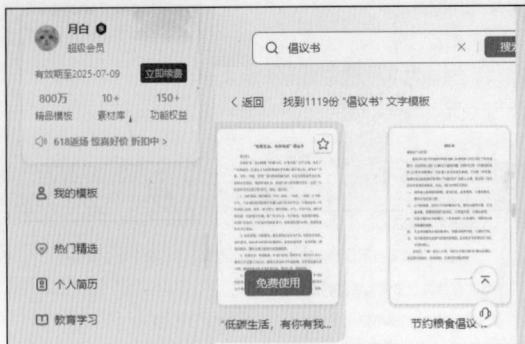

图 1-4　选择需要的文档模板

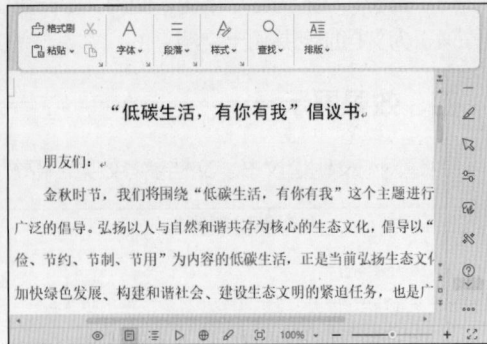

图 1-5　应用模板后的效果

技能提升　WPS Office 提供了多种新建文档的方式。例如，可以选择"文件"/"新建"命令，在打开的"新建"面板中选择"空白文档"选项以新建空白文档，也可在文档操作界面中按"Ctrl+N"组合键快速新建空白文档。WPS Office 新建的文档格式通常默认为".docx"".xlsx"".pptx"，如果需要使用 WPS Office 专用格式，如".wps"".et"".dps"，则需要在保存文件时打开"另存为"对话框，然后在"文件类型"下拉列表中单独设置。

（二）输入文档标题并梳理文档结构

通过模板创建文档后，文档中的内容并不符合倡议书的编写要求，因此需要将其删除。下面删除模板中的标题文本和正文文本，输入新的文档标题，然后根据"共建网络文明倡议书"的编写要求梳理文档结构，具体操作如下。

（1）拖动鼠标选择模板文档中的"'低碳生活，有你有我'倡议书"文本，输入"共建网络文明倡议书"文本，如图 1-6 所示。

（2）在"朋友们："文本前单击，将插入点定位于此处，然后滚动鼠标滚轮至文档末尾，按住"Shift"键，在"美好家园！"文本后单击，如图 1-7 所示，选择"朋友们："文本至"美好家园！"文本及它们之间的所有文本，接着按"BackSpace"键删除所选文本。

微课

输入文档标题并
梳理文档结构

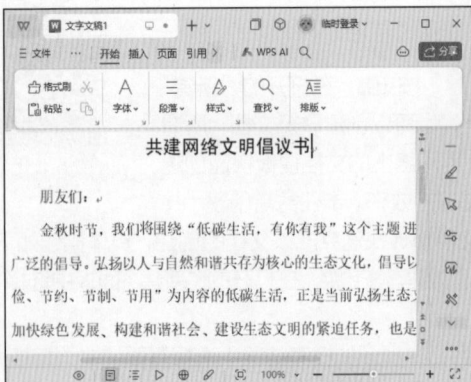

图 1-6　修改文档标题

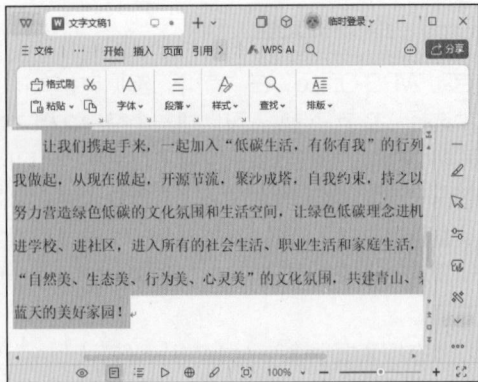

图 1-7　选择正文文本

（3）完成文本的删除后，需要在文档中输入"共建网络文明倡议书"的内容。倡议书作为一种向公众提出建议或提议公众共同去做某一件事的文书，一般包括标题、称呼、正文、结尾、落款 5 个部分。其中，正文部分是倡议书的主要组成部分，也是文档编写的重点。倡议书正文的写法没有固定规范，通常来说可以包括倡议背景、倡议目的、倡议内容、倡议理由、倡议行动计划、呼吁和期望等内容。本任务的"共建网络文明倡议书"就可以围绕这些内容确立文档结构，便于后续生成文档内容。

（三）使用文心一言并基于文档结构生成倡议书初稿

微课

使用文心一言并基于文档结构生成倡议书初稿

编写倡议书往往需要耗费较多的时间，为了提高编写效率，可以借助文心一言。下面基于"共建网络文明倡议书"的文档结构向文心一言提出要求，生成相应的内容，然后根据自己的需求对其生成的内容进行修改，具体操作如下。

（1）搜索"文心一言"，进入其应用页面，然后在下方的文本框中输入需求，这里输入"请以'共建网络文明倡议'"为题，撰写一篇倡议书，称呼为"亲爱的同学们"，正文包括倡议背景、倡议目的、倡议内容、倡议理由、倡议行动计划、呼吁和期望等内容，落款为"'××学院学生会'"文本，如图 1-8 所示。

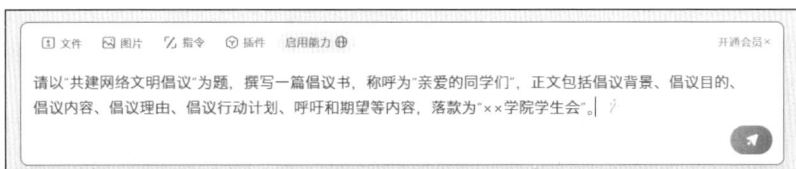

图1-8　输入需求

（2）按"Enter"键，稍等片刻后，文心一言便会根据需求生成倡议书的内容，如图 1-9 所示。

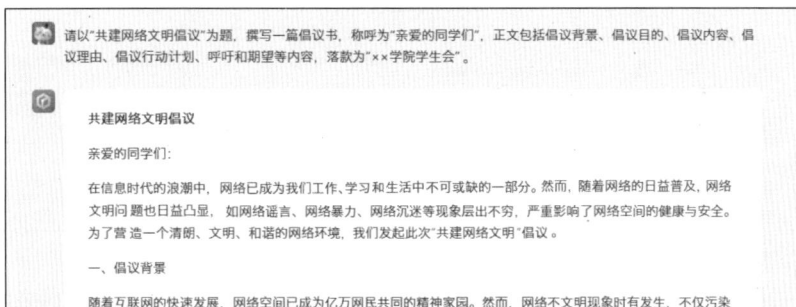

图1-9　生成倡议书的内容

（3）按住鼠标左键进行拖动，选择文心一言生成的内容；按"Ctrl+C"组合键复制文本，然后将插入点定位于文档标题下方，在"开始"功能选项卡中单击"粘贴"按钮右侧的下拉按钮，在打开的下拉列表中选择"只粘贴文本"选项，如图 1-10 所示。

（4）将文本粘贴至文档中后，删除多余的回车符，然后阅读全文，对文档内容进行编辑修改，再手动为"倡议内容""倡议理由""倡议行动计划"下方的内容添加"（1）（2）……"样式的编号，效果如图 1-11 所示。

> **技能提升**　"只粘贴文本"选项可只粘贴文本，不应用文本格式。"带格式粘贴"选项可粘贴文本并应用原文本格式。"匹配当前格式"选项可粘贴文本且应用当前文档中的文本格式。"选择性粘贴"选项可将文本以文件、图片等形式进行粘贴。

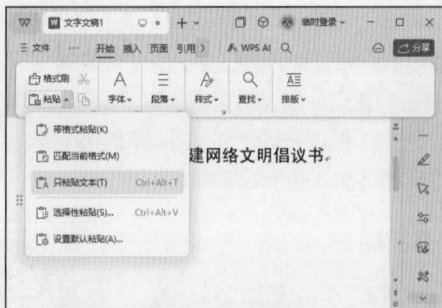

图1-10 选择"只粘贴文本"选项

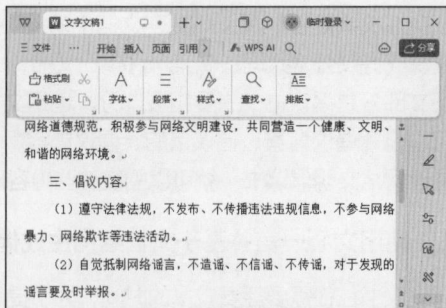

图1-11 编辑文本的效果

（四）加密并保护文档

检查完"共建网络文明倡议书"文档的内容后，可以对文档进行加密设置，以有效保护文档内容，然后将文档保存到计算机中，具体操作如下。

（1）选择"文件"/"文档加密"/"密码加密"命令，如图1-12所示。

（2）打开"密码加密"对话框，在"打开权限"栏中的"打开文件密码"和"再次输入密码"文本框中输入相同的密码，如"000000"，完成后单击 应用 按钮，如图1-13所示。

微课

加密并保护文档

图1-12 选择"密码加密"命令

图1-13 输入密码

（3）在文档操作界面中按"Ctrl+S"组合键，或选择"文件"/"保存"命令，或在快速访问工具栏中单击"保存"按钮，保存文档，如图1-14所示。

（4）打开"另存为"对话框，在对话框左侧列表中选择文档的保存位置，在"文件名称"下拉列表中输入"共建网络文明倡议书.docx"文本，然后单击 保存(S) 按钮，完成文档的保存，如图1-15所示（配套资源：效果\模块一\共建网络文明倡议书.docx）。

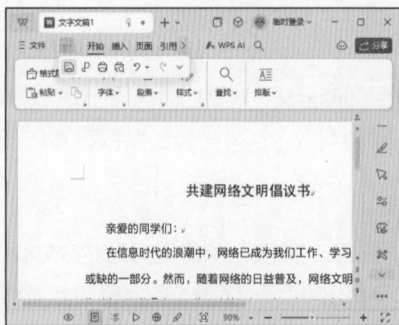

图1-14 保存文档

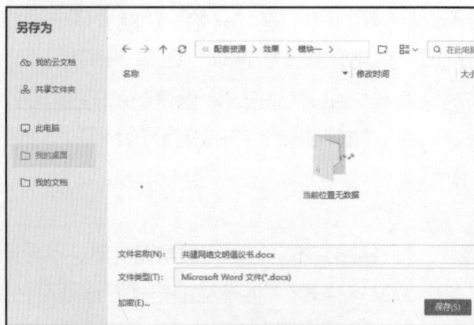

图1-15 设置文档保存信息

（五）将文档输出为 PDF 文件

微课

将文档输出为
PDF 文件

作为面向公众进行宣传的一种文档形式，倡议书往往需要在不同的人群或组织中传阅，为了便于在其他地方查看文档内容，可以将文档输出为 PDF 格式的文件，具体操作如下。

（1）选择"文件"/"输出为 PDF"命令，打开"输出为 PDF"对话框，在"保存位置"下拉列表中选择"自定义文件夹"选项，如图 1-16 所示。

（2）单击"保存位置"下拉列表右侧的 按钮，打开"选择路径"对话框，在其中设置文件的保存位置后，单击 选择文件夹 按钮，如图 1-17 所示。

图 1-16　选择"自定义文件夹"选项

图 1-17　设置文件的保存位置

（3）返回"输出为 PDF"对话框，单击 开始输出 按钮，如图 1-18 所示。

（4）稍等片刻后，WPS 文字便可将文档输出为 PDF 文件。打开保存 PDF 文件的文件夹，查看 PDF 文件的转换效果，如图 1-19 所示（配套资源：\效果\模块一\共建网络文明倡议书.pdf）。

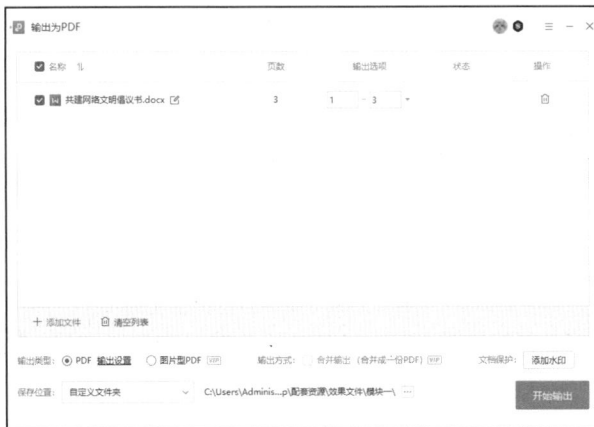

图 1-18　单击"开始输出"按钮

图 1-19　查看 PDF 文件的转换效果

技能提升　在"输出为 PDF"对话框中单击"输出类型"栏中"PDF"单选按钮右侧的"输出设置"超链接，打开"输出设置"对话框，单击"结果加密"选项卡，在打开界面的"打开文件密码""编辑文件及内容提取密码"栏中可以为 PDF 文件设置密码。

六、能力拓展

（一）将文档输出为图片或 PPT

　　WPS 文字支持多种文档输出方式，除了可以将文档输出为 PDF 文件，用户还可以根据需求将文档输出为图片或 PPT，其方法如下：选择"文件"/"输出为图片"或"输出为 PPT"命令，在打开的对话框中预览输出效果，并进行相应设置。图 1-20 所示为"批量输出为图片"对话框，在对话框右侧的列表中可分别设置图片的输出方式、水印、输出范围、输出格式、输出颜色等参数。

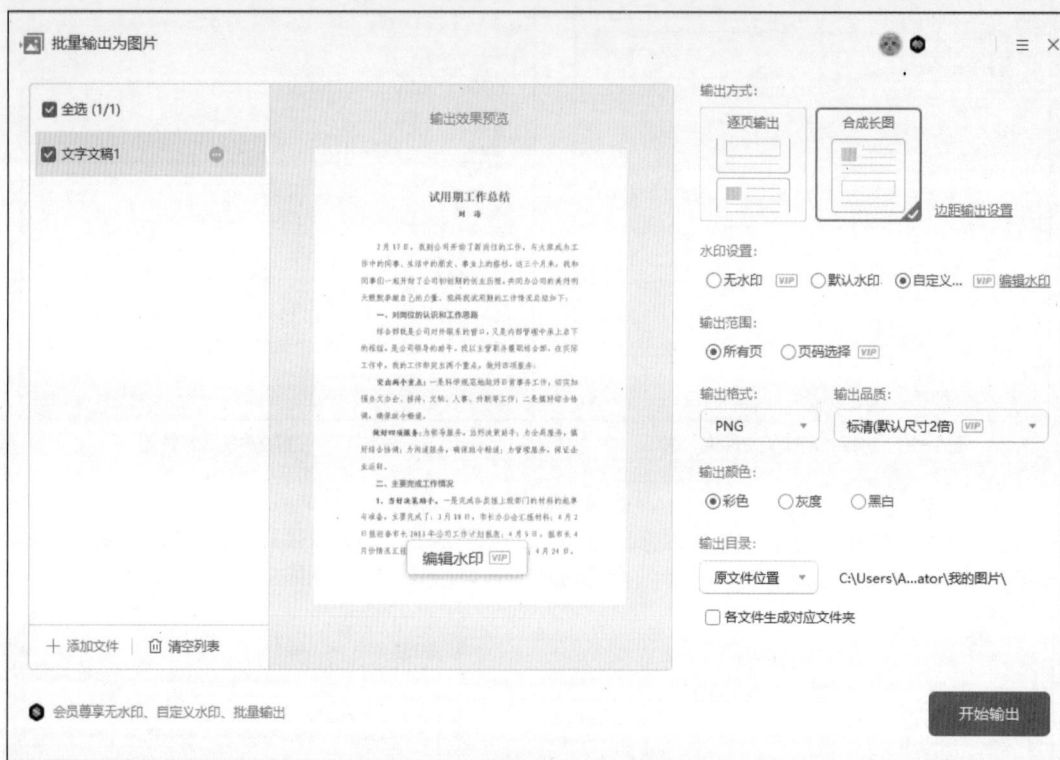

图 1-20 "批量输出为图片"对话框

（二）保存与另存为

　　保存文档是指将文档保存到计算机中，以防数据丢失，同时便于日后对文档进行调整和编辑。在 WPS Office 中，保存与另存为是存储文本的常见操作，如果是新建文档，则执行保存文档操作时可打开"另存为"对话框，在该对话框的"文件名称"下拉列表中输入所保存文档的名称，然后利用左侧的导航栏选择文档的保存位置，最后单击 保存(S) 按钮保存文档。

　　如果文档已被保存在计算机中且对文档进行了编辑，则再次执行保存文档操作时，将不再打开"另存为"对话框，而是直接对文档信息进行覆盖并保存。如果想在保留文档原始内容的基础上保存编辑后的文档内容，则需执行另存为操作，其方法如下：选择"文件"/"另存为"命令，打开"另存为"对话框，在其中设置文档的保存位置和保存名称后，单击 保存(S) 按钮。

任务二　编辑"探寻我国饮茶文化的千年传承"文档文本

一、任务描述

我国是茶的故乡，也是茶文化的发源地。茶文化是由我国传统文化和礼仪文化相结合而形成的一种具有鲜明特征的文化现象，其强调人与自然的和谐统一，追求清净、淡泊明志的精神境界，反映了我国传统的哲学思想。学习茶文化，有利于我们探究中华民族的礼仪、习俗和艺术之美，感受我国悠久的历史和深厚的文化底蕴。本任务将编辑一篇介绍"探寻我国饮茶文化的千年传承"的文档。读者在通过编辑该文档学习文本编辑相关操作的同时，还应了解茶文化，品味茶文化中所蕴含的追求和谐、尊重自然的生活态度。

二、任务准备

要完成使用 WPS 文字编辑"探寻我国饮茶文化的千年传承"文档中的文本，不仅需要了解文字信息的常用加工处理方式，还要掌握利用 AI 工具提升文字编辑效率的方法和 WPS 文字中常用的文字编辑操作方法。

（一）文字信息的常用加工处理方式

通俗地说，文字信息的加工处理方式是编辑和管理文本的常用手段，主要是对文字内容进行编辑、整理和优化。加工文字信息是文档处理中的常见操作，其目的是提高信息的价值和可用性。一般来说，文字信息的加工处理通常涉及以下 9 个方面的内容。

（1）输入。将原始文本输入到计算机系统或文本编辑软件中，其输入方式可以是键盘输入、扫描仪扫描文档并输入，或从其他程序导入等。

（2）分词/分段。对输入的文本进行分词或分段操作，也就是根据编辑需要将连续的文字划分成单个词语或段落。

（3）文本清洗。文本清洗包括去除多余的特殊字符、标点符号、数字或其他无关内容。

（4）标准化。对文本进行标准化处理，如统一字符大小写等。

（5）词法分析。对文本的词法进行分析，如分析每个词语的词性，以确保其用法正确。

（6）语法分析。对文本之间的语法进行分析，如分析词语之间的语法关系，以确保其用法正确。

（7）语义分析。对文本的语义进行分析，以便理解文本的含义和联系上下文等。

（8）文本编辑。对文本进行编辑操作，如插入、删除、替换、移动文本等。

（9）格式化。将文本设置成所需的样式，如设置文本字体、字号、对齐方式等。

（二）使用 AI 工具快速加工文本

在加工处理文本信息的整个流程中，文本清洗、标准化，以及词法、语法、语义的分析等操作通常需要文本编辑者依据自己的文本信息处理能力逐一思考、判断并解决。事实上，文本编辑者也可以借助 AI 工具对文本内容进行梳理和修改，从而提高文本加工效率。

目前，大多数 AI 大模型都具有文本加工功能，能够自主理解和分析文本内容，包括词义理解、语义理解、情感分析等。例如，将一段文本内容发送给 AI 工具后，AI 工具就可以根据用户的需求对其进行修改、分析、提炼或总结。图 1-21 所示为使用智谱清言加工文本内容后的效果。

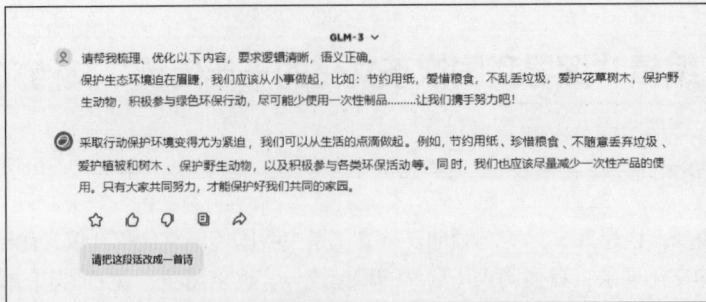

图1-21　使用智谱清言加工文本内容后的效果

（三）WPS文字中常用的文字编辑操作

在编辑文本的过程中，经常会用到选择文本、移动文本、复制文本、删除文本等操作。

（1）选择文本

选择文本的方法较多，在实际操作时，用户可以根据需要灵活使用。

① 选择任意文本。在目标文本的起始位置处按住鼠标左键，拖动鼠标指针至目标文本的末尾位置，当目标文本呈灰底显示时表示其处于选择状态，释放鼠标左键即可完成文本的选择。

② 选择任意词组。在段落中的某个位置处双击，可选择离双击处最近的某个词组。

③ 选择一行文本。将鼠标指针移至文本左侧，当其变为 ◢ 形状时，单击鼠标左键可选择鼠标指针对应的整行文本。

④ 选择多行文本。将鼠标指针移至文本左侧，当其变为 ◢ 形状时，按住鼠标左键向上或向下拖动，可选择多行文本。

⑤ 选择不连续的文本。选择部分文本后，按住"Ctrl"键，利用其他选择文本的方法可同时选择多个不连续的文本。

⑥ 选择整个段落。在段落中单击3次，或按住"Ctrl"键的同时在段落中单击，又或者将鼠标指针移至文本左侧，当其变为 ◢ 形状时双击，可选择鼠标指针对应的整个段落。

⑦ 选择所有文本。按"Ctrl+A"组合键可选择文档中的所有文本。

（2）移动文本

当需要对文档中已有文本的位置进行调整时，可以通过移动文本的操作进行快速调整。移动文本的方法主要有以下4种。

① 通过功能按钮移动。选择文本，在"开始"功能选项卡中单击"剪切"按钮 ✄，然后将插入点定位到目标位置，再单击"开始"功能选项卡中的"粘贴"按钮 📋。

② 通过快捷菜单移动。选择文本，单击鼠标右键，在弹出的快捷菜单中选择"剪切"命令，然后将插入点定位到目标位置，单击鼠标右键，在弹出的快捷菜单中选择"粘贴"命令。

③ 通过快捷键移动。选择文本，按"Ctrl+X"组合键剪切文本，然后将插入点定位到目标位置，按"Ctrl+V"组合键粘贴文本。

④ 通过拖动文本移动。选择文本，将鼠标指针移至所选文本上，当其变为 ▷ 形状时按住鼠标左键并拖动文本至目标位置，然后释放鼠标左键完成移动操作。

（3）复制文本

若想在文档中输入已有的某些文本，特别是某些较长的相同文本，则可直接对已有文本进行复制操作。复制文本的方法主要有以下4种。

① 通过功能按钮复制。选择文本，在"开始"功能选项卡中单击"复制"按钮 📋，然后将插入点定位到目标位置，再单击"开始"功能选项卡中的"粘贴"按钮 📋。

② 通过快捷菜单复制。选择文本，单击鼠标右键，在弹出的快捷菜单中选择"复制"命令，然后将插入点定位到目标位置，单击鼠标右键，在弹出的快捷菜单中选择"粘贴"命令。

③ 通过快捷键复制。选择文本，按"Ctrl+C"组合键将其复制到剪贴板中，然后将插入点定位到目标位置，按"Ctrl+V"组合键粘贴文本。

④ 通过拖动文本复制。选择文本，按住"Ctrl"键的同时在所选文本上按住鼠标左键，当其变为 形状时，将鼠标指针拖动到目标位置，然后释放鼠标左键完成复制操作。

（4）删除文本

删除文本的方法比较简单，可以将插入点定位到目标位置，按"BackSpace"键删除插入点左侧的一个字符，或按"Delete"键删除插入点右侧的一个字符；也可先选择需要删除的文本，然后按"BackSpace"键或"Delete"键将其删除。

三、制作思路

编辑"探寻我国饮茶文化的千年传承"文档，主要对文本内容进行编辑和优化，从而使其语言流畅、行文顺畅，其思路整理如下。

（1）阅读文档内容，分析文档中需要优化加工的内容。

（2）借助 AI 工具快速加工文本内容，如改写、扩写等。

（3）检查文档内容的语法、语义等，并适当调整词、句的位置和顺序。

（4）使用 WPS 文字的替换功能快速替换不恰当的字、词。

学思启示

文本编写：当代大学生的基本素质

在当今这个信息时代，文本是人们交流思想、传递信息和知识的重要载体。对于大学生来说，无论是进行学术研究和专业学习，还是将来步入社会进行职场沟通、业务写作等，都对文本编写能力有较高的要求。优秀的文本编写能力可以帮助大学生更准确、更有效地表达自己的观点，提升其逻辑思维能力和创新能力。因此，大学生应该有意识地练习自己的文本编写能力，一方面可以提升自己的综合素质，另一方面可以适应社会主义现代化发展的需要，为国家文化软实力建设做出贡献。

四、效果展示

"探寻我国饮茶文化的千年传承"文档参考效果如图 1-22 所示。

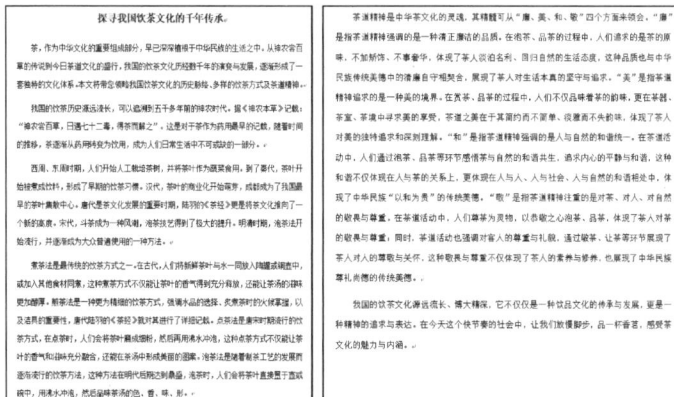

图 1-22 "探寻我国饮茶文化的千年传承"文档参考效果

五、任务实现

（一）打开文档并检查文档内容

在编辑文档时，检查文档内容是非常重要的。检查文档内容通常是为了更正文档中的错误，确保文档内容的准确性、表达的清晰性、信息的完整性，从而提升文档的质量，使其更加专业、更有说服力。本任务要求编辑"探寻我国饮茶文化的千年传承"文档，需要先打开文档，再检查文档的内容，分析其需要完善的地方，以便后续进一步编辑及优化文档，具体操作如下。

（1）打开"探寻我国饮茶文化的千年传承.docx"文档所在的文件夹（配套资源：\素材\模块一\探寻我国饮茶文化的千年传承.docx），双击该文档，或在该文档上单击鼠标右键，在弹出的快捷菜单中选择"打开"命令，如图 1-23 所示。

（2）阅读图 1-24 所示的文档内容（请打开素材文件查看全文）。检查文档后发现关于"我国饮茶方式"的内容编写得较简单，可以适当扩写；关于"茶道文化"的内容不够详细、明确，可以对其进行改写；最后一段的语言逻辑不够合理，可以调整句子顺序；另外，有个别句子略显冗余，可以将其删除。

图1-23　选择"打开"命令

图1-24　文档内容

（二）使用文心一言改写与扩写文档内容

检查文档内容后，发现需要进行补充内容、修改内容等操作，此时可以自行增添内容，也可以借助文心一言等 AI 工具提高效率。下面使用文心一言对"我国饮茶方式"的内容进行扩写，对"茶道文化"的内容进行改写，具体操作如下。

（1）搜索"文心一言"，进入其应用页面。在下方的文本框中输入需求，这里输入"请从廉、美、和、敬 4 个方面对以下关于茶道精神的内容进行改写——茶道精神是中国茶文化的核心，它强调人与自然的和谐统一、中庸之道、尊礼尚德、禅茶一味及茶中有情。在茶道活动中，人们通过泡茶、品茶、赏茶等环节感受茶的韵味和意境，追求内心的平静与和谐。茶道精神不仅体现了中华民族的传统美德和文化底蕴，也展现了人们对美好生活的追求和向往。"文本，如图 1-25 所示。

（2）选择文心一言改写的内容，按"Ctrl+C"组合键复制内容，然后在"探寻我国饮茶文化的千年传承"文档中选择"茶道精神……追求和向往"文本，按"Ctrl+V"组合键粘贴文本，如图 1-26 所示。

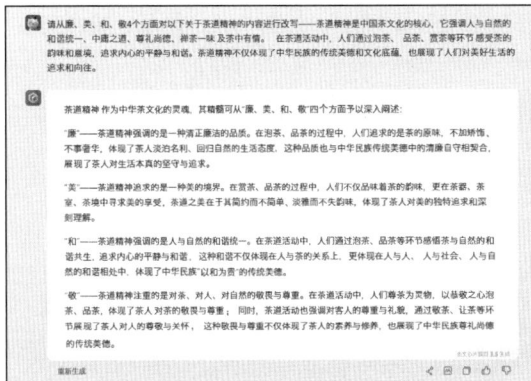

图1-25　借助文心一言改写文档内容

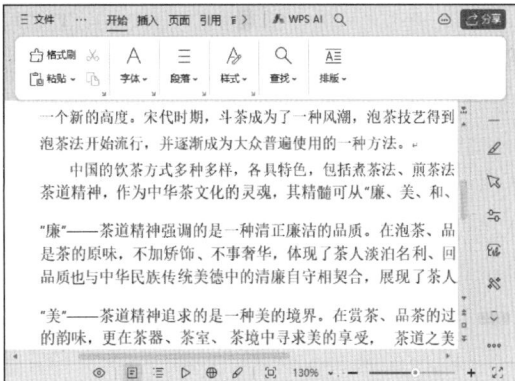

图1-26　粘贴文本

（3）将插入点定位于除复制文本外的其他文本中，在"开始"功能选项卡中单击"格式刷"按钮，当其变为 形状时，按住鼠标左键不放，拖动选择从文心一言中复制的文本，即可将文档中其他文本的格式复制到该文本段落中，如图1-27所示。如果文心一言生成的内容不合适或不符合文档编写需求，则可以修改要求并重新生成。

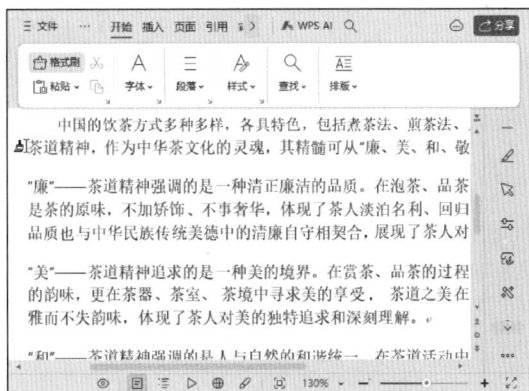

图1-27　使用格式刷

（4）继续检查文心一言生成的内容，并对其内容进行修改、优化，然后在文心一言中输入要求"请对'中国的饮茶方式多种多样，各具特色，包括煮茶法、煎茶法、点茶法、泡茶法等。'进行扩写。"，如图1-28所示，并查看文心一言生成的内容。

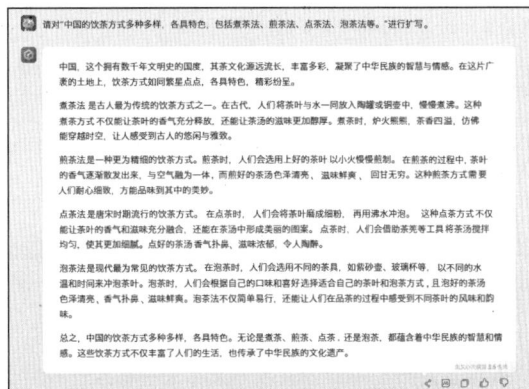

图1-28　借助文心一言扩写内容

（5）在文心一言中输入要求"请补充煎茶法和泡茶法的盛行时期。"，如图 1-29 所示，要求文心一言补充这两部分的内容。

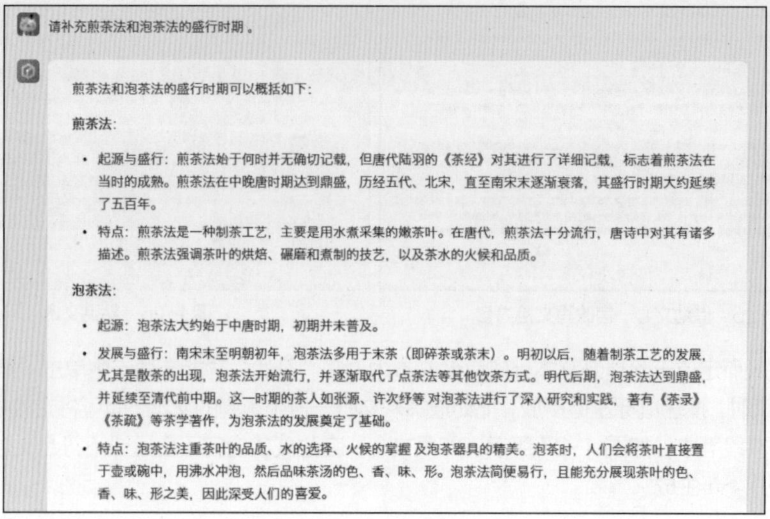

图1-29　补充内容

（6）将文心一言生成的内容复制到文档中，然后对其进行检查、修改和删减，使其更符合文档编写的需要（配套资源：\效果\模块一\探寻我国饮茶文化的千年传承.docx）。

（三）复制文本并移动句子顺序

针对语言逻辑不合理、表述不统一的词语和句子，可以使用复制和移动功能对其进行编辑。下面在 WPS 文字中复制文本，并移动句子的顺序，具体操作如下。

（1）在文档的第一段中选择"文化"文本，按"Ctrl+C"组合键将其复制到剪贴板中，如图 1-30 所示。

（2）在文档最后一段"感受茶的魅力"中的"茶"字后单击以定位插入点，如图 1-31 所示。

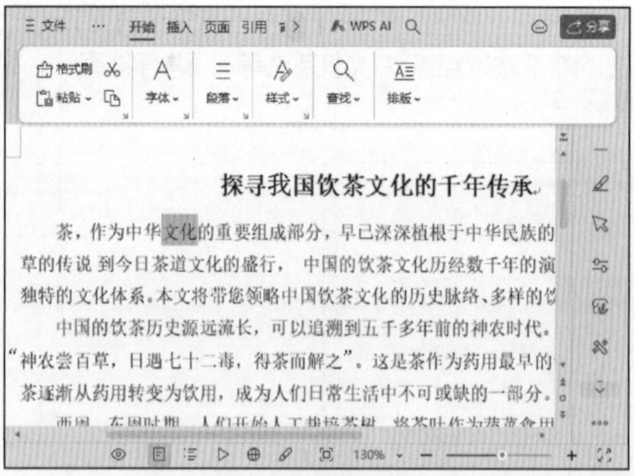

微课
复制文本并移动
句子顺序

图1-30　选择文本

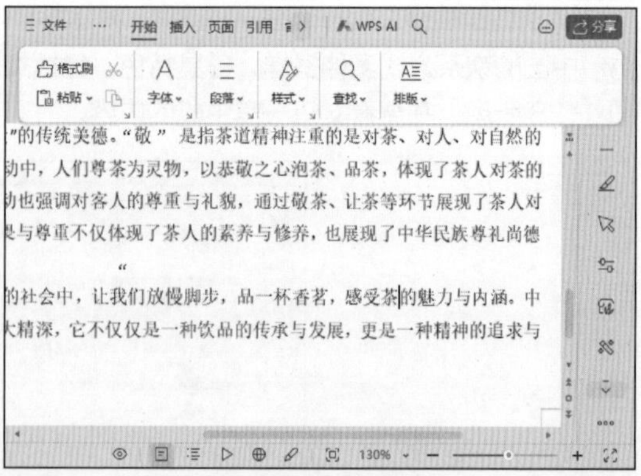

图1-31　定位插入点

（3）按"Ctrl+V"组合键粘贴文本，粘贴后的效果如图 1-32 所示。

（4）按照该方法在"饮茶源远流长"中的"饮茶"文本后，以及"饮品的传承"中的"饮品"文本后分别粘贴"文化"文本。

（5）拖动鼠标选择最后一段中的第一句文本，按住鼠标左键不动将所选文本拖动至最后一段的段尾处，如图 1-33 所示，然后释放鼠标左键，完成文本的移动。

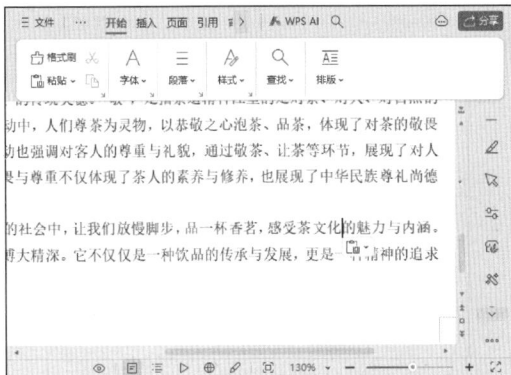

图1-32　粘贴后的效果

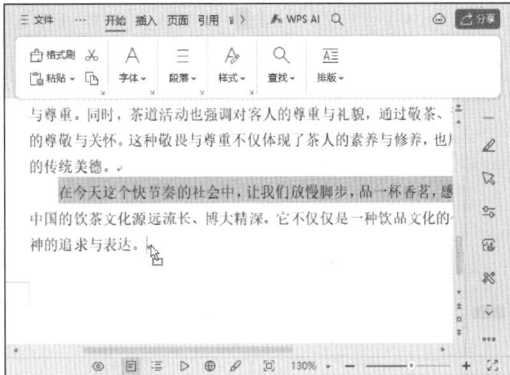

图1-33　移动文本

（四）查找并替换不恰当的字、词

针对使用不恰当或错误的字、词等，可以使用 WPS 文字的查找和替换功能快速完成替换。下面在 WPS 文字中将"中国"换成"我国"，具体操作如下。

（1）在文档的标题文本左侧单击以定位插入点，然后在"开始"功能选项卡中单击"查找"按钮 ，如图 1-34 所示。

（2）打开"查找和替换"对话框，单击"替换"选项卡，在"查找内容"下拉列表中输入"中国"，在"替换为"下拉列表中输入"我国"，如图 1-35 所示，单击 全部替换(A) 按钮。

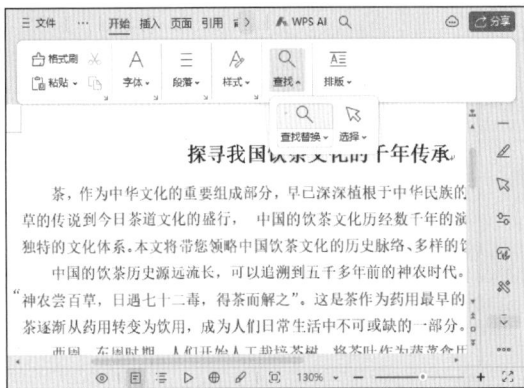

微课

查找并替换
不恰当的字、词

图1-34　单击"查找"按钮

图1-35　输入查找与替换文本

技能提升　在文档编辑区中按"Ctrl+F"组合键也可以打开"查找和替换"对话框，在其中单击"查找"选项卡，在"查找内容"下拉列表中输入文本，单击 查找下一处(F) 按钮，可以仅查找文本，继续单击该按钮，可以继续查找下一处符合需求的文本。

（3）此时打开提示对话框，单击 确定 按钮，如图 1-36 所示。之后单击 关闭 按钮，关闭"查找和替换"对话框。

（4）返回文档编辑区，查看文本替换后的效果，如图 1-37 所示，然后按"Ctrl+S"组合键保存文档，完成本任务的编辑（配套资源：\效果\模块一\探寻我国饮茶文化的千年传承.docx）。

图1-36　提示对话框

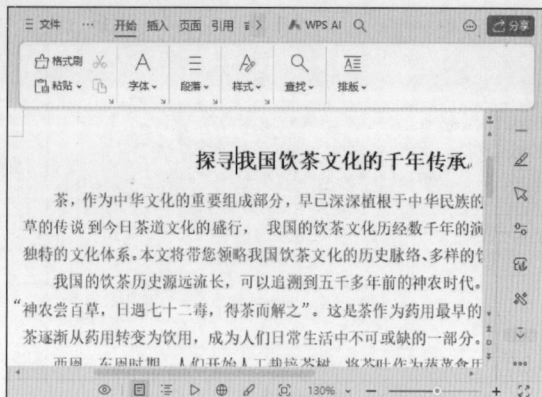

图1-37　查看文本替换后的效果

六、能力拓展

（一）高级查找

巧妙利用"查找和替换"对话框中的各种功能，可以实现更多的文档编辑操作。打开"查找和替换"对话框，单击 高级搜索(M) 按钮，此时将展开该对话框的隐藏区域，如图 1-38 所示。

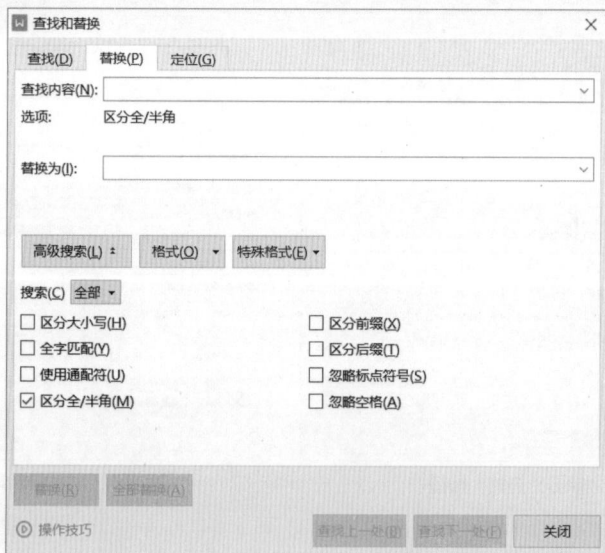

图1-38　展开"查找和替换"对话框的隐藏区域

下面介绍该区域各部分的作用。

- "搜索"栏。单击该栏中的 全部 ▾ 按钮，在打开的下拉列表中可选择查找和替换的方向，包括"向下""向上""全部"3 个选项。WPS 文字默认的搜索方向为"全部"。
- "区分大小写"复选框。选中该复选框后，将区分字母的大小写形式。若此时查找"Apple"，则无法查找到"apple"。

- "全字匹配"复选框。此复选框对中文无效，只对英文或数字有效。选中该复选框后，只有所有内容都匹配时，才符合查找和替换的条件。例如，使用全字匹配查找"app"时，文中即便存在"apple"，也不会被视为符合条件的查找对象。
- "使用通配符"复选框。通配符是一种用于模糊搜索的符号。例如，在查找"暴?雨"时，当选中该复选框后，"暴风雨""暴丰雨""暴大雨"等都是符合条件的查找对象；若取消选中该复选框，则只有"暴?雨"才符合查找条件。
- "区分全/半角字符"复选框。选中该复选框后，将区分全角字符（即占一个字符位置，如汉字等）和半角字符（即占半个字符位置，如英文符号、数字等）。例如，在区分全/半角的状态下查询"，"符号时，只有在英文状态下输入的半角符号"，"才能被查找到，而在中文状态下输入的全角符号"，"无法被查找到。
- "区分前缀"复选框。选中该复选框后，只有当查找对象前面没有内容时，该对象才符合查找条件。例如，在区分前缀的状态下查找"花"时，"桃花"一词无法被查找到，这是因为该词的"花"前面有前缀"桃"。
- "区分后缀"复选框。该复选框与"区分前缀"复选框的作用相反，选中该复选框后，只有当查找对象后面没有内容时，该对象才符合查找条件。
- "忽略标点符号"复选框。选中该复选框后，将忽略标点符号的存在。例如，查找"工作计划"时，"工作，计划"也是符合查找条件的对象。
- "忽略空格"复选框。选中该复选框后，将忽略空格的存在。例如，查找"工作计划"时，"工作 计划"也是符合查找条件的对象。
- 格式(O) 按钮。单击该按钮，可在打开的下拉列表中指定文本或段落等对象的格式，以查找指定格式或替换为指定格式。
- 特殊格式(E) 按钮。单击该按钮，可在打开的下拉列表中选择各种具有特殊格式的对象，如制表符、段落标记等。

（二）向 AI 工具提问的技巧

生成式人工智能工具，如文心一言、通义等，大多通过问答的方式来生成内容，也就是通过向 AI 工具提问，让其生成需要的内容，因此提问是影响 AI 工具生成内容质量的关键。以下是一些常用的 AI 工具提问技巧。

（1）明确问题。提问应尽可能地具体和明确，避免模糊或开放式问题，这样可以引导 AI 工具更准确地理解问题并提供相关信息。例如，"编写宣传校园的短视频脚本"与"从恢宏的校园建筑、深厚的历史底蕴、浓厚的学术氛围、开放的校园文化这几个方面编写宣传校园的短视频脚本"相比，显然根据后者生成的内容会更加具体，也会更加符合用户的需求。

（2）避免歧义。尽量减少使用可能导致歧义的词语或表达方式，而应当使用清晰和直接的提问，这样有助于 AI 工具更好地理解问题。各种含糊不清的词语、具有多层意思的词语等都有可能产生歧义，提问时需要将问题表述清楚。例如，涉及一些同名的人、小说、音乐、影视作品等时，就需要表述清楚，避免 AI 工具误以为询问的是其他内容。

（3）注意逻辑性。如果一个问题涉及多个部分或需要按步骤解答，则可以将这个问题分解成几个小问题，并按照逻辑顺序逐一提问。例如，提问"简述点茶、斗茶的发展，并列举有关点茶、斗茶的诗句"这个问题时就可以将其拆分为两个问题，分别是"简述点茶、斗茶的发展"和"列举有关点茶、斗茶的诗句"。

（4）使用关键词。在提问时使用合适的关键词可以帮助 AI 工具更快地识别到问题的核心，并提供相关信息。例如，"我想了解拍摄高空照片的工具"这一提问方式就缺少明确的关键词，而"什么是无人机摄影，它是如何工作的？"这一提问方式就使用了"无人机摄影"这个关键词，明确指出了问题的主题，使得 AI 工具能够准确地理解用户想要了解的是无人机在摄影中的应用和无人机在摄影时的工作原理。

（5）限制范围。在提问时为问题设定一个明确的时间范围、地理范围或其他特定范围，有助于 AI 工具在提供信息时缩小搜索范围，从而提高信息的针对性。例如，"20 世纪有哪些重要的科技发明？"与"历史上有哪些重要的发明？"相比，前者限制了时间范围，得到的信息也就更有针对性。

（6）使用正确的语言和术语。如果了解一些术语，那么在提问时就可以使用正确的技术术语或行业术语描述问题，这有助于 AI 工具更准确地理解问题，从而提供更具专业性的信息。例如，"我想了解帮助心脏跳动的东西是怎么工作的。"与"心脏的起搏机制是什么？"相比，后者所获取的信息会更加准确和专业。

（7）避免主观性。提问时尽量使用客观的语言，这样可以帮助 AI 工具更客观地提供信息。例如，"这部电影是不是很无聊？"就具有主观性，正确的提问方式应该是"这部电影的评价如何？"。

（8）逐步深入。如果问题较为复杂，则可以先从简单的问题开始提问，然后逐步深入，这样可以使 AI 工具更全面地了解该问题。例如，可以初步提问"什么是神经网络？"，然后进一步提问"神经网络中的反向传播算法是如何工作的？"。

（9）反馈和修正。如果得到的信息不符合预期，则可以根据得到的信息对问题进行修正或重新提问，这样可以使 AI 工具更清楚用户想要得到的信息。例如，提问"世界上最快的动物是什么？"时，AI 工具回答的结果可能是"在空中，最快的动物是……"，如果该信息不符合用户需求，则可以马上修正问题，并继续提问"我指的是陆地上的动物。"，此时 AI 工具将更加清楚用户的需求，从而回答问题。

任务三　设置"赏析《滕王阁序》"文档格式

一、任务描述

在华夏上下五千年的悠久历史中，无数文人志士书写了许多脍炙人口的诗词歌赋和经典著作，这些文学作品不仅是中华民族文学发展的载体，更蕴含着丰厚的人文精神和文化底蕴，时至今日，仍然值得我们学习。本任务将设置"赏析《滕王阁序》"文档中文本的格式，通过设置字符格式、段落格式等使文档结构更加分明，也更利于用户阅读。

二、任务准备

要完成使用 WPS 文字设置"赏析《滕王阁序》"文档中文本的格式，使其在排版上更加规范、美观，需要对文档的字体、段落的格式进行设置。此外，还可以根据需要为文档设置项目符号和编号。

（一）字符格式与段落格式

字符是构成文本的基本单位，如字母、数字、标点符号等，每个字符都有其自身的属性，如字体、大小、颜色、加粗、斜体等。设置字符格式也就是对字符的属性进行设置，包括设置字体大小、字体颜色、字体样式、字符间距、字符缩放、文字特殊效果等。

段落是文本中的一系列字符，段落之间通过换行符分隔开。与字符一样，段落也具有其自身的属性，设置段落格式，即设置段落的对齐方式、首行缩进、行距、段前与段后间距、边框和底纹等。

在 WPS 文字中，设置字符格式和段落格式可以通过浮动工具栏、"开始"功能选项卡，以及"字体"

和"段落"对话框来完成。选择相应的文本或段落，此时将自动出现浮动工具栏。使用该工具栏可以进行简单的格式设置。若浮动工具栏中没有需要的功能，则可以使用"开始"功能选项卡中的相应选项进行快速设置，如图1-39所示。若"开始"功能选项卡中仍然没有合适的功能，或者需要对文本格式或段落格式进行更加细致的设置，则可以单击"字体"按钮或"段落"按钮，在打开的对话框中进行相应操作。

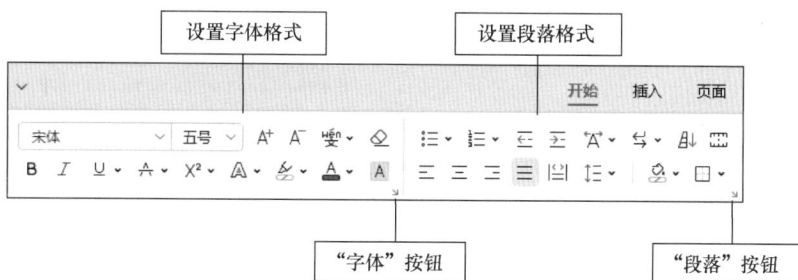

图1-39 "开始"功能选项卡

（二）项目符号和编号

项目符号是一种用于文本前标识或强调特定内容的符号；编号是一种连续的、有顺序的数字或字母组合，用于标识文本中的不同部分或项目。在文档处理中，项目符号和编号都具有强调的作用，可以有效吸引读者关注特定内容，也可以使文档结构更加清晰、逻辑更有条理。

通常来说，如果多个段落之间是并列关系，则可以使用项目符号对这些段落内容进行标识，增强其内容的层次性，其方法如下：在"开始"功能选项卡中单击"项目符号"按钮 ≔ 右侧的下拉按钮 ⌄，在打开的下拉列表中选择需要的项目符号样式。

如果需要对多个段落按顺序编号，则需要使用编号，其方法如下：选择段落，在"开始"功能选项卡中单击"编号"按钮 ≔ 右侧的下拉按钮 ⌄，在打开的下拉列表中选择需要的编号样式。

三、制作思路

设置"赏析《滕王阁序》"文档格式，主要涉及对文本、段落等对象进行格式设置、添加编号和项目符号等操作。要完成本任务，一方面要了解格式设置的一些思路，另一方面要掌握格式设置的方法，其思路整理如下。

（1）了解段落格式设置的要求，并生成"赏析《滕王阁序》"文档的格式设置方案。

（2）根据方案依次设置文档的字体、段落格式、项目符号和编号。

（3）为文档设置边框和底纹。

（4）预览文档打印效果并打印文档。

┃ 行业动态 ┃

标点符号的应用规范

标点符号是书面语言中不可或缺的组成部分，不仅可以帮助读者准确理解文本的含义，还能增强文本的表达效果。标点符号的使用有着严格的规范，国家标准GB/T 15834—2011《标点符号用法》就对标点符号的定义、种类、形式、用法等做出了详细说明。在编辑文档时，应以该标准为依据，规范使用标点符号，正确传递信息，从而提高书面语表达的准确性和清晰度。

四、效果展示

"赏析《滕王阁序》"文档参考效果（部分）如图 1-40 所示。

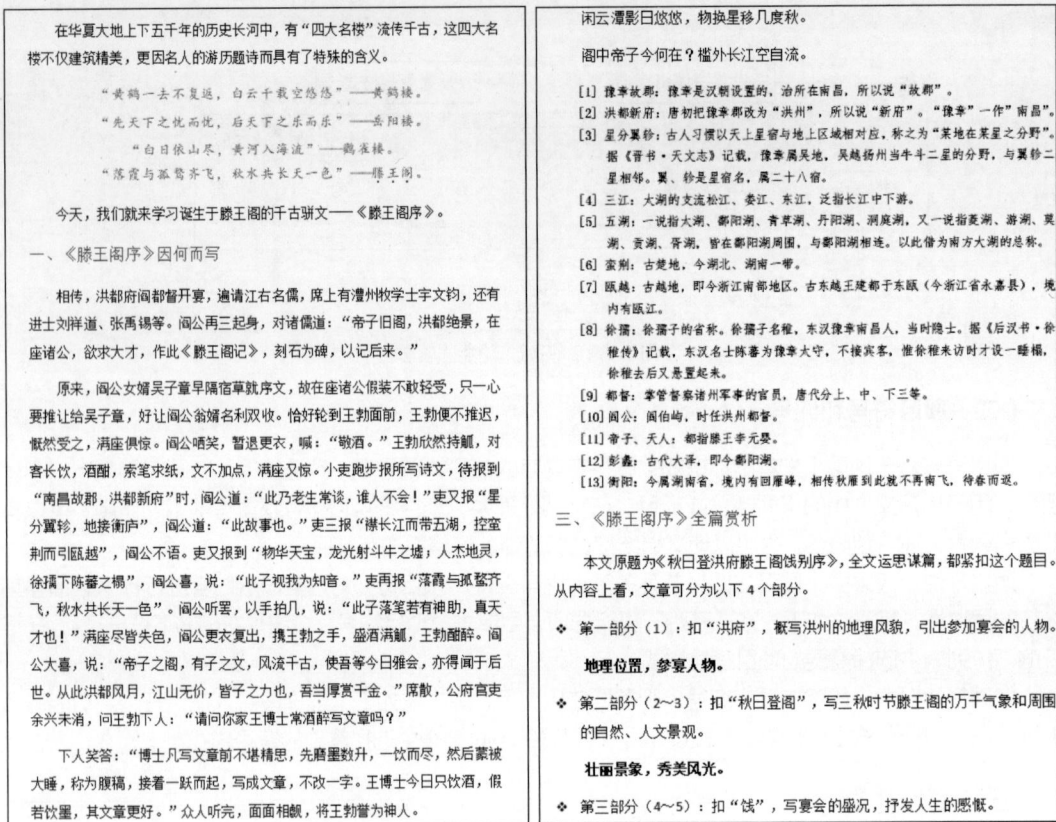

在华夏大地上下五千年的历史长河中，有"四大名楼"流传千古，这四大名楼不仅建筑精美，更因名人的游历题诗而具有了特殊的含义。

"黄鹤一去不复返，白云千载空悠悠"——黄鹤楼。

"先天下之忧而忧，后天下之乐而乐"——岳阳楼。

"白日依山尽，黄河入海流"——鹳雀楼。

"落霞与孤鹜齐飞，秋水共长天一色"——滕王阁。

今天，我们就来学习诞生于滕王阁的千古骈文——《滕王阁序》。

一、《滕王阁序》因何而写

相传，洪都府阎都督开宴，遍请江右名儒，席上有澧州牧学士宇文钧，还有进士刘祥道、张禹锡等。阎公再三起身，对诸儒道："帝子旧阁，洪府绝景，在座诸公，欲状大才，作此《滕王阁记》，刻石为碑，以记后来。"

原来，阎公女婿吴子章早隔宿草就序文，故在座诸公假装不敢轻受，只一心要让给吴子章，好让阎公翁婿名利双收。恰好轮到王勃面前，王勃便不推迟，慨然受之，满座俱惊。阎公唔笑，智退更衣，嘱："敬酒。"王勃欣然持觚，对客长饮，酒酣，索笔求纸，文不加点，满座大惊。小吏跑步报报风诗文，待报到"南昌故郡，洪都新府"时，阎公道："此乃老生常谈，谁人不会！"吏又报"星分翼轸，地接衡庐"，阎公道："此故事也。"吏三报"襟长江而带五湖，控蛮荆而引瓯越"，阎公不语。吏又报到"物华天宝，龙光射斗牛之墟，人杰地灵，徐孺下陈蕃之榻"，阎公喜，说："此子视我为知音。"吏再报"落霞与孤鹜齐飞，秋水共长天一色"，阎公听罢，以手拍几，说："此子落笔若有神助，真天才也！"满座尽皆失色，阎公更衣复出，携王勃之手，盛酒满觞，王勃醺醺。阎公大喜，说："帝子之阁，有子之文，风流千古，使吾等今日雅会，亦得闻于后世。从此洪都风月，江山无价，皆子之力也，吾当厚赏千金。"席散，公府官吏余兴未消，问王勃下人："请问你家王博士常酒醉写文章吗？"

下人笑答："博士凡写文章前不堪精思，先磨墨数升，一饮而尽，然后薇被大睡，称为腹稿，接着一跃而起，写成文章，不改一字。王博士今日只饮酒，假若饮墨，其文章更好。"众人听完，面面相觑，将王勃誉为神人。

闲云潭影日悠悠，物换星移几度秋。

阁中帝子今何在？槛外长江空自流。

[1] 豫章故郡：豫章是汉朝设置的，治所在南昌，所以说"故郡"。

[2] 洪都新府：唐初把豫章郡改为"洪州"，所以说"新府"。"豫章"一作"南昌"。

[3] 星分翼轸：古人习惯以天上星宿与地上区域相对应，称之为"某地在某星之分野"。据《晋书·天文志》记载，豫章属吴地，吴越扬州当牛斗二星的分野，与翼轸二星相邻。翼，轸是星宿名，属二十八宿。

[4] 三江：大湖的支流松江、东江，泛指长江中下游。

[5] 五湖：一说指太湖、鄱阳湖、青草湖、丹阳湖、洞庭湖，又一说指菱湖、游湖、莫湖、贡湖、胥湖，皆在鄱阳湖周围，与鄱阳湖相连。以此借为南方大湖的总称。

[6] 蛮荆：古楚地，今湖北、湖南一带。

[7] 瓯越：古越地，即今浙江南部地区。古东越王建都于东瓯（今浙江省永嘉县），境内有瓯江。

[8] 徐孺：徐孺子的省称。徐孺子名稚，东汉豫章南昌人，当时隐士。据《后汉书·徐稚传》记载，东汉名士陈蕃为豫章太守，不接宾客，惟徐稚来访时才设一睡榻，徐稚去后又悬起来。

[9] 都督：掌管督察诸州军事的官员，唐代分上、中、下三等。

[10] 阎公：阎伯屿，时任洪州都督。

[11] 帝子、天人：都指滕王李元婴。

[12] 彭蠡：古代大泽，即今鄱阳湖。

[13] 衡阳：今属湖南省，境内有回雁峰，相传秋雁到此就不再南飞，待春而返。

三、《滕王阁序》全篇赏析

本文原题为《秋日登洪府滕王阁饯别序》，全文运思谋篇，都紧扣这个题目。从内容上看，文章可分为以下 4 个部分。

❖ 第一部分（1）：扣"洪府"，概写洪州的地理风貌，引出参加宴会的人物。

地理位置，参宴人物。

❖ 第二部分（2~3）：扣"秋日登阁"，写三秋时节滕王阁的万千气象和周围的自然、人文景观。

壮阔景象，秀美风光。

❖ 第三部分（4~5）：扣"饯"，写宴会的盛况，抒发人生的感慨。

图 1-40 "赏析《滕王阁序》"文档参考效果（部分）

五、任务实现

（一）使用智谱清言搜索格式设置的标准与要求

为文档设置格式主要包括两种情况：一是文档本身对格式有要求，如毕业论文、公文等，这就需要用户根据既定的要求与规范设置格式；二是以美化文档效果、便于阅读等目的为文档设置格式。本任务设置"赏析《滕王阁序》"文档格式，主要是出于美化文档、利于阅读的目的。在设置文档格式之前，需要先借助 AI 工具了解文档格式设置的标准和要求，具体操作如下。

微课

使用智谱清言搜索格式设置的标准与要求

（1）搜索"智谱清言"，进入其官方页面，在下方的文本框中输入要求"我现在需要编辑一篇主题为'赏析《滕王阁序》'的文章，请问我在设置字符格式和段落格式时需要遵循什么要求或标准吗？"，按"Enter"键生成信息，如图 1-41 所示。

（2）继续输入要求"我在编辑'赏析《滕王阁序》'这篇文章时，要如何设置行距、段前和段后间距？"，按"Enter"键生成信息，如图 1-42 所示。

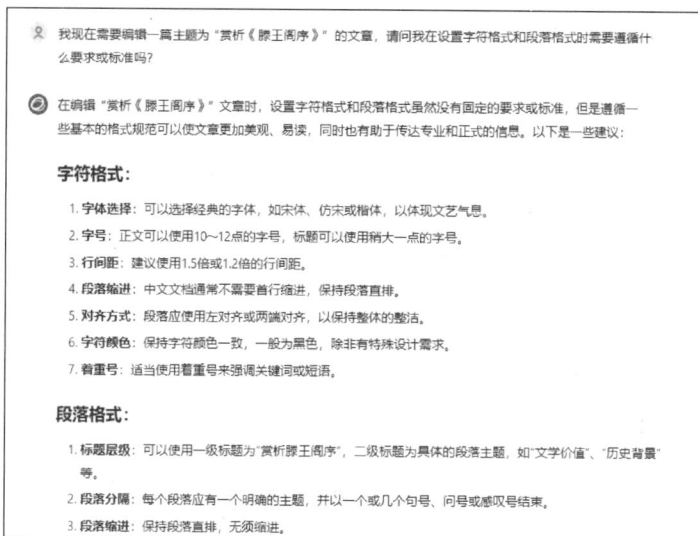

图1-41　使用智谱清言生成信息

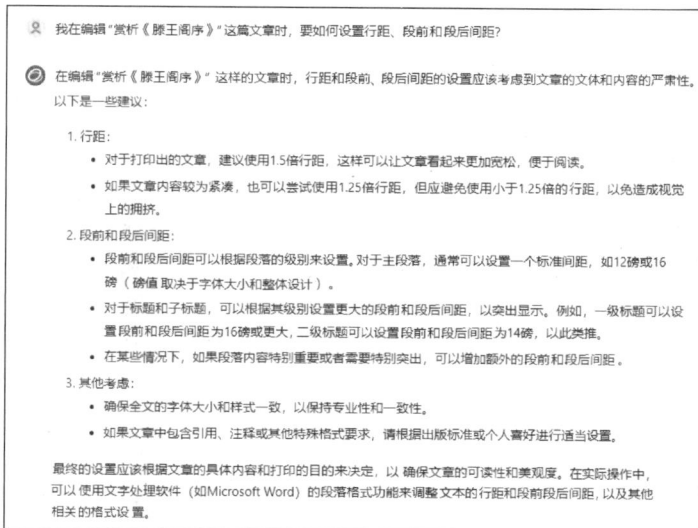

图1-42　继续生成信息

（3）根据智谱清言生成的信息梳理"赏析《滕王阁序》"文档的格式设置思路。在字符格式上，可以对文本的字体、字号、颜色等进行设置；在段落格式上，可以对文本的对齐方式、标题层级、段落缩进、段落间距、项目符号和编号等进行设置。此外，还需在确保格式一致和美观的基础上表现古文的风格及韵味。

（二）使用通义生成文档格式的设置方案

文档格式的设置虽然没有统一的规范，但可以根据文档的内容性质设置与之相符的风格，以体现文档的特色。下面通过通义生成文档格式的设置方案，以便后续使用，具体操作如下。

（1）搜索"通义"，进入其官方页面，在下方的文本框中输入要求"我现在要编辑一篇主题为'赏析《滕王阁序》'的文档，全文如下，请帮我设计一个字符格式和

微课

使用通义生成
文档格式的设置
方案

段落格式的设置方案，包括应该使用什么字体及字号、行距应该设置为多少、段前和段后间距应该设置为多少、项目符号和编号怎么用等。"，按"Enter"键获取信息，如图1-43所示。

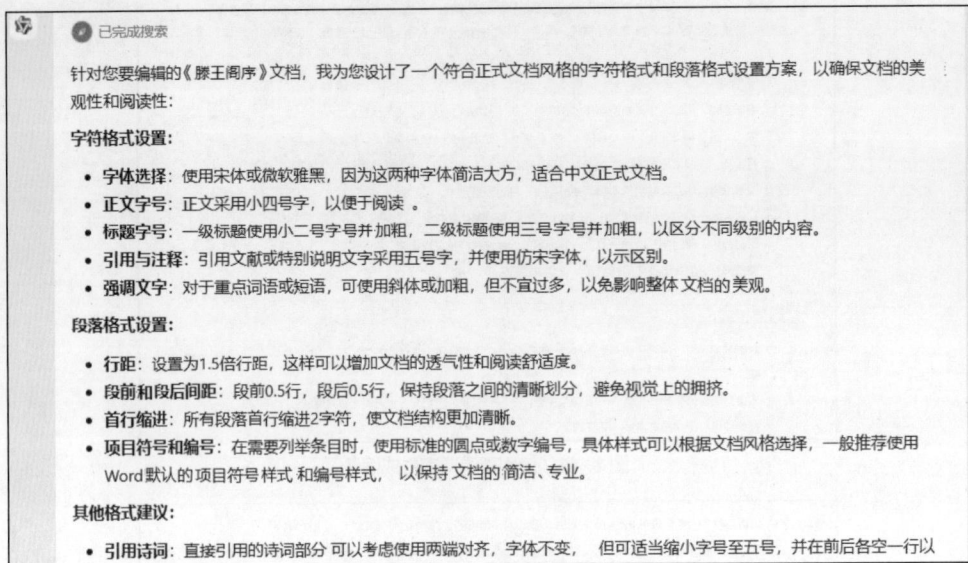

图1-43　生成文档格式的设置方案（部分）

（2）根据通义提供的信息设计详细的文档格式设置方案。在设置正文格式时，字体为宋体，字号为小四，行距为1.5倍，段前和段后间距为0.5行，首行缩进为2字符，以确保文档结构清晰且阅读体验舒适；在设置引文部分的格式时，由于需要对引文进行特殊标识，起到快速引人注意的目的，因此字体可以选择区别于正文字体的其他字体，如楷体，字号为小四，行距为1.5倍，对齐方式为居中对齐，再单独设置其字体颜色为蓝色；在设置标题格式时，考虑到标题需要起到强调和划分文档结构的作用，因此可单独为其设置一种字体，如汉仪粗宋简，与正文字体风格相似但又独具特色，既统一又醒目，字号为三号，字体颜色为蓝色，其他格式与正文格式一致；在设置注释的格式时，为了使其格式与正文格式形成区分，可以设置其字体为仿宋，字号为五号，行距为固定值18磅。此外，注释为分条列举内容，因此还需为其设置编号，使其便于阅读，其他内容则根据文档设置需求而定。如对于需要重点强调的句子，可将其加粗；对于需要醒目列举的内容，可为其设置项目符号。最后基于美化文档的目的为文档设置合适的边框和底纹。

（三）根据文档性质设置字体格式

文档的字体格式设置没有统一标准，通常可以根据文档内容的性质来决定。下面为"赏析《滕王阁序》"文档设置字体格式，具体操作如下。

（1）打开"赏析《滕王阁序》.docx"文档（配套资源：\素材\模块一\赏析《滕王阁序》.docx），按"Ctrl+A"组合键选择全文，在"开始"功能选项卡中的"字号"下拉列表中选择"小四"选项，在"字体"下拉列表中选择"宋体（正文）"选项，如图1-44所示。

（2）选择第二、三、四、五段文本，此时鼠标指针右上方将自动出现浮动工具栏，在其中的"字体"下拉列表中选择"楷体_GB2312"选项，如图1-45所示。

（3）选择"一、《滕王阁序》因何而写"标题文本，将其字体格式设置为"汉仪粗宋简，四号"，然后按照该方法将"二""三"标题文本的字体格式设置为"汉仪粗宋简，四号"。

微课

根据文档性质
设置字体格式

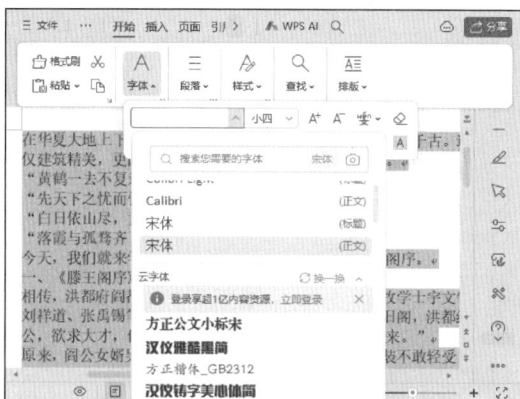

图1-44　设置全文的字体、字号

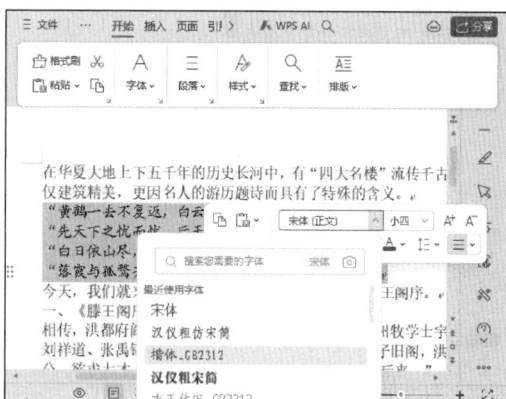

图1-45　设置引文的字体

（4）选择"二、《滕王阁序》全篇阅读"下方的"滕王阁序"文本，在"开始"功能选项卡中单击"加粗"按钮 B，将文本加粗，如图1-46所示。

（5）保持文本的选择状态不变，在"开始"功能选项卡中单击"下画线"按钮 U 右侧的下拉按钮 ，在打开的下拉列表中选择"粗线"选项，为文本添加下画线，如图1-47所示。

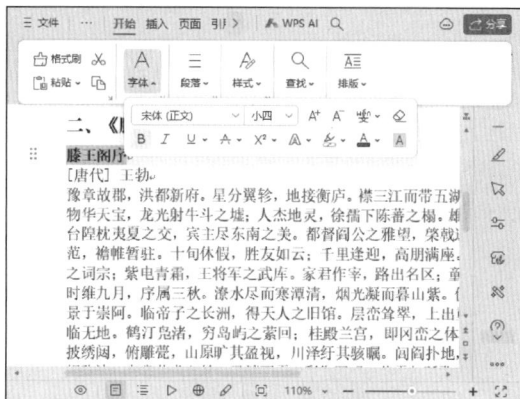

图1-46　将文本加粗

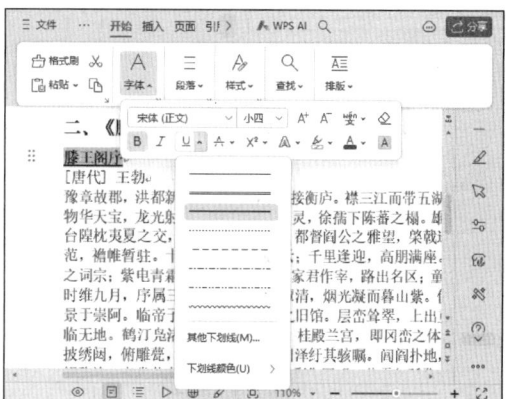

图1-47　为文本添加下画线

（6）选择"[唐代] 王勃"文本，将其字体格式设置为"楷体_GB2312，五号"；选择"地理位置，参宴人物。""壮丽景象，秀美风光。""宴会盛况，人生感慨。""怀才不遇，盛筵难再。"文本，为其设置文本加粗效果；选择"豫章故郡……待春而返。"文本，将其字体格式设置为"汉仪粗仿宋简，五号"。

（7）选择"一、《滕王阁序》因何而写"标题文本，在"开始"功能选项卡中单击"字体颜色"按钮 A 右侧的下拉按钮 ，在打开的下拉列表中选择"蓝色"选项，如图1-48所示。

（8）选择第二、三、四、五段文本，将其字体颜色也设置为"蓝色"，效果如图1-49所示。

（9）保持第二、三、四、五段文本的选择状态不变，在"开始"功能选项卡中单击"字体颜色"按钮 ，打开"字体"对话框，单击"字符间距"选项卡，在"间距"下拉列表中选择"加宽"选项，在其后的"值"数值框中输入"0.02"，然后单击 确定 按钮，如图1-50所示。

（10）选择"滕王阁"文本，再次打开"字体"对话框，单击"字体"选项卡，在"所有文字"栏中的"着重号"下拉列表中选择"."选项，然后单击 确定 按钮，如图1-51所示。

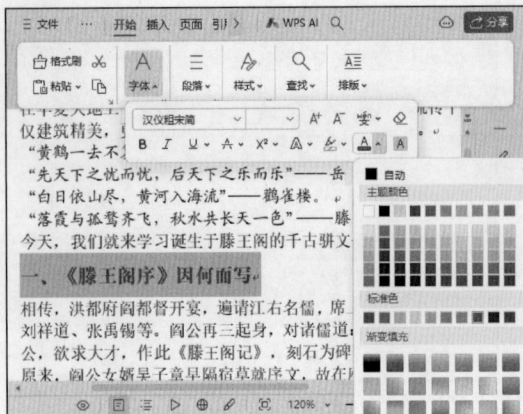

图1-48 设置标题文本的字体颜色

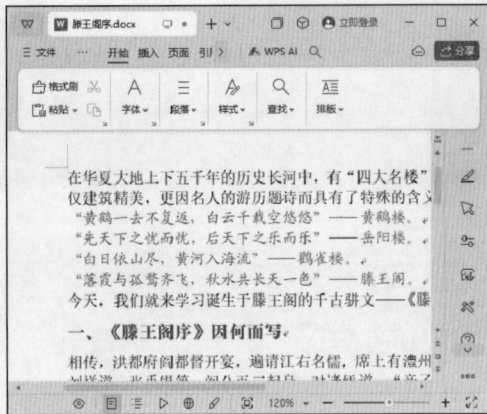

图1-49 设置字体颜色后的效果

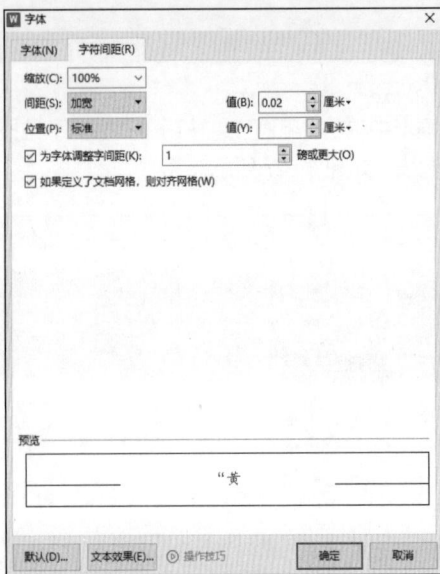

图1-50 设置字符间距

图1-51 设置着重号

（四）基于传达效果设置段落格式

一篇文档的段落格式设置效果直接影响着文档的整体美观度和阅读体验，因此，段落格式设置得越合理，文档的信息传达效果越好。下面分别对段落对齐方式、缩进、段落间距和行距等进行设置，使文档结构更加清晰、层次更加分明，具体操作如下。

（1）选择第二、三、四、五段文本（包括其后的回车符"↵"），在"开始"功能选项卡中单击"居中对齐"按钮，如图1-52所示。

（2）选择"滕王阁序"文本与"[唐代] 王勃"文本，同样将其对齐方式设置为"居中对齐"，效果如图1-53所示。

（3）选择全文，在"开始"功能选项卡中单击"段落"按钮，如图1-54所示。

（4）打开"段落"对话框，单击"缩进和间距"选项卡，在"缩进"栏中的"特殊格式"下拉列表中选择"首行缩进"选项，在"度量值"数值框中输入"2"，在"间距"栏中的"段前""段后"数值框中输入"0.5"，在"行距"下拉列表中选择"1.5 倍行距"，在"设置值"数值框中输入"1.5"，单击"确定"按钮，如图1-55所示。

微课
基于传达效果
设置段落格式

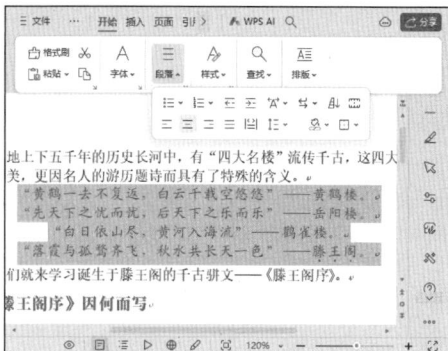

图 1-52 设置文本居中对齐

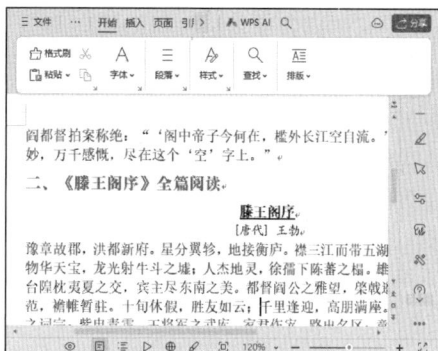

图 1-53 文本的对齐效果

图 1-54 单击"段落"按钮

图 1-55 设置段落格式 1

（5）选择"豫章故郡……待春而返。"注释文本，在"开始"功能选项卡中单击"段落"按钮 ，打开"段落"对话框，在"缩进"栏中的"文本之前"数值框中输入"2"，在"间距"栏中的"段前""段后"数值框中输入"0"，在"行距"下拉列表中选择"固定值"选项，在其右侧的"设置值"数值框中输入"18"，单击 确定 按钮，如图 1-56 所示。

（6）返回文档编辑区后，查看设置文本段落格式后的效果，如图 1-57 所示。

图 1-56 设置段落格式 2

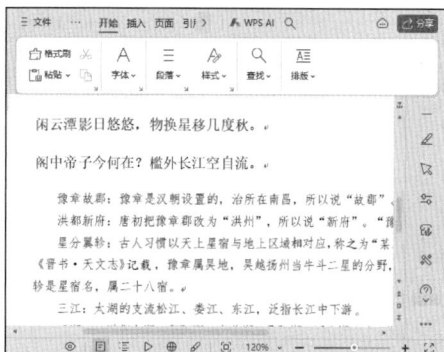

图 1-57 查看设置文本段落格式后的效果

（五）基于传递效率设置项目符号和编号

使用项目符号和编号功能可以进一步丰富文档的结构层次，提高文档信息的传递效率。下面为"赏析《滕王阁序》"文档中具备并列关系的段落添加项目符号，为具备顺序关系的段落添加编号，具体操作如下。

微课

基于传递效率
设置项目符号和
编号

（1）将插入点定位于"第一部分"文本前，在"开始"功能选项卡中单击"项目符号"按钮 ∷ 右侧的下拉按钮，在打开的下拉列表中选择"❖"选项，如图 1-58 所示。

（2）继续将插入点定位于"第一部分"文本中，在"开始"功能选项卡中双击"格式刷"按钮，当鼠标指针变为 形状时，依次单击"第二部分""第三部分""第四部分"文本，为其应用与"第一部分"文本相同的项目符号样式，效果如图 1-59 所示。

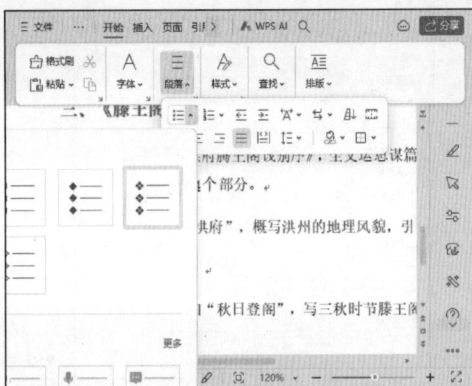

图1-58　添加项目符号

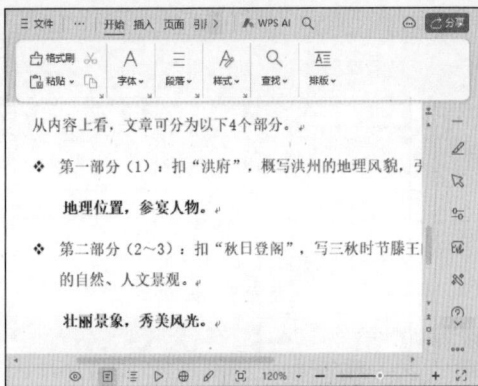

图1-59　设置项目符号后的效果

> **技能提升**　单击"格式刷"按钮，为目标文本或段落应用格式后，将自动退出格式刷状态。如果需要为文档中的多个文本或段落应用相同的格式，则可以双击"格式刷"按钮，此时鼠标指针将一直处于格式刷状态，直到再次单击该按钮或按"Esc"键时才能退出格式刷状态。

（3）选择注释文本，在"开始"功能选项卡中单击"编号"按钮 ∷ 右侧的下拉按钮，在打开的下拉列表中选择"自定义编号"选项，如图 1-60 所示。

（4）打开"项目符号和编号"对话框，在"编号"选项卡中选择"（1）（2）（3）"选项，单击 自定义(T)... 按钮，如图 1-61 所示。

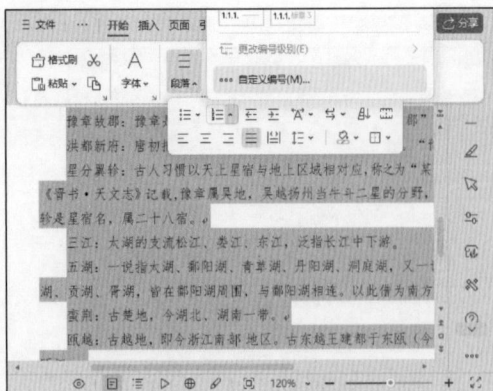

图1-60　选择"自定义编号"选项

图1-61　选择编号选项

（5）打开"自定义编号列表"对话框，在"编号格式"文本框中将"（1）"修改为"[1]"，单击 确定 按钮，如图 1-62 所示。

（6）返回文档编辑区后，查看设置编号后的效果，如图 1-63 所示。

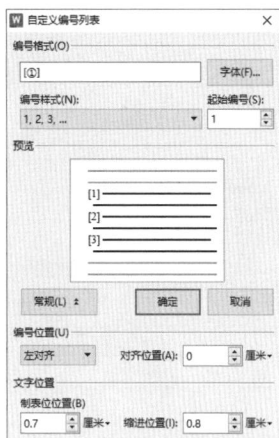

图 1-62　设置编号格式

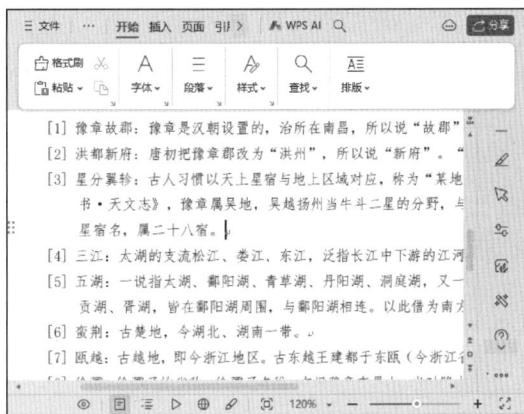

图 1-63　查看设置编号后的效果

（六）结合文档性质设置边框和底纹

边框和底纹主要起到美化文档的作用。本任务编辑的"赏析《滕王阁序》"文档为教学文档，因此对文档美化的要求不高，但仍然可以通过边框和底纹对重要内容进行标记，以进行强调。下面为"赏析《滕王阁序》"文档中的部分内容设置边框和底纹，具体操作如下。

（1）按"Ctrl"键选择最后一段文本中的"洪府""秋日""登滕王阁""别""序"文本，在"开始"功能选项卡中单击"字符底纹"按钮 A ，为文本设置底纹效果，如图 1-64 所示。

（2）选择"由地及人""由人及景""由景及情"文本，在"开始"功能选项卡中单击"突出显示"按钮 右侧的下拉按钮，在打开的下拉列表中选择"黄色"选项，为文本设置底纹颜色，如图 1-65 所示。

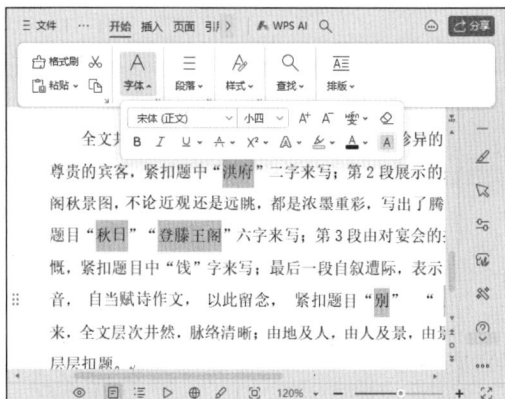

图 1-64　为文本设置底纹效果

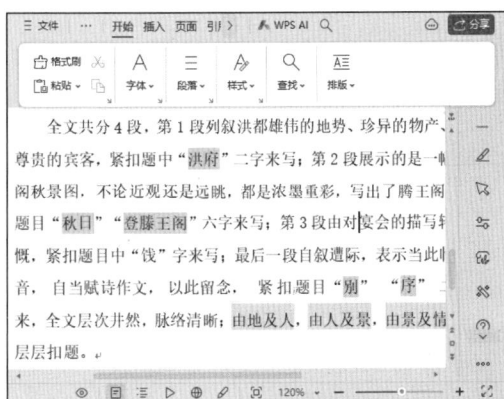

图 1-65　为文本设置底纹颜色

（3）选择最后一段文本，在"开始"功能选项卡中单击"边框"按钮 右侧的下拉按钮，在打开的下拉列表中选择"边框和底纹"选项，如图 1-66 所示。

29

（4）打开"边框和底纹"对话框，在"边框"选项卡中的"设置"栏中选择"方框"选项，在"线型"列表框中选择"------"选项，在"颜色"下拉列表中选择蓝色，如图 1-67 所示。

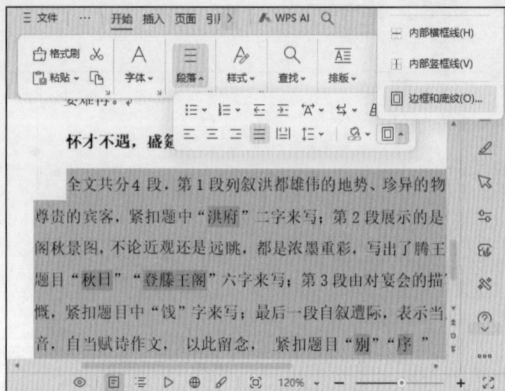

图1-66 选择"边框和底纹"选项

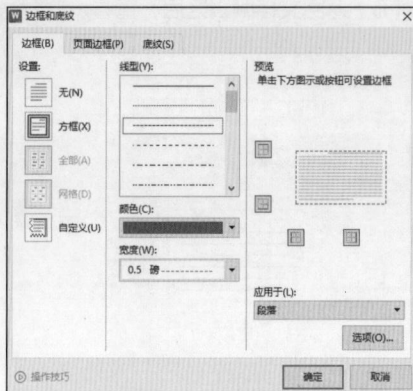

图1-67 设置边框

技能提升 在"边框和底纹"对话框的"应用于"下拉列表中，可选择添加边框的对象，包括"段落"和"文字"，不同对象添加的边框效果是不相同的。另外，在该对话框中单击"页面边框"选项卡，可在其中为文档页面添加边框效果。

（5）单击"底纹"选项卡，在"填充"栏中选择"白色，背景1，深色5%"选项，单击 确定 按钮，如图 1-68 所示。

（6）返回文档编辑区后，查看设置边框和底纹后的效果，如图 1-69 所示。

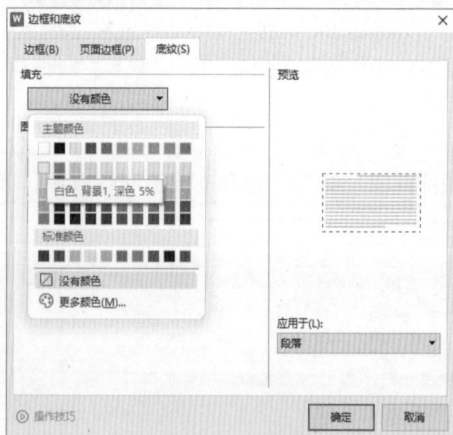

图1-68 设置底纹

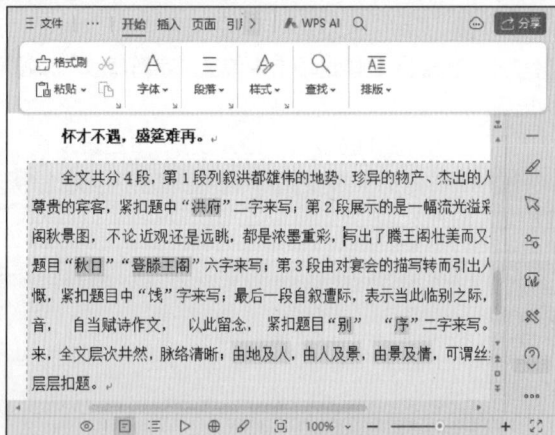

图1-69 查看设置边框和底纹后的效果

（七）预览打印效果并设置打印参数

若文档需要作为纸质文档保存或传阅，则可以将其打印出来。下面预览"赏析《滕王阁序》"文档的打印效果，并根据需要设置打印参数及执行打印操作，具体操作如下。

（1）选择"文件"/"打印"/"打印预览"命令。

（2）进入文档打印预览状态，滚动鼠标滚轮或拖动滚动条预览文档内容，以查看各页的打印效果，如图 1-70 所示。

微课

预览打印效果
并设置打印参数

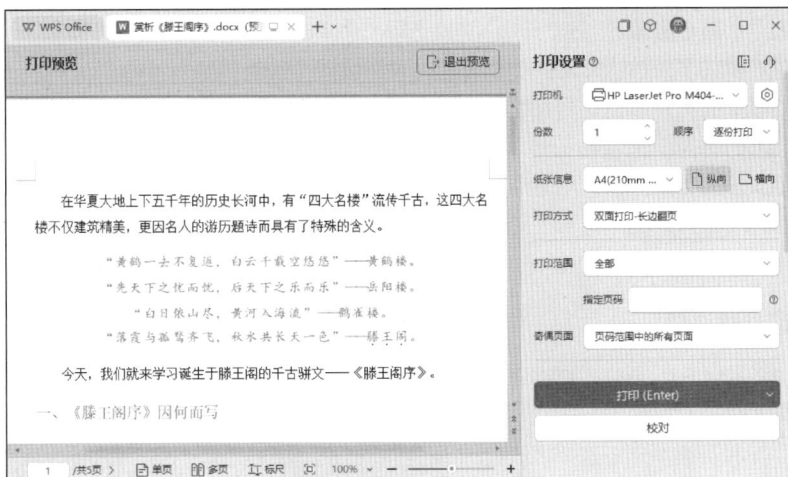

图 1-70　文档打印预览状态

（3）确认文档效果无误后，在页面右侧的"打印设置"栏中设置打印参数。在"打印机"下拉列表中选择与计算机相连的打印机，在"份数"数值框中输入"1"，在"顺序"下拉列表中选择"逐份打印"选项，在"打印方式"下拉列表中选择"单面打印"选项，在"打印范围"下拉列表中选择"全部"选项，在"每页版数"栏中选择"1 版"选项，完成后单击 打印 (Enter) 按钮，如图 1-71 所示。打印完成后，单击 退出预览 按钮，退出文档打印预览状态，并按"Ctrl+S"组合键保存文档（配套资源：\效果\模块一\赏析《滕王阁序》.docx）。

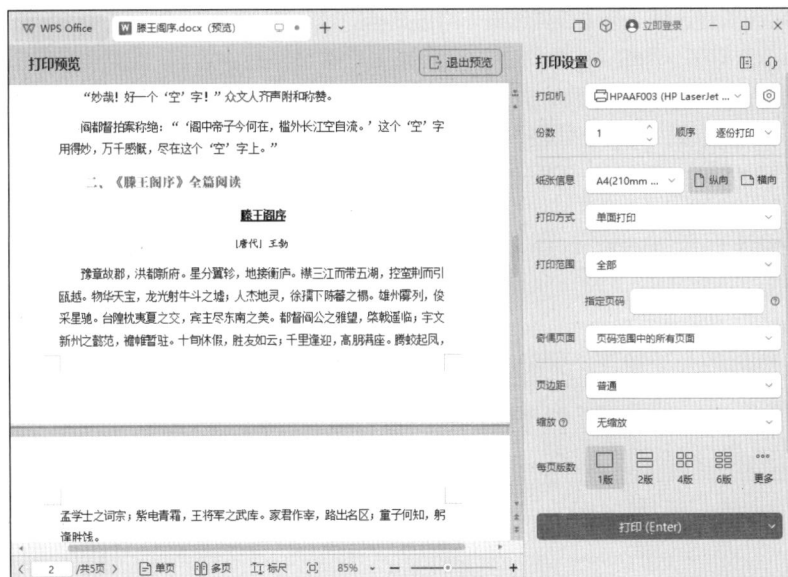

图 1-71　设置打印参数

六、能力拓展

（一）自定义项目符号

当 WPS 文字提供的项目符号样式不能满足需要时，用户可以通过自定义项目符号的操作将其他符号定义为项目符号，其方法如下：在"开始"功能选项卡中单击"项目符号"按钮∷右侧的下拉按钮，在打开的下拉列表中选择"自定义项目符号"选项，打开"项目符号和编号"对话框，在"项目符号"选项卡中选择任意样式的项目符号后，单击右下角的 自定义(T)... 按钮，打开"自定义项目符号列表"对话框，如图 1-72 所示，在其中单击 字符(C)... 按钮，在打开的"符号"对话框中选择需要作为项目符号样式的符号即可。

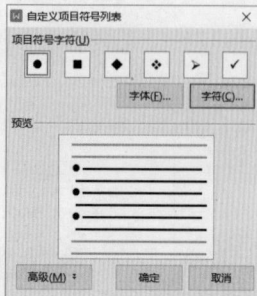

图1-72 "自定义项目符号列表"对话框

（二）打印参数详解

选择"文件"/"打印"命令，打开"打印"对话框，在其中可设置各种打印参数，如图 1-73 所示。部分参数的作用和使用方法如下。

- "名称"下拉列表：用于选择执行打印操作的打印机。需要注意的是，要想实现打印操作，首先应正确连接打印机与计算机。购买打印机后，可按照说明书将打印机与计算机正确连接，然后安装该设备的驱动程序。此时，WPS Office 将自动识别打印机，接着即可在"名称"下拉列表中选择连接好的打印机。
- "双面打印"复选框：选中该复选框后，可在一页纸的正反两面打印出文档内容。
- "页码范围"栏：用于设置打印范围。其中，选中"全部"单选按钮表示打印文档的所有内容；选中"当前页"单选按钮表示仅打印文档的当前页面；选中"页码范围"单选按钮后，输入需要打印的页面的页码，具体输入规则在该单选按钮下方有提示。
- "份数"数值框：用于设置打印份数。
- "逐份打印"复选框：选中该复选框，将按文档的顺序依次打印；取消选中该复选框，将按页码的顺序依次打印。例如，在取消选中"逐份打印"复选框的状态下，如果要打印 3 份文档，则先打印第 1 页 3 份，再打印第 2 页 3 份，以此类推。
- "打印"下拉列表：在其中可选择打印范围中的所有页面，或选择打印奇数页或偶数页。
- "每页的版数"下拉列表：在其中可设置打印纸张上的打印页面数，如"2 版"表示在一张纸上打印 2 页的内容。
- "按纸型缩放"下拉列表：在其中可选择纸型，打印时，文档内容将按纸型大小自动缩放。

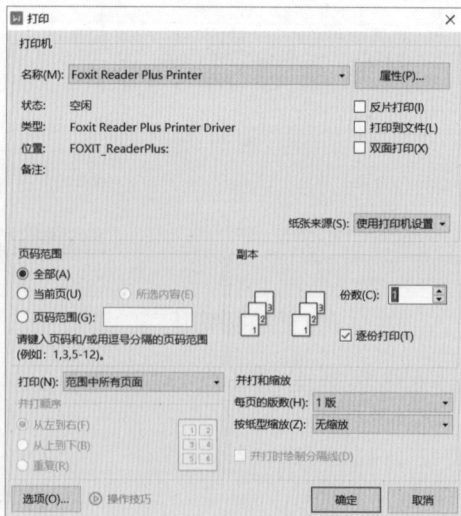

图1-73 "打印"对话框

任务四　制作图文型"二十四节气"文档

一、任务描述

二十四节气是中华民族悠久历史文化的重要体现，更是我国古代先民智慧和创造力的结晶。通过了解二十四节气、制作介绍二十四节气的文档，我们不仅可以更好地理解、传承中华民族的文化，还可以遵循对自然界中气候、物候、时令等变化规律的总结，更好地认识自然、尊重自然、保护自然。本任务将制作图文型"二十四节气"文档，通过添加图片、文本框、艺术字、流程图、封面等对象对文档进行编辑和美化，从而提升文档的可读性和美观性。

二、任务准备

要完成使用 WPS 文字制作图文型"二十四节气"文档的任务，需要首先了解 WPS 文字中图片、文本框、艺术字、流程图、封面等各种对象的作用和使用方法，然后进一步了解获取各种对象的方法，以便更好地对文档进行美化。

（一）WPS 文字中的常用对象及其作用

画报、宣传册、杂志等图文丰富型文档通常具有十分独特、别致的排版效果，图 1-74 所示为图文型宣传册的排版效果。作为一种多元化信息的传播方式，图文型文档既可以产生强烈的视觉冲击力，又可以展现不同内容和主题的文档设计风格，激发读者的阅读兴趣和动力，还可以使信息的传递更加直观、快速和准确，从而提高信息的传递效率。要想制作出这种图文并茂的文档，可以借助 WPS 文字中提供的各种对象，包括图片、文本框、艺术字、流程图等。

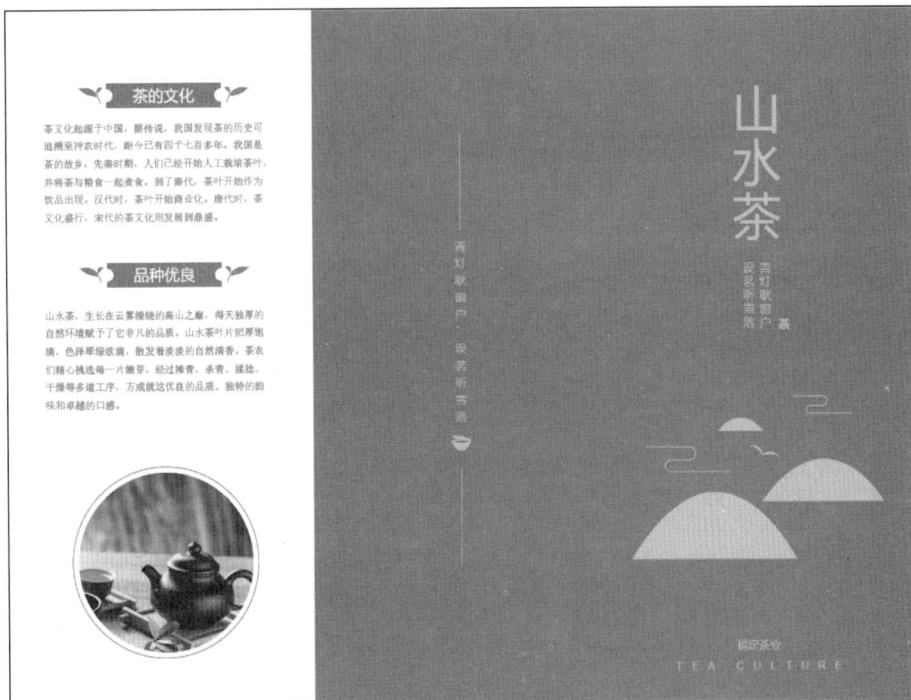

图 1-74　图文型宣传册的排版效果

1. 图片、图形等对象

WPS 文字中的图片和图形等对象主要是指图片、形状、图标和流程图。其中，图片、图标可用于美化文档，直观展示信息内容或对文字内容进行辅助说明；形状可用于展示和强调信息，或绘制图示等；流程图可用于展示流程或关系，以便读者阅读和理解。

2. 文本框和艺术字

如果要在文档中实现个性化排版，如像报刊一样将内容排版成若干个"小方块"，就可以使用 WPS 文字中的文本框功能；如果想要使标题呈现出特殊的字体效果，使其更加醒目、美观、引人注意，则可以使用艺术字功能。图 1-75 所示为文本框及其他对象的排版效果。要实现该效果，需要使用文本框对各个区域的文本分别进行排版，再辅以图片、图标等对象，一方面可以对文本信息进行说明，另一方面可以起到美化文档的作用。

图1-75 文本框及其他对象的排版效果

3. 封面

通常来说，宣传类、报告类文档可以设置单独的文档封面，如报告、宣传册、个人求职简历等。一个美观的封面不仅可以提升文档的整体美感，还可以优化读者的阅读体验，使读者在享受视觉美感的同时更加深入地了解文档的内容。

（二）WPS 文字中各对象的插入和编辑方法

WPS 文字中，各种对象的插入可通过"插入"功能选项卡来实现，如图 1-76 所示。

图1-76 "插入"功能选项卡

（1）插入封面。单击"封面"按钮，在打开的下拉列表中选择需要的封面样式。

（2）插入图片。单击"图片"按钮，在打开的下拉列表中选择需要的图片，或选择"本地图片"选项，打开"插入图片"对话框，在其中选择计算机中已有的图片文件。

（3）插入图标。单击"图标"按钮，在打开的对话框中选择相应的选项。

（4）插入形状。单击"形状"按钮□，在打开的下拉列表中选择某个形状，然后通过在文档中单击或拖动鼠标指针创建该形状。

（5）插入流程图。单击"流程图"按钮□，打开"流程图"对话框，在其中选择某种类型的流程图，然后在打开的页面中对流程图的结构和内容进行编辑，编辑完成后将其插入文档。

（6）插入文本框。单击"文本框"按钮回，通过在文档中单击或拖动鼠标指针插入文本框，然后根据需要在其中输入并设置文本。

（7）插入艺术字。单击"艺术字"按钮A，在打开的下拉列表中选择某种艺术字样式，然后在其中输入需要的文本内容。

在文档中插入各种对象后，还可以根据文档的编辑需求调整对象的大小、位置和角度，其方法分别如下。

（1）调整大小。选择对象，拖动对象边框上的白色小圆圈可以调整对象的大小。

（2）调整位置。选择对象，拖动对象的边框可以移动对象。

（3）调整角度。选择对象，拖动对象边框上方的"旋转"标记◎可以调整对象的角度。

此外，选择并插入图片或图形等对象后，WPS文字上方会显示相应的功能选项卡，如"图片工具"功能选项卡、"绘图工具"功能选项卡等，在其中可以对选择的对象进行各种设置。

（三）图片、图形等对象的收集与获取

在WPS文字中编辑文档时，通常可以使用WPS文字自带的素材库中的图片、图形等对象对文档进行美化。此外，也可以从一些专业的素材网站中收集素材。常用的专业素材网站有素彩网、千图网、昵图网、我图网等。需要注意的是，下载这类网站上的图片大多需要开通会员，或者花钱购买。除此之外，用户也可以在阿里巴巴矢量图标库中下载、收集图标素材等。

另外，用户还可以利用AI工具生成自己需要的图片、图形、图标等素材。目前，AI绘图工具可以根据用户的绘图需求生成各种风格和内容的图片，也可以用文字直接生成图片，或基于某个特定的图片生成类似的图片，美图设计室、文心一格、无界AI、阿里通义万相等都是功能比较强大的AI绘图工具。图1-77所示为使用通义万相生成的图片，其基于文本生成图像功能生成了关于"立春"的图片。

图1-77　使用通义万相生成的图片

三、制作思路

制作图文型"二十四节气"文档主要涉及对图片、图形、文本框等对象的使用和设置，其思路整理如下。

（1）使用通义了解二十四节气的相关知识。

（2）使用通义万相生成不同节气的图片。

（3）使用图片、文本框、艺术字、图形等对象排版和美化文档。

（4）为文档添加封面，并修改封面内容。

▎学思启示▎

二十四节气与传统文化

二十四节气是我国传统文化的重要组成部分，而我国的传统文化则由中华文明在漫长的时间中演化汇集而成。无论是春节、清明节、端午节、中秋节等传统节日，还是儒家、道家、墨家、法家等传统哲学思想，都是我国传统文化中不可或缺的重要内容。中华民族传统文化是中华民族的精神瑰宝，是中华民族五千年文明的结晶，具有深厚的历史文化底蕴和独特的艺术魅力，其内容和内涵值得每个人去学习、传承。

四、效果展示

图文型"二十四节气"文档参考效果（部分）如图 1-78 所示。

图1-78 图文型"二十四节气"文档参考效果（部分）

五、任务实现

（一）使用通义了解二十四节气

通常来说，图文型文档中图片、图形等对象的风格需要与文档的内容、性质相匹配。因此，在编辑文档之前，用户需要深入了解文档的内容，以便后续选择适合文档的图片、图形等对象。下面使用通义了解二十四节气及其中重要节气的特点，具体操作如下。

微课

使用通义了解
二十四节气

（1）搜索"通义"，进入其官方页面，在下方的文本框中输入要求"请问二十四节气分别指哪些节气？每个节气有什么特点？"，按"Enter"键获取信息，如图 1-79 所示。

请问二十四节气分别指哪些节气？每个节气有什么特点？

已完成搜索

二十四节气是中国古代根据太阳在黄道上的位置变化而制定的反映季节更替、气候变化和物候现象的补充历法。以下是二十四节气的名称及其特点概述：

1. **立春**：标志着春季的开始，此时天气逐渐变暖，万物逐渐复苏。
2. **雨水**：气温回升，降水增多，有利于作物生长。
3. **惊蛰**：春雷响起，冬眠动物被惊醒，春耕开始。
4. **春分**：昼夜平分，之后白天渐长，是春季的中期。

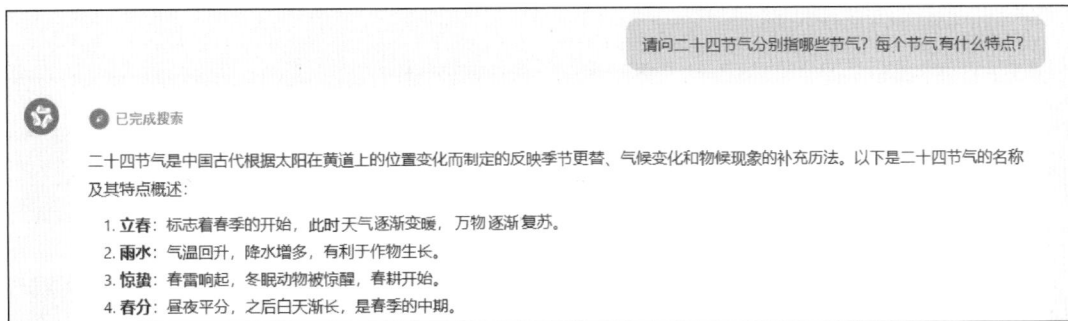

图1-79　在通义中输入问题并获取信息

（2）继续输入问题"立春、立夏、立秋、立冬这4个节气分别有什么代表物象？"，按"Enter"键获取信息，如图1-80所示。

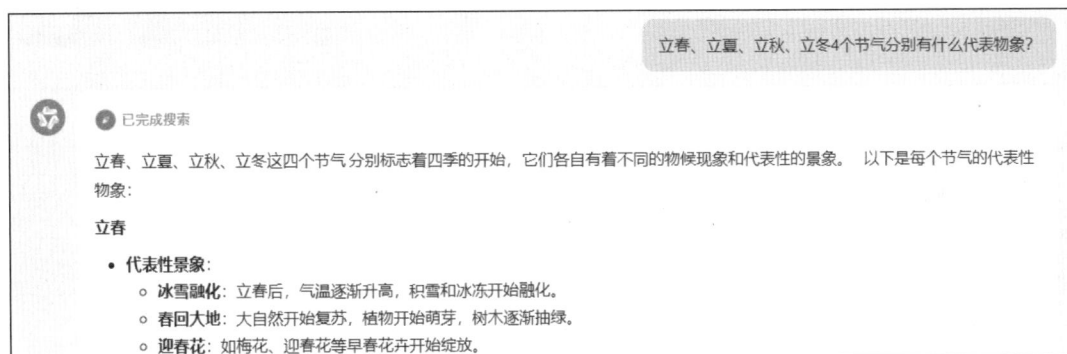

立春、立夏、立秋、立冬4个节气分别有什么代表物象？

已完成搜索

立春、立夏、立秋、立冬这四个节气分别标志着四季的开始，它们各自有着不同的物候现象和代表性的景象。　以下是每个节气的代表性物象：

立春

- **代表性景象：**
  - **冰雪融化**：立春后，气温逐渐升高，积雪和冰冻开始融化。
  - **春回大地**：大自然开始复苏，植物开始萌芽，树木逐渐抽绿。
  - **迎春花**：如梅花、迎春花等早春花卉开始绽放。

图1-80　继续输入问题并获取信息

（3）根据通义生成的结果提炼关键字，为后续图片生成操作做好准备，如这里可以提炼"花朵""荷叶""稻田""初雪"等关键词。

（二）使用通义万相生成节气图片

在图文型文档中，图片的选择直接影响着整个文档的效果。下面使用通义万相按要求生成符合文档编辑需要的节气图片，具体操作如下。

微课

使用通义万相
生成节气图片

（1）搜索"通义万相"，进入其官方页面，选择"文字作画"选项，如图1-81所示

（2）在文本框中输入生成条件，这里输入"画一幅画，背景为绿色，画中有一枝梨花，梨花枝头站着一只小鸟"文本，如图1-82所示。

（3）在"创意模板"栏中设置画作的风格，这里选择"水彩人像"选项，如图1-83所示。该选项用于限定生成图像的风格。

（4）在"比例"栏中选择画作的尺寸比例，这里选择"9：16"选项，然后单击 生成画作 按钮，如图1-84所示。

（5）此时，通义万相将开始根据上述条件生成图片，图片生成效果如图1-85所示。如果图片效果不符合要求，那么也可以单击生成图片右侧的"再次生成"超链接来重新生成图片。

（6）按照该方法分别输入"画一幅画，背景为绿色，远处是小荷叶，近处是大荷叶和荷花""画一幅画，画的上半部分是蓝色的天空，画的下半部分是金黄的稻田""画一幅画，背景为白色，画的左上角有一枝红色梅花，梅花上有一些积雪，画的右下角是一个落满雪的屋檐"等图片生成要求，生成其他图片。

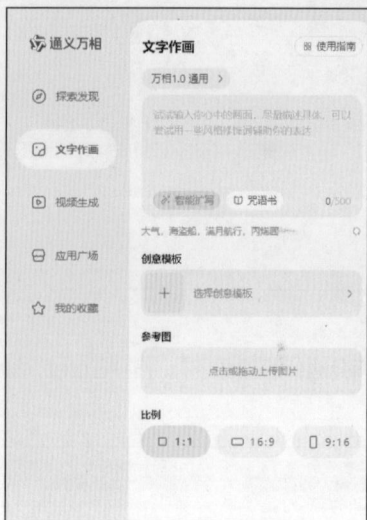

图1-81　选择"文字作画"选项　　　　图1-82　输入文本　　　　图1-83　选择创意模板

图1-84　设置画作的尺寸比例　　　　　　　图1-85　图片生成效果

　　（7）选择生成的图片，打开图片预览页面，在该页面中单击"下载 AI 生成图片"按钮，在打开的对话框中设置图片的保存名称、保存位置等，将图片保存到计算机中。

（三）将生成的图片插入文档

　　在排版图文型文档时，为了使图片在大小、位置、色彩等方面与文档的整体排版要求相匹配，往往需要对图片进行编辑，包括调整图片大小和位置、裁剪图片、设置图片环绕方式、设置图片亮度和对比度等。下面将通义万相生成的图片插入文档中，并对图片进行编辑，具体操作如下。

　　（1）打开"二十四节气.docx"文档（配套资源：\素材\模块一\二十四节气.docx），将插入点定位到文档的第 2 页中，在"插入"功能选项卡中单击"图片"按钮，在打开的下拉列表中选择"本地图片"选项，如图 1-86 所示。

微课

将生成的图片
插入文档

（2）打开"插入图片"对话框，在其中选择图片，这里选择"春.png"图片（配套资源:\素材\模块一\春.png），单击 打开(O) 按钮，如图 1-87 所示，将图片插入文档。

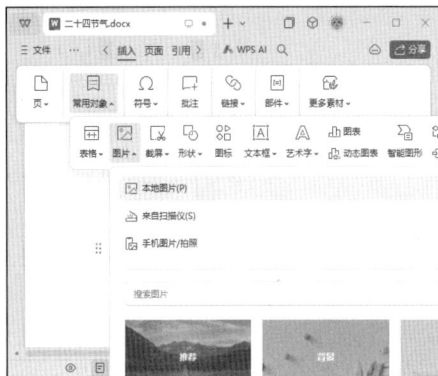

<table>
<tr><td>图1-86 插入图片</td><td>图1-87 选择图片</td></tr>
</table>

（3）选择插入的图片，拖动图片 4 个角上的控制点，调整图片的大小，然后在"图片工具"功能选项卡中单击"裁剪"按钮 ，此时图片四周将出现黑色的控制点，将鼠标指针移动到图片下方的黑色控制点上，当其变为 形状时，按住鼠标左键不放并向上方拖动以裁剪图片，如图 1-88 所示。

（4）按照该方法从图片上方进行裁剪，然后将插入点定位于图片下方，继续插入"春.png"图片。

（5）选择插入的图片，调整图片大小后，在图片右侧的快速工具栏中单击"布局选项"按钮 ，在打开的面板中选择"衬于文字下方"选项，调整图片布局，如图 1-89 所示。

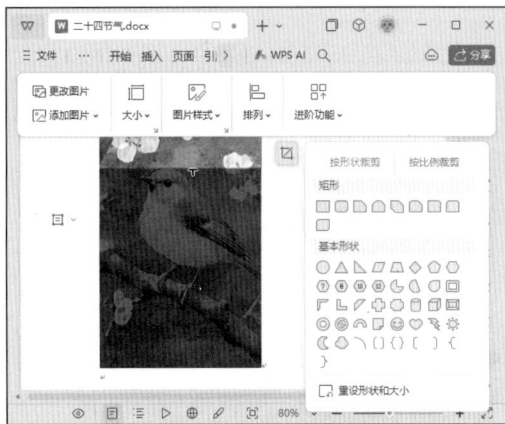

<table>
<tr><td>图1-88 裁剪图片</td><td>图1-89 调整图片布局</td></tr>
</table>

（6）保持图片的选择状态不变，在图片上按住鼠标左键不放，将其拖动到页面右下角，然后将插入点定位于第 3 页的文本下方，在其中插入"夏.png"图片（配套资源:\素材\模块一\夏.png），接着调整图片的大小，并将其布局设置为"衬于文字下方"，再将图片移至页面右上方。

（7）保持图片的选择状态不变，先将图片裁剪为正方形，然后在"图片工具"功能选项卡中单击"裁剪"按钮 下方的 按钮，在打开的下拉列表中选择"公式形状"栏中的"等于号"选项，将图片裁剪为等号形状。

（8）按该方法在第 4、5 页中分别插入"秋.png""冬.png"图片（配套资源:\素材\模块一\秋.png、冬.png），然后依次裁剪图片并调整图片的大小、布局和位置，图片排版效果如图 1-90 所示。

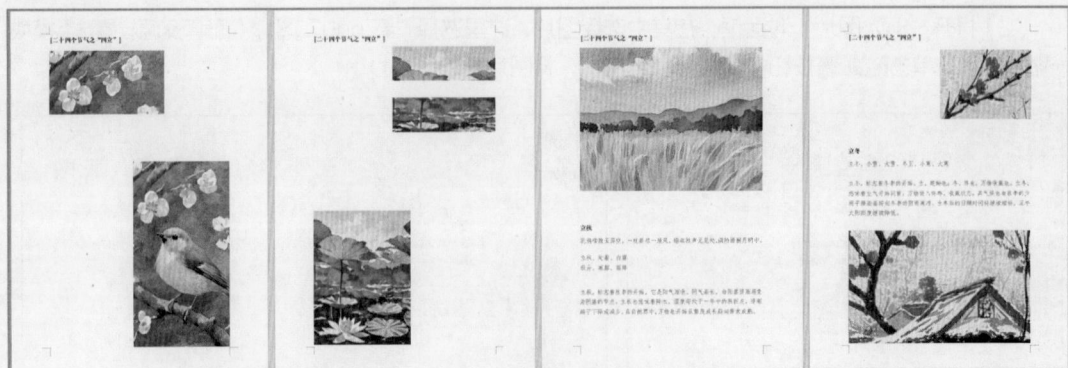

图1-90　图片排版效果

（四）使用文本框排版文档

文本框是一种特殊的图形对象，也是在 WPS 文字中实现文档个性化排版的关键。文本框具有图形的属性，可以设置边框和填充颜色，调整位置、大小和角度等，也能在其中输入文本内容或插入图片等对象。下面在文档中插入并编辑文本框，以设计出特殊的文档版式，具体操作如下。

微课

使用文本框排版
文档

（1）将插入点定位到文档的第 2 页，在"插入"功能选项卡中单击"文本框"按钮图右侧的下拉按钮，在打开的下拉列表中选择"竖向"选项，如图 1-91 所示。

（2）此时，鼠标指针将变为"+"形状，按住鼠标左键不放并拖动，绘制一个竖向文本框，如图 1-92 所示，在该文本框中输入的文本将呈竖排显示。

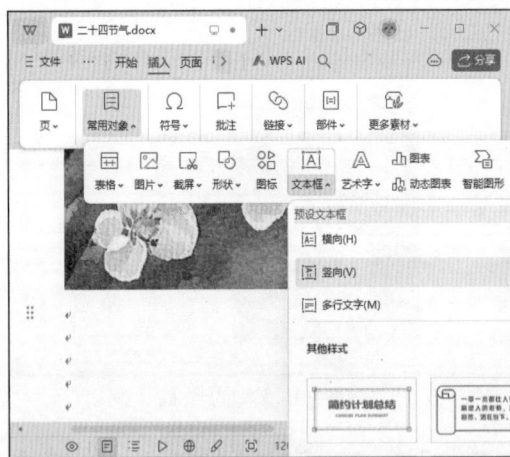

图1-91　插入文本框

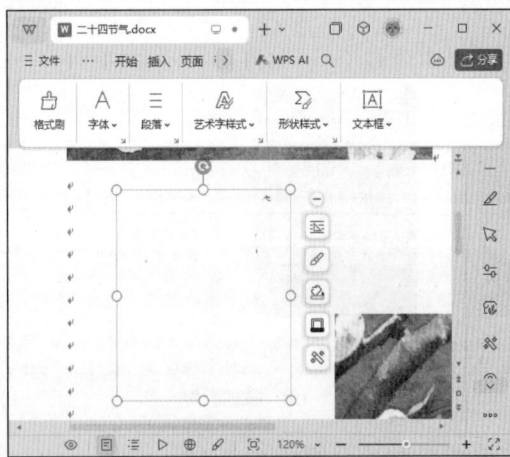

图1-92　绘制文本框

（3）将插入点定位于竖向文本框中，输入文本，并设置文本的字体格式为"仿宋，13.5"、行距为"固定值，20 磅"，然后将鼠标指针移动到文本框的边框上，将其拖动到页面右上角，效果如图 1-93 所示。

（4）选择文本框，在"绘图工具"功能选项卡中单击"填充"按钮右侧的下拉按钮，在打开的下拉列表中选择"无填充颜色"选项。单击"轮廓"按钮右侧的下拉按钮，在打开的下拉列表中选择"无边框颜色"选项。取消文本框的填充颜色和边框颜色，如图 1-94 所示。

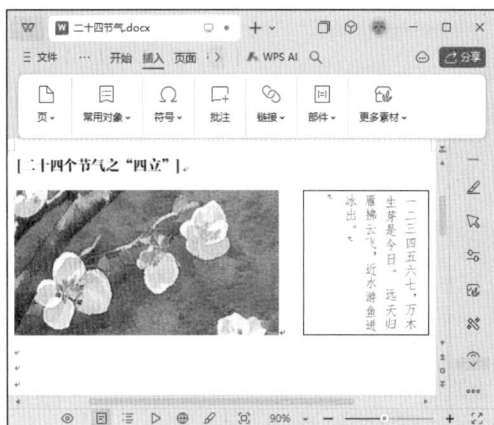

图1-93　输入并设置文本的效果

图1-94　取消文本框的填充颜色和边框颜色

技能提升　若在"插入"功能选项卡中单击"文本框"按钮⃞A右侧的下拉按钮⌄，在打开的下拉列表中选择"多行文字"选项，则在文档中创建文本框并输入文本后，文本框的高度将会根据内容的多少自动调整。

（5）按照该方法依次在其他页面中插入文本框，然后在文本框中输入文本并设置文本字体格式，最后取消文本框的填充颜色和边框颜色，并调整文本框的位置，文本框排版效果如图 1-95 所示。

图1-95　文本框排版效果

（五）使用艺术字美化文档

如果需要强调展示标题文本，同时使其视觉效果更加丰富、生动和个性化，则可以在文档中插入艺术字。下面在文档中插入艺术字，并设置艺术字的效果，具体操作如下。

（1）将插入点定位到文档的第 1 页，在"插入"功能选项卡的"常用对象"选项中单击"艺术字"按钮A，在打开的下拉列表中选择图 1-96 所示的艺术字样式。

（2）在插入的艺术字文本框中输入"二十四节气"文本，并将艺术字文本框移至图片上（调整位置），如图 1-97 所示。

微课

使用艺术字美化
文档

图1-96　选择艺术字样式

图1-97　输入文本并调整位置

（3）选择艺术字文本，在"开始"功能选项卡中设置其字体格式为"方正汉真广标简体、80、加粗"，然后打开"字体"对话框，在"字符间距"选项卡中将文本的"间距"设置为"紧缩"，将文本的"缩放"设置为"80%"，如图1-98所示。

（4）保持艺术字文本的选择状态不变，在"文本工具"功能选项卡的"艺术字样式"选项中单击"轮廓"按钮🄰右侧的下拉按钮▾，在打开的下拉列表中选择"白色，背景1"选项，设置艺术字文本轮廓颜色，如图1-99所示。

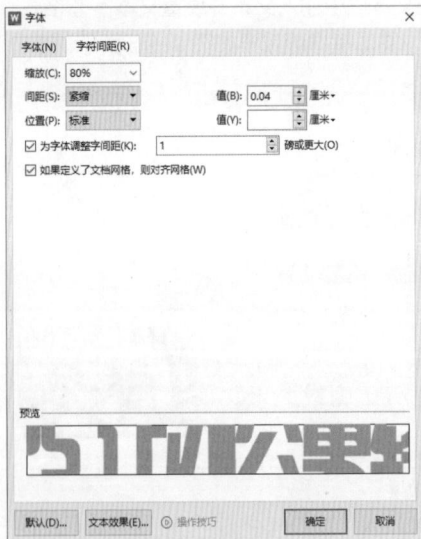

图1-98　设置字符间距

图1-99　设置艺术字文本轮廓颜色

（六）使用智能图形梳理文档内容

WPS文字中的智能图形可以通过列表、流程、循环等多种类型的复杂图形直观地表达信息关系。在图文型文档中，如果需要分条、分项目地展示文本内容，则可以考虑采用智能图形的形式。下面在文档中插入智能图形，并对其进行编辑，具体操作如下。

（1）将插入点定位到"二十四节气"文档的最后一页中，在"插入"功能选项卡中单击"智能图形"按钮📇，在打开的对话框中选择图1-100所示的智能图形样式。

微课

使用智能图形
梳理文档内容

图1-100　选择智能图形样式

（2）删除智能图形文本框中的原有文本，然后重新输入文本，并设置其字体格式为"方正风雅宋简体，14"，字体颜色为"黑色，文本 1"，如图 1-101 所示

（3）设置完成后，调整智能图形的大小、位置，效果如图 1-102 所示。

图1-101　设置智能图形的文本

图1-102　调整智能图形大小与位置后的效果

技能提升　除了智能图形，用户还可根据编辑需要在文档中添加流程图、思维导图等图形。其方法如下：在"插入"功能选项卡中单击相应的按钮，在打开的对话框中选择合适的图形。需要注意的是，WPS 文字中的部分图形对象需要开通会员才可使用，未开通会员可在打开的对话框中筛选免费资源使用。

（七）为文档添加合适的封面

封面是文档的第 1 页，封面的内容和效果直接影响读者的阅读兴趣。下面在文档中插入封面，具体操作如下。

（1）在"插入"功能选项卡中单击"封面"按钮，在打开的下拉列表中选择"稻壳封面页"栏中的封面选项，这里单击"总结"选项卡，可在其中选择图 1-103 所示的封面模板。

微课

为文档添加合适
的封面

（2）在封面的文本框中分别输入文本并设置其字体格式，然后删除多余的文本框，并保存文档，效果如图 1-104 所示（配套资源：\效果\模块一\二十四节气.docx）。

图 1-103　选择封面模板

图 1-104　输入并设置封面文本后的效果

六、能力拓展

（一）更改图片

如果需要在 WPS 文字中重新更改图片，但事先已经对该图片的大小、位置等进行了编辑，或已在"图片工具"功能选项卡中调整了图片色彩、设置了图片效果，那么可以使用 WPS 文字的"更改图片"功能。该功能可以在保留图片编辑效果的基础上更换其他图片，其方法如下：选择图片，在"图片工具"功能选项卡中单击"更改图片"按钮，在打开的对话框中选择要替换的图片。图 1-105 所示为更改图片前后的效果。

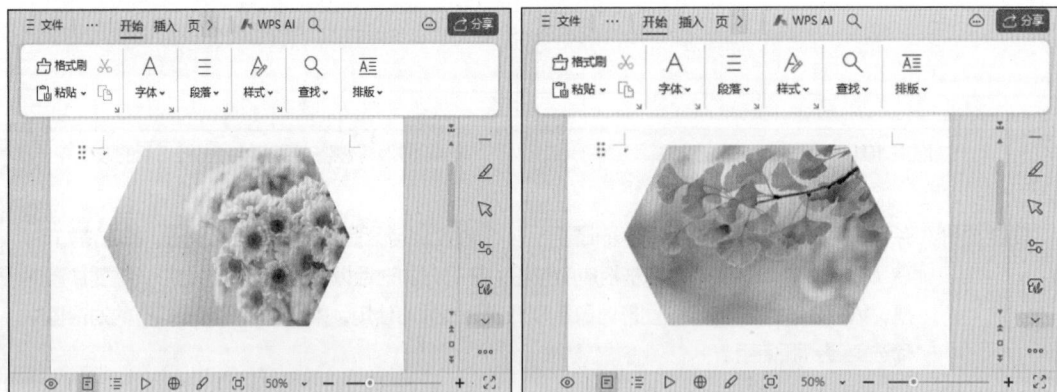

（a）更改前

（b）更改后

图 1-105　更改图片前后的效果

（二）管理多个对象

在 WPS 文字中为图片等对象设置了合适的布局方式后，可以自由拖动对象的位置，从而对其进行排列。当需要对多个对象进行对齐、组合、排列等操作时，可以充分借助 WPS 文字的多个对象管理功能提高操作效率，其方法如下：选择对象后，在"图片工具"（或"绘图工具"）功能选项卡中单击"对齐"按钮、"组合"按钮、"上移"按钮或"下移"按钮等。

- 对齐与排列。按住"Ctrl"键的同时选择多个对象，这里以形状为例，在"图片工具"或"绘图工具"功能选项卡中单击"对齐"按钮，在打开的下拉列表中选择相应的对齐选项。图1-106所示为原图，以及依次选择"垂直居中"和"横向分布"选项后的效果。

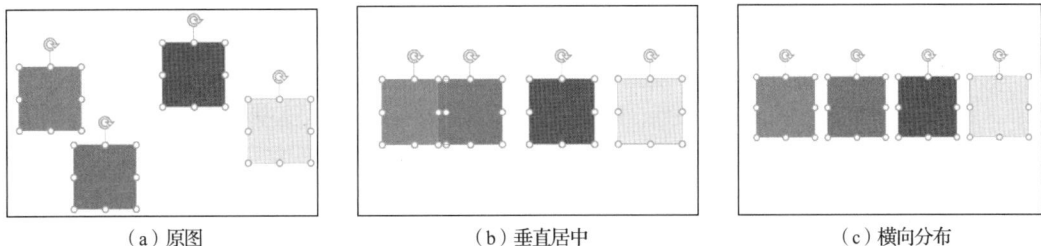

（a）原图 （b）垂直居中 （c）横向分布

图1-106 快速对齐、排列多个形状

- 组合与取消组合。当需要同时调整多个形状的位置且需要保持形状之间的相对位置不变时，可以选择将这些形状组合为一个对象，其方法如下：按住"Ctrl"键的同时选择多个形状，在"绘图工具"功能选项卡中单击"组合"按钮，在打开的下拉列表中选择"组合"选项。若要取消组合，则可在该对象上单击鼠标右键，在弹出的快捷菜单中选择"取消组合"命令。

- 调整叠放顺序。当多个对象需要重叠放置时，可以按需要调整它们的叠放顺序，其方法如下：选择一个对象，在其上单击鼠标右键，在弹出的快捷菜单中选择"置于底层"命令或"置于顶层"命令，将该对象快速调整至底层或顶层；也可在弹出的快捷菜单中单击"上移一层"按钮或"下移一层"按钮，逐步调整该对象的位置。图1-107所示为将海豚图片分别置于底层和顶层后的效果。

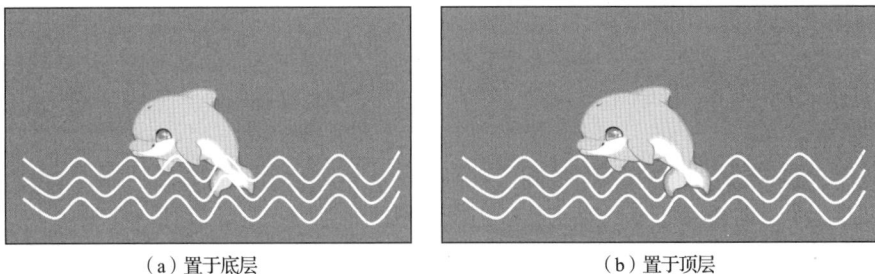

（a）置于底层 （b）置于顶层

图1-107 将海豚图片分别置于底层和顶层后的效果

任务五 制作"个人简历"文档

一、任务描述

求职是毕业生迈入社会的重要一步，而个人简历就是这一步的脚下基石。个人简历是求职者向用人单位展示个人教育背景、工作经验、专业技能、个人成就及职业目标的重要工具。一份优秀的个人简历不仅是毕业生对个人学习经历与成就的回顾和总结，也是敲开理想职业大门的"敲门砖"。本任务通过编辑"个人简历"文档来介绍个人简历的内容、样式和制作方式，同时介绍在 WPS 文字中创建、编辑、美化表格的技能。

二、任务准备

要完成使用 WPS 文字编辑"个人简历"文档的任务，需要了解表格的作用、使用场景，以及在 WPS 文字中编辑表格的方法，以提高"个人简历"文档的制作效率。

（一）表格的作用与使用场景

表格作为一种重要的数据结构，以展示、组织和分析数据为主要目的。通过表格中行和列的组织方式，人们可以轻松理解数据之间的关系、数据之间的对比、数据的规律或趋势等。此外，当需要对某些信息进行分门别类地展示时，也可以借助表格来进行分类和分组。由于表格特点鲜明、功能强大，因此被广泛应用于多个领域和场景。

（1）流程管理。在对一些事件进行流程管理时，可以用表格来记录和管理流程进度，如制作项目计划表，以展示项目的进度、任务分配和资源使用情况等。

（2）调查研究。在调查研究中，往往需要处理和展示不同类型的文本信息及数据，这些信息常以表格的形式展示，如问卷结果、市场调查结果等。

（3）日常生活。在日常生活中，人们也经常会使用表格来规范和管理数据信息，如购物清单、日程安排、预算计划、个人简历等。

（4）教学研究。在教学、学术等领域中，研究人员往往会使用表格来记录实验数据、统计结果和对比分析等，以便快速了解数据的变化情况。

（5）其他报表。在一些专业领域，如财务管理领域，经常会使用表格来制作各种财务报表，并计算各种数据，但这类表格通常需要使用专业的表格管理工具来制作，如 WPS 表格。

总之，表格因其直观、有序和易于分析的特点，在各个领域和场景中都发挥着重要作用。

（二）在 WPS 文字中编辑表格的方法

在 WPS 文字中编辑表格时，经常会使用插入表格、选择表格，以及表格与文本的相互转换等操作。

1. 插入表格

在 WPS 文字中插入表格主要有快速插入、精确插入和手动绘制 3 种方式。

（1）快速插入。将插入点定位到需要插入表格的位置，在"插入"功能选项卡中单击"表格"按钮 ⊞，在打开的下拉列表中将鼠标指针定位到"插入表格"栏中的某个单元格上，此时呈橘色显示的单元格即将要插入的表格，单击便可完成表格的插入操作。

（2）精确插入。精确插入表格适合在表格行列数较多或需要设置表格布局的情况下使用，其方法如下：在"插入"功能选项卡中单击"表格"按钮 ⊞，在打开的下拉列表中选择"插入表格"选项，打开"插入表格"对话框，在其中设置所需的列数和行数，并在"列宽选择"栏中设置表格列宽的调整方式，然后单击 确定 按钮。

（3）手动绘制。如果想要创建一些结构较为复杂的表格，则可以通过手动绘制的方式实现，其方法如下：在"插入"功能选项卡中单击"表格"按钮 ⊞，在打开的下拉列表中选择"绘制表格"选项，当鼠标指针变为 ⌀ 形状时，在需要绘制表格的位置处按住鼠标左键不放并拖动，此时 WPS 文字将根据表格宽度和高度自动调整表格的列数及行数，释放鼠标左键后便可绘制出表格的基本结构；在表格的基本结构上按住鼠标左键不放并拖动，可在表格中绘制出横线、竖线和斜线，从而绘制出各种结构的表格。绘制表格的过程如图 1-108 所示。表格绘制完成后，按"Esc"键可退出表格绘制状态。

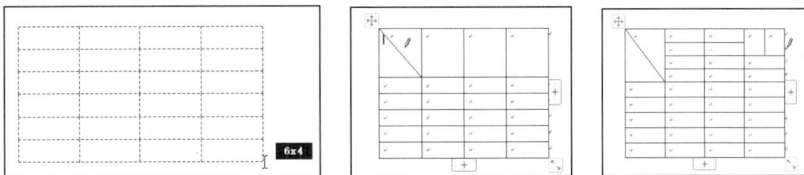

图1-108 绘制表格的过程

2. 选择表格

选择表格是编辑表格的前提，在 WPS 文字中选择表格时主要有以下 3 种常见的情况。

（1）选择整行单元格。将鼠标指针移至表格左侧，当其变为 ⟋ 形状时，单击可选择整行单元格；如果按住鼠标左键不放并向上或向下拖动，则可选择多行单元格；在需要选择的行中选择任意一个单元格，然后在"表格工具"功能选项卡中单击"选择"按钮 ⟍，在打开的下拉列表中选择"行"选项，也可选择整行单元格。

（2）选择整列单元格。将鼠标指针移至表格上方，当其变为 ↓ 形状时，单击可选择整列单元格；如果按住鼠标左键不放并向左或向右拖动，则可选择多列单元格；在需要选择的列中选择任意一个单元格，在"表格工具"功能选项卡中单击"选择"按钮 ⟍，在打开的下拉列表中选择"列"选项，也可选择整列单元格。

（3）选择整张表格。将鼠标指针移至表格区域，然后单击表格左上角的"全选"按钮 ⊹，可选择整张表格；在表格内选择任意一个单元格，然后在"表格工具"功能选项卡中单击"选择"按钮 ⟍，在打开的下拉列表中选择"表格"选项，也可选择整张表格。

3. 表格与文本的相互转换

在 WPS 文字中，可以直接将表格转换为文本或将文本转换为表格。

（1）将表格转换为文本。选择整张表格，在"表格工具"功能选项卡中单击"转换成文本"按钮 ▦，打开"表格转换成文本"对话框，在"文字分隔符"栏中选中合适的单选按钮，然后单击 确定 按钮，将表格转换为文本。文本之间的分隔符便是所选单选按钮对应的分隔符。

（2）将文本转换为表格。选择需要转换为表格的文本（各文本之间存在统一的分隔符，如制表符、空格、逗号等），然后在"插入"功能选项卡中单击"表格"按钮 ▦，在打开的下拉列表中选择"文本转换成表格"选项，打开"将文字转换成表格"对话框，在其中设置表格列数和行数，以及文字分隔位置后，单击 确定 按钮。

三、制作思路

编辑"个人简历"文档主要涉及对表格的使用和设置，思路整理如下。

（1）了解个人简历的内容、样式，观察个人简历的表格特点。

（2）了解个人简历的编写示范，构思个人简历的表格样式，并编辑表格。

（3）对个人简历进行美化，使其在视觉上给人以美感，同时吸引用人单位的注意。

▌学思启示▐

积极走好就业之路

求职是毕业生踏入社会的必经之路，也是毕业生实现人生梦想的起点。要想走好就业之路、找到理想职业，大学生就要明确长期职业方向，在个人的事业追求、职业规划及对生活和未来的期望等方面做出理性、适切的就业选择，并基于此不断打磨自己的求职简历，同时保持学习与自我成长，合理规划、持续完善就业准备。

四、效果展示

"个人简历"文档参考效果如图 1-109 所示。

张三

认识自我，丰富自我，相信自我，超越自我

❋ **求职意向**

◇ 软件工程师　　　　　　　◇ 15K~18K
◇ 北京　　　　　　　　　　◇ 一周内到岗

基本信息

❋ **教育背景**

年龄：22 岁
学历：本科
所在城市：北京
联系电话：1569874 ****
邮箱：zhang × @mail.com

◇ 2017 — 2020 年：× × 高中
◇ 2020 — 2024 年：× × 大学计算机科学与技术专业
主修课程：数据结构、操作系统、计算机网络、数据库原理、
软件工程等

技能特长

❋ **工作经验**

编程语言　数据库
系统运维　团结协作

2024年至今：× × 科技有限公司　软件工程师
◇ 负责项目需求分析，制定技术方案
◇ 负责软件设计、编码、测试及问题定位与修复
◇ 参与项目上线与后期优化

自我评价

❋ **荣誉奖项**

乐观、开朗
对新技术充满好奇
具备良好的抗压能力
具备较强的团队协作精神

◇ 2017 年获全校 × × 比赛一等奖
◇ 2022 年获全校 × × 技能大赛特等奖
◇ 2024 年获 × × 公司新人进步奖

图 1-109　"个人简历"文档参考效果

五、任务实现

（一）使用豆包了解个人简历的内容

微课

使用豆包了解
个人简历的内容

个人简历作为一种专业的求职文档，通常具有相对固定的格式和内容。下面使用豆包了解制作个人简历时需要设计的内容，具体操作如下。

（1）搜索"豆包"，进入其官方页面，在下方的文本框中输入要求"制作求职个人简历时，需要设计哪些内容？"，按"Enter"键获取信息，如图 1-110 所示。

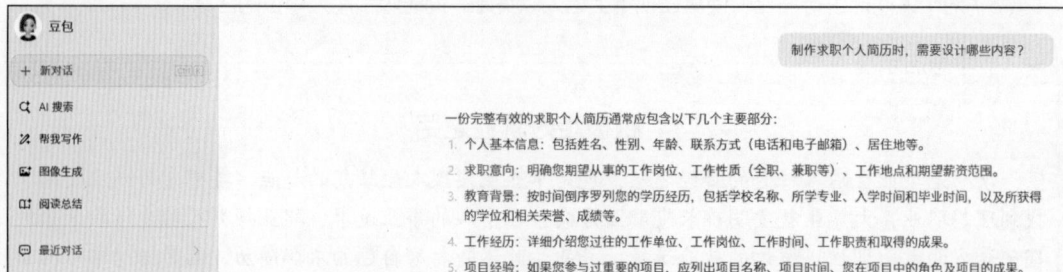

图 1-110　使用豆包获取信息

（2）阅读豆包生成的内容，总结个人简历的内容。通过图 1-110 可以总结出，制作个人简历时，通常需要包含个人基本信息、求职意向、教育背景、工作经历、项目经验等内容。

（二）使用讯飞星火认知大模型生成个人简历示例

明确了个人简历的基本内容后，还需要了解各个项目的填写规范，这样才能编写出符合用人单位要求的个人简历。下面使用讯飞星火认知大模型生成个人简历各个项目的填写示例，具体操作如下。

（1）搜索"讯飞星火认知大模型"，进入其官方页面，在下方的文本框中输入要求"个人简历中各部分内容应该如何填写？请给出'软件工程师'这一岗位的个人简历填写示例。"，按"Enter"键获取信息，如图 1-111 所示。

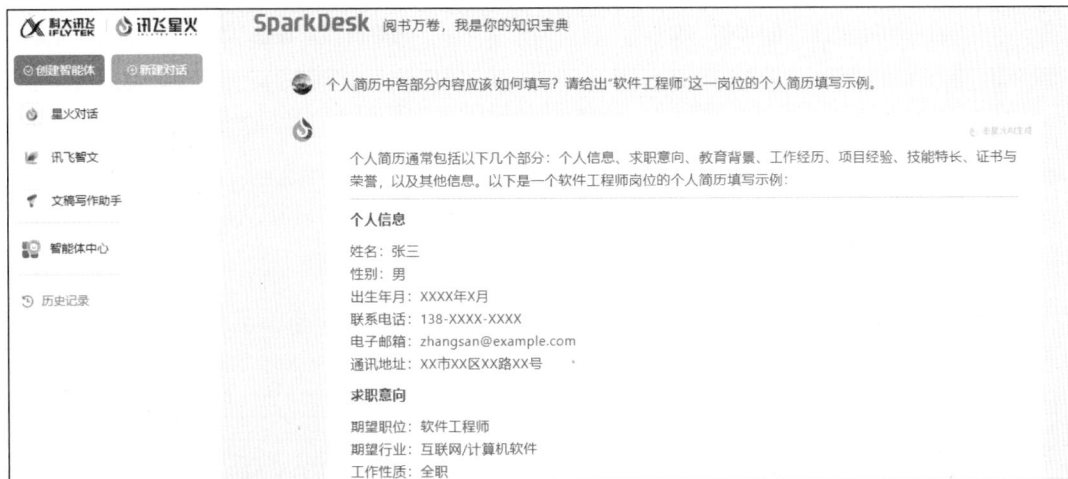

微课
使用讯飞星火
认知大模型生成
个人简历示例

图 1-111　使用讯飞星火认知大模型生成个人简历示例

（2）阅读讯飞星火认知大模型生成的结果，总结个人简历中各部分内容的填写规范。

（三）基于个人简历模板插入并编辑表格

明确了个人简历的基本结构和各部分内容的填写规范后，便可构思个人简历的样式，然后通过 WPS 文字中的表格功能设计这一样式。下面在 WPS 文字中插入并编辑表格，从而设计出个人简历的基本框架，具体操作如下。

微课
基于个人简历
模板插入并编辑
表格

（1）新建空白文档，将其以"个人简历"为名进行保存，然后将插入点定位到文档中，在"插入"功能选项卡中单击"表格"按钮⊞，在打开的下拉列表中选择"插入表格"选项，如图 1-112 所示。

（2）打开"插入表格"对话框，在"列数"和"行数"数值框中分别输入"2"和"9"，单击"确定"按钮，如图 1-113 所示。此时，文档中将插入一个 2 列 9 行的表格。

（3）选择表格第一列的前 3 个单元格，在"表格工具"功能选项卡的"合并拆分"选项中单击"合并单元格"按钮⊟，如图 1-114 所示，将所选的 3 个单元格合并为一个单元格。

（4）将鼠标指针移动到列与列之间的分隔线上，当其变成╫形状时，按住鼠标左键不放并向左拖动，调整单元格的列宽，如图 1-115 所示。

（5）按照步骤（4）依次调整表格行与行之间的高度，调整后的效果如图 1-116 所示。

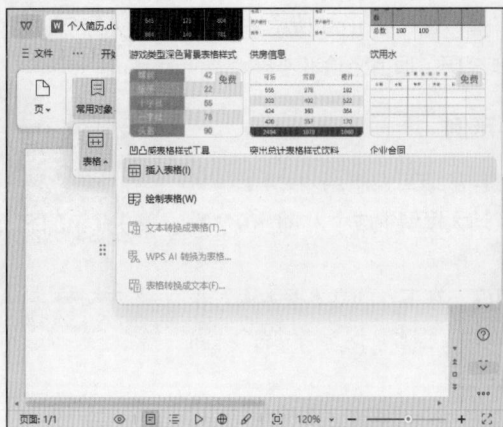

图1-112　选择"插入表格"选项

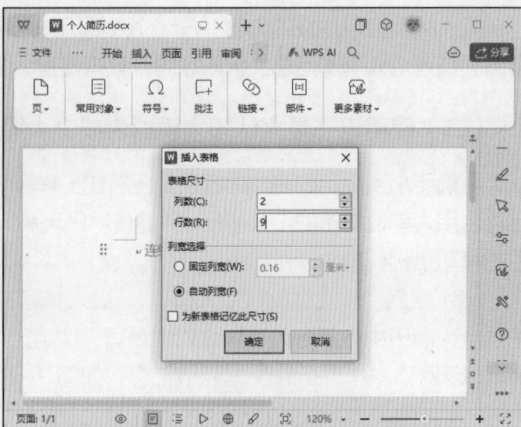

图1-113　设置列数和行数

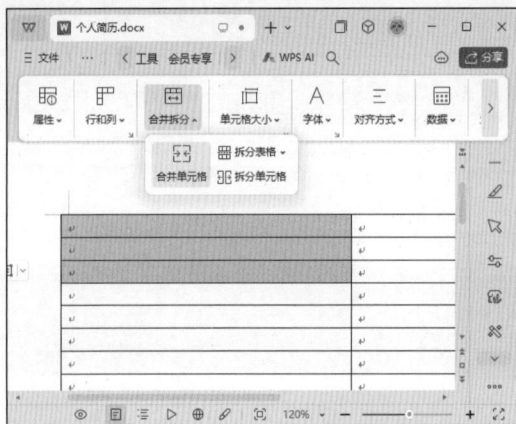

图1-114　合并单元格

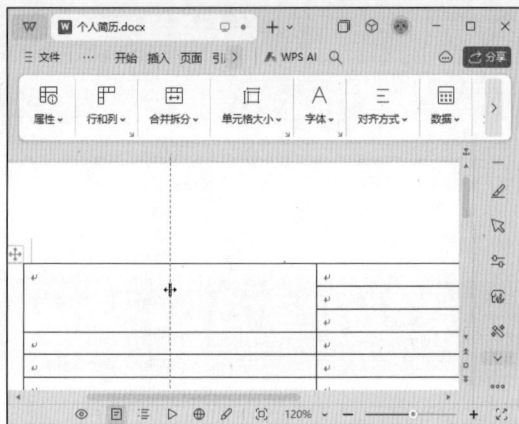

图1-115　调整单元格的列宽

（6）单击表格左上角的"全选"按钮⊞，选择整张表格，在"表格样式"功能选项卡中单击"边框"按钮⊞右侧的下拉按钮﹀，在打开的下拉列表中选择"无框线"选项，取消表格的边框线，如图1-117所示。

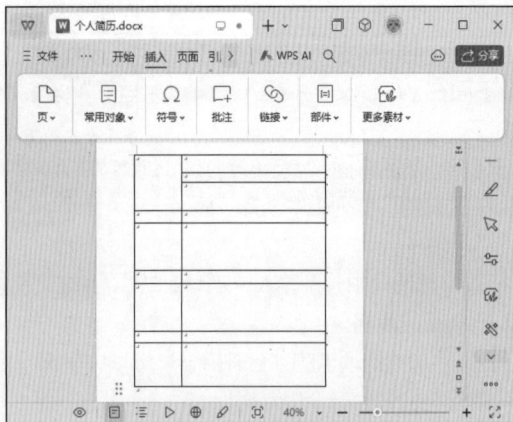

图1-116　调整后的效果

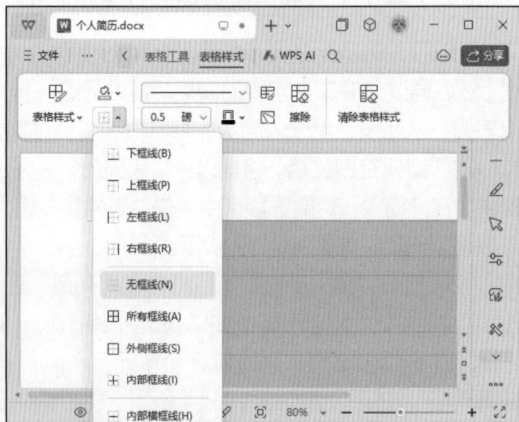

图1-117　取消表格的边框线

（7）将鼠标指针移动到第1行第2列单元格的左侧，当其变为↗形状时，通过单击来选择该单元格，然后在"表格样式"功能选项卡中单击"边框颜色"按钮⊟右侧的下拉按钮﹀，在打开的下拉列表中选择

"黑色，文本 1"选项，接着在该功能选项卡中的"线型粗细"下拉列表中选择"1.5 磅"选项，最后单击"边框"按钮▦右侧的下拉按钮▾，在打开的下拉列表中选择"下框线"选项，如图 1-118 所示，为所选单元格添加黑色的下框线。

（8）按照步骤（7）依次为第 2 列的第 2、4、6、8、9 行单元格添加下框线，为第 1 列的第 2、4、6 行单元格添加颜色为"白色，背景 1"且线型粗细为"1.5 磅"的下框线，为第 2 列的第 1 行单元格添加颜色为"黑色，文本 1"且线型粗细为"1.5 磅"的上框线，此时的边框效果如图 1-119 所示。

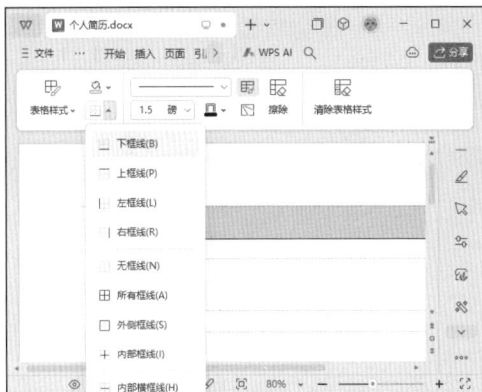

图 1-118　设置边框线

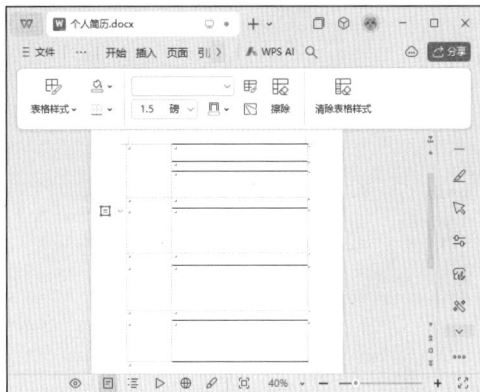

图 1-119　边框效果

（四）对个人简历进行美化

如果想让个人简历更加出彩，则可以对其进行美化设置。这样，一方面可以发挥出表格型文档展示信息的作用，另一方面可以增强个人简历的可读性和美观性。下面在 WPS 文字中输入个人简历的内容，再设置其格式和底纹，具体操作如下。

（1）将插入点定位于表格的单元格中，在其中输入所需文本，如图 1-120 所示。其中，❀、◇符号需要在"插入"功能选项卡中单击"符号"按钮Ω，在打开的下拉列表中进行选择。

（2）选择单元格中的文本，依次设置其字体格式，效果如图 1-121 所示。

图 1-120　输入文本

图 1-121　设置字体格式后的效果

（3）选择第1列第3行单元格中的文本，在"表格工具"功能选项卡中单击"垂直居中"按钮 ≡，如图1-122所示，将所选文本的对齐方式设置为垂直居中对齐。

（4）按照该方法为其他单元格中的文本设置"垂直居中"对齐效果。

（5）选择第1列单元格，在"表格样式"功能选项卡中单击"底纹"按钮 ☒ 右侧的下拉按钮 ﹀，在打开的下拉列表中选择"钢蓝，着色1，深色50%"选项，设置表格底纹，如图1-123所示。

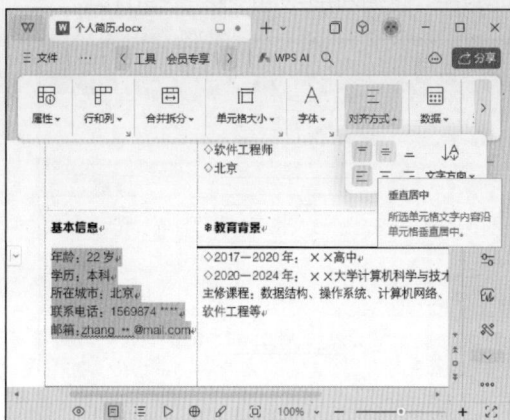

图1-122 设置文本对齐方式

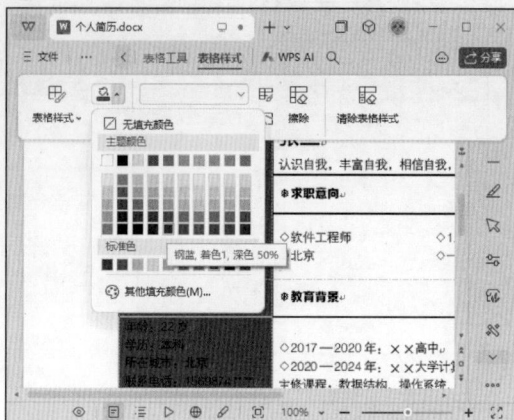

图1-123 设置表格底纹

（6）将蓝色底纹处的文本字体颜色设置为"白色，背景1"，在"插入"功能选项卡中单击"图片"按钮 ☒，在打开的下拉列表中单击"更多图片"超链接，打开"图库"对话框，在其中单击"人像"选项卡，并在下方的列表框中选择一张人像图片，如图1-124所示。

（7）调整人像图片的大小和位置，并将其裁剪为圆形，效果如图1-125所示。

图1-124 插入人像图片

图1-125 人像图片效果

（8）在"插入"功能选项卡中单击"形状"按钮 ☒，在打开的下拉列表中选择"基本形状"栏中的"椭圆"选项，当鼠标指针变为+形状时，按住"Shift"键的同时按住鼠标左键不放并拖动，在文档中绘制一个正圆形，如图1-126所示。

（9）将正圆形移动到"技能特长"文本的下方，在"绘图工具"功能选项卡中单击"填充"按钮 ☒ 下方的下拉按钮 ﹀，在打开的下拉列表中选择"钢蓝，着色1，浅色80%"选项，接着单击"轮廓"按钮 ☒ 右侧的下拉按钮 ﹀，在打开的下拉列表中选择"无边框颜色"选项，如图1-127所示。

（10）选择正圆形，按"Ctrl+C"组合键复制正圆形，再按3次"Ctrl+V"组合键粘贴正圆形，然后依次排列圆形的位置，如图1-128所示。

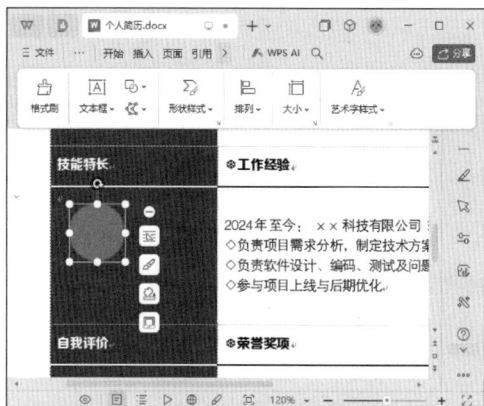

图1-126 绘制一个正圆形

图1-127 设置形状填充颜色和边框颜色

（11）插入横向文本框，并将文本框置于正圆形之上，然后复制3个文本框，依次在文本框中输入"编程语言""数据库""系统运维""团结协作"，并设置其字体格式，效果如图1-129所示。

图1-128 复制和排列圆形的位置

图1-129 插入文本框并输入文本后的效果

（12）按"Ctrl+S"组合键保存文档，完成"个人简历"文档的制作（配套资源：\效果\模块一\个人简历.docx）。

六、能力拓展

（一）表格的右键快捷菜单

在WPS文字中插入表格后，可以通过右键快捷菜单对表格进行插入行/列、删除行/列、合并单元格、拆分单元格、对齐单元格等操作，其方法如下：选择需要操作的单元格，在其上单击鼠标右键，在弹出的快捷菜单（见图1-130）中选择相应的命令。如果需要对表格进行快速美化，那么也可以选择表格，在其上单击鼠标右键，在弹出的快捷菜单中选择"表格美化"命令，打开"对象美化"任务窗格，在其中可选择表格样式、行强调、列强调效果，如图1-131所示。

（二）行高与列宽的调整

在调整表格的行高和列宽时，既可以通过拖动鼠标的方式来自定义表格的行高和列宽，又可以首先选择表格或单元格，然后通过在"表格工具"功能选项卡中的"表格行高""表格列宽"数值框中输入具体数值的方式来设置表格的行高和列宽；或者通过在"表格工具"功能选项卡中单击"自动调整"按钮曲，在打开的下拉列表中选择相应的选项来自动调整表格的行高和列宽，如图 1-132 所示。

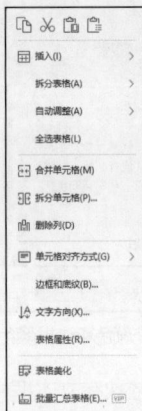

图 1-130　表格的右键快捷菜单　　　　图 1-131　快速美化表格　　　图 1-132　调整表格的行高和列宽

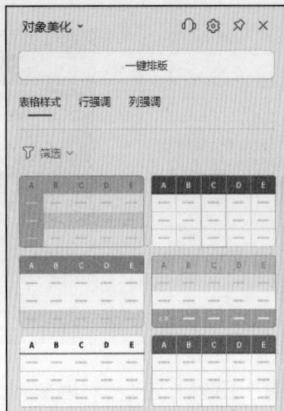

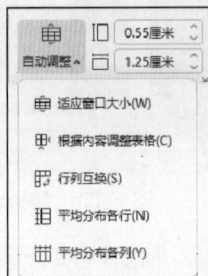

任务六　排版"毕业论文"文档

一、任务描述

毕业论文是学生在毕业前编写的总结性独立作业，反映了学生对所学知识和技能的综合运用能力，以及独立分析问题、解决问题的能力，因而几乎每一位大学生都需要编写毕业论文，以对自己的学习成果进行总结。编写毕业论文可以很好地锻炼学生的学术实践能力，提高学生的写作水平，为学生进入社会奠定基础。通常，毕业论文的编写包括开题报告、论文编写、论文上交评定、论文答辩及论文评分 5个环节。其中，论文编写环节不仅需要在电子文档中输入和编辑论文内容，还需要遵循一定的格式规范。本任务将排版"毕业论文"文档。通过排版该文档，读者可练习长文档的排版方法，包括设置文章样式、设置页面大小和页边距、设置页眉及页脚、提取目录等，从而使文档更加正式、美观。

二、任务准备

要完成使用 WPS 文字排版"毕业论文"文档的任务，需要了解 WPS 文字中的样式、分隔符、页面设置等功能及其作用，以便更有效地利用这些功能实现文档的规范排版。

（一）样式及其作用

样式是字符格式和段落格式属性的集合，是为了快速编辑文档而设置的一些格式组合。使用样式可以同时设置文字和段落的多种属性，从而提高文档的排版效率。通常来说，用户可以新建一个样式，并对该样式的字符格式和段落格式进行设置，然后在文档的其他位置直接套用该样式，从而避免对文本内容进行重复的格式化操作，提高工作效率。

在 WPS 文字中，主要可通过"开始"功能选项卡对样式进行设置，如图 1-133 所示。此外，WPS文字中也预设了一些样式，用户可以根据自己的编辑需求选择并使用。

（二）分隔符及其作用

在 WPS 文字中，分隔符主要用于控制文档内容在页面中的显示位置。当用户需要另起一页编写内容时，就可使用分隔符。WPS 文字提供了若干分隔符，在"页面"功能选项卡中单击"分隔符"按钮凵，在打开的下拉列表中便可选择需要的分隔符，如图 1-134 所示。

（1）分页符。插入分页符后，其后的内容将强制显示到下一页。

（2）分栏符。将文档分栏后，分栏符后的内容将调整至下一栏显示；若未分栏，那么相关内容将会显示在下一页。

（3）换行符。插入换行符可对文档中的文本实现"软回车"的换行效果，也可通过按"Shift+Enter"组合键快速实现自动换行。插入换行符后，文本虽然会换行显示，但换行后的文本仍然属于上一段，因此它们具有相同的段落属性。

（4）分节符。分节符包括"下一页""连续""偶数页""奇数页"等类型。插入相应的分节符后，可使文本或段落分节，同时余下的内容将根据所选分节符的类型在下一页、本页、下一偶数页或下一奇数页中显示。

图 1-133　设置样式

图 1-134　选择分隔符

（三）页面设置及其作用

页面设置主要是指对文档页面的纸张大小、纸张方向和页边距等进行设置，其主要是为了确保文档的打印效果或使文档的整体显示效果更加符合用户的预期。WPS 文字默认的纸张大小为 A4（21cm× 29.7cm），纸张方向为纵向，页边距为普通。根据需要，用户可以在"页面"功能选项卡中单击相应的按钮进行相关参数的设置。

（1）单击"纸张大小"按钮，在打开的下拉列表中可选择其他预设的页面尺寸；如果选择"其他页面大小"选项，则可在打开的"页面设置"对话框中自行设置页面的宽度和高度。

（2）单击"纸张方向"按钮，在打开的下拉列表中可选择"纵向"选项或"横向"选项，以调整页面的显示方向。

（3）单击"页边距"按钮，在打开的下拉列表中可选择其他预设的页边距选项；如果选择"自定义页边距"选项，则可在打开的"页面设置"对话框中自定义页面上、下、左、右的页边距。

三、制作思路

排版"毕业论文"文档主要涉及对样式、页面大小和页边距、页眉及页脚、脚注、分页符、目录等对象的使用和设置，同时需要审校和协同编辑论文内容，思路整理如下。

（1）使用 AI 工具快速总结论文内容，从而梳理、检查整篇论文的内容和结构。

（2）使用 AI 工具快速审校论文内容，为论文的修改提供参考。

（3）根据论文格式设置的规范与要求设置论文的样式、页面、页眉及页脚、脚注等对象。

（4）提取论文目录。

（5）分享论文，邀请他人协同修订论文内容。

┃行业动态┃

AIGC 伦理之思

AIGC的工作原理如下：基于大量数据的训练，并在此基础上生成新的作品。其生成的内容是与原作品截然不同的新作品，因而具有明显的原创性特征。但在生成内容的过程中，如果借鉴了受版权保护的素材，则可能构成侵权。随着AIGC在各行各业的快速发展和大量应用，由此引发的伦理问题也渐渐受到人们的重视。人工智能是一个新兴领域，暂时还没有明确的法律法规对其进行规范，但归根结底，AIGC的伦理问题反映的是人的道德取向问题。人工智能只是辅助人类进行生产的工具。使用者在使用AI工具的过程中，应该保持正确的道德取向，重视人类独特的创造力，确保技术的发展有益于人类利益与社会福祉。

四、效果展示

"毕业论文"文档参考效果（部分）如图 1-135 所示。

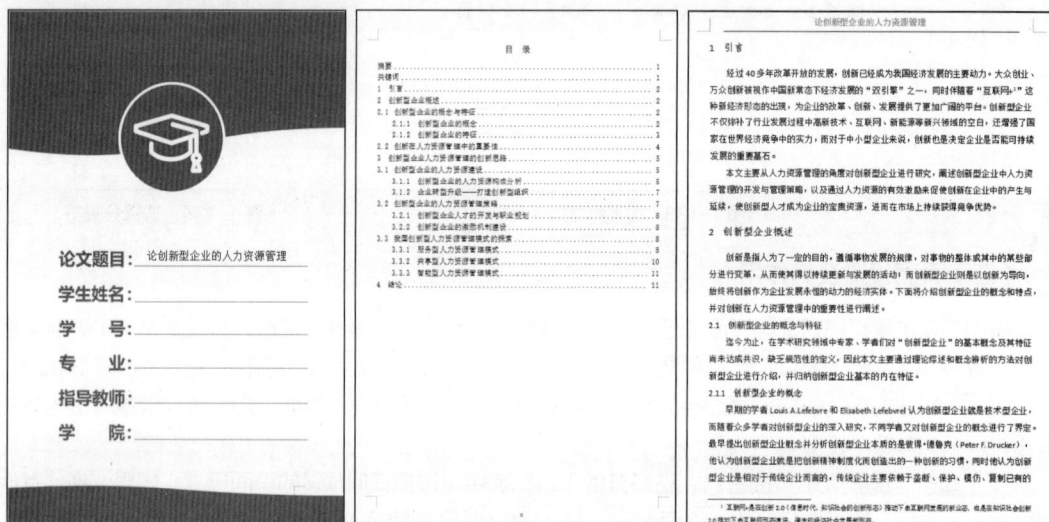

图1-135 "毕业论文"文档参考效果（部分）

五、任务实现

（一）使用 Kimi 总结论文内容

完成毕业论文内容的编写后，如果想要提炼论文的核心内容和结构，则可以借助AI工具进行提炼。下面使用 Kimi 提炼毕业论文的核心内容和结构，具体操作如下。

（1）搜索"Kimi"，进入其官方页面，在该页面中单击上传按钮，打开"打开"对话框，在其中双击"毕业论文.docx"选项（配套资源：\素材\模块一\毕业论文.docx），如图 1-136 所示，将其上传到 Kimi 网站上。

（2）完成文档的上传后，在文本框中输入要求"请帮我提炼这篇文章的核心内容，并列出全文结构。"，单击"发送"按钮➤，如图 1-137 所示。

（3）此时，Kimi 将基于该要求总结出论文的内容，并罗列出全文的结构，生成结果如图 1-138 所示。

微课

使用 Kimi 总结
论文内容

图1-136　上传文档

图1-137　输入要求

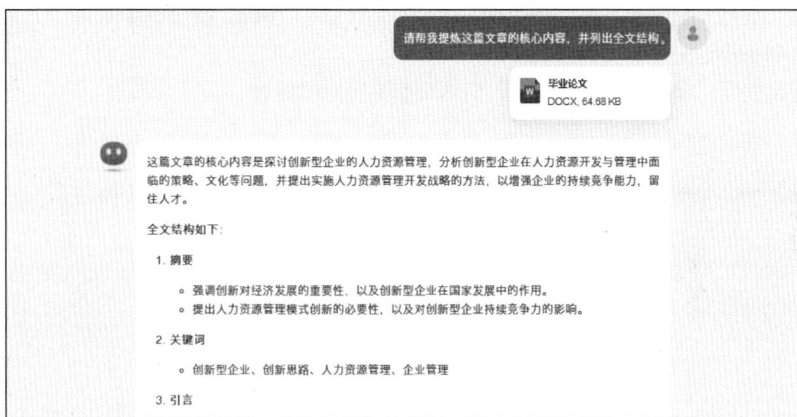

图1-138　生成结果

（二）使用Kimi审校论文内容

完成论文内容和结构的梳理后，用户可以继续使用AI工具对论文内容进行基础审校，以快速判断论文中是否存在错字、错词、错句等问题。下面使用Kimi审校毕业论文的内容，具体操作如下。

（1）在Kimi首页上传"毕业论文"文档，然后在文本框中输入要求"请帮我审校这篇文章，判断文章中有无错字、错词、句子不通顺等问题。"，按"Enter"键确认。

（2）此时，Kimi将对整篇论文进行审校，并给出审校结果和修改意见，如图1-139所示。参考审校结果和修改意见，用户可以对论文内容进行再次检查，对其中的错误内容或不够完善的内容进行修订。

微课

使用Kimi审校
论文内容

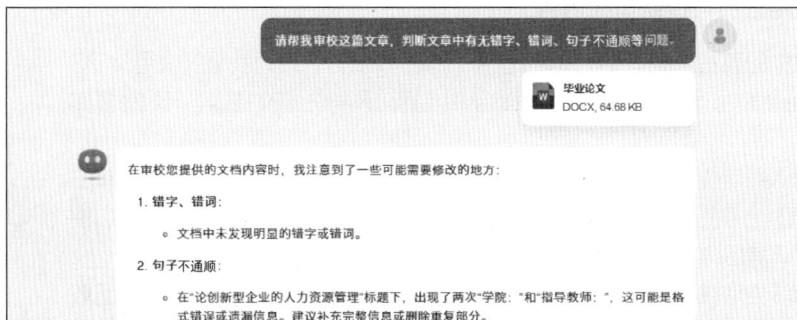

图1-139　审校结果和修改意见

（三）调整文档的页面大小和页边距

检查并修订毕业论文的全篇内容后，就需要按照学校论文的格式规范设置论文页面。下面在 WPS 文字中设置论文文档的页面大小和页边距，具体操作如下。

（1）打开"毕业论文"文档，在"页面"功能选项卡中单击"纸张大小"按钮，在打开的下拉列表中选择"A4"选项。

（2）在"页面"功能选项卡中单击"页边距"按钮，在打开的下拉列表中选择"自定义页边距"选项，打开"页面设置"对话框，在"页边距"选项卡中将"上""内侧"页边距设置为"2.5 厘米"，将"下""外侧"页边距设置为"2 厘米"，将"装订线宽"设置为"0.5 厘米"，如图 1-140 所示。

（3）单击"版式"选项卡，在"距边界"选项的"页眉""页脚"数值框中输入"0"，单击"确定"按钮，如图 1-141 所示。

（4）设置完成后，返回文档编辑界面，查看页面设置后的效果。

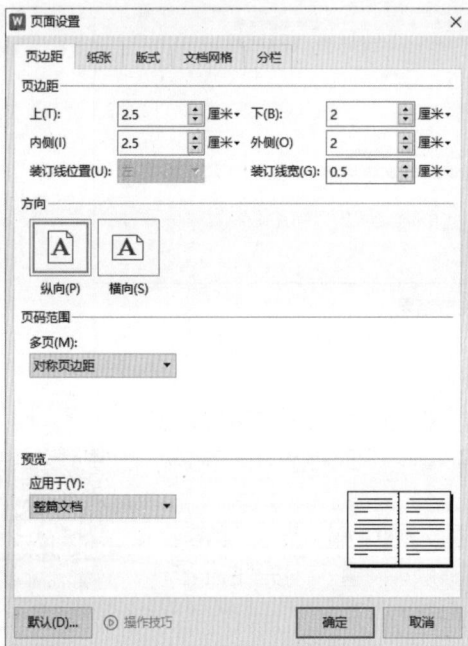

微课

调整文档的页面
大小和页边距

图 1-140　设置页边距

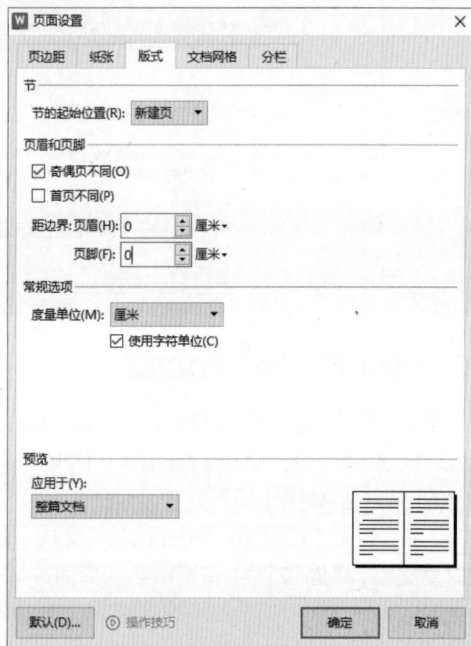

图 1-141　设置版式

（四）使用分页符控制页面内容

毕业论文中的某些内容需要单独成页，如目录、摘要等，这时就需要使用 WPS 文字的分页功能强制分页。下面在 WPS 文字中使用分隔符分割文档内容，具体操作如下。

（1）将插入点定位至第 2 页的"目录"文本下方，在"页面"功能选项卡中单击"分隔符"按钮，在打开的下拉列表中选择"分页符"选项，如图 1-142 所示，使目录单独成页，其后内容自动跳转至下一页。

（2）按照该方法在"关键词"文本下方插入分页符，并删除多余的空行，分页效果如图 1-143 所示。

微课

使用分页符控制
页面内容

图1-142 设置分页符

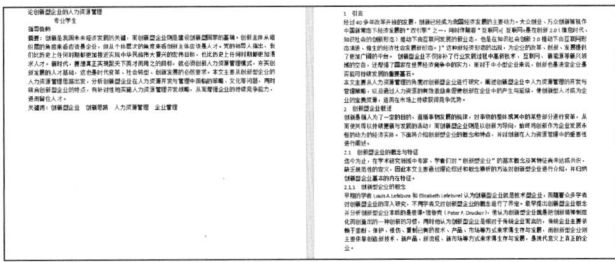

图1-143 分页效果

（五）使用样式快速美化和排版文档内容

毕业论文中的标题、内容、文献引用等部分通常需要按要求设置统一的格式，此时可以使用 WPS 文字中的样式功能对其进行统一和规范。下面在 WPS 文字中运用样式对论文格式进行快速设置，使其具备规范、美观的排版效果，具体操作如下。

（1）选择正文文本，在"开始"功能选项卡的"样式"列表框中选择"正文"选项，在其上单击鼠标右键，在弹出的快捷菜单中选择"修改样式"命令，如图 1-144 所示。

（2）打开"修改样式"对话框，在"格式"栏中设置字体为"宋体"，字号为"小四"。单击 格式(O) ▼ 按钮，在打开的下拉列表中选择"段落"选项，打开"段落"对话框，在"缩进和间距"选项卡的"特殊格式"下拉列表中选择"首行缩进"选项，在"行距"下拉列表中选择"1.5 倍行距"选项，单击 确定 按钮，如图 1-145 所示。返回"修改样式"对话框，再次单击 确定 按钮，完成样式的修改与应用。

（3）选择"目录"文本，在"开始"功能选项卡的样式列表框中选择"目录 1"选项，为其应用"目录 1"样式，然后将鼠标指针移到样式列表框中的"目录 1"选项上，单击鼠标右键，在弹出的快捷菜单中选择"修改样式"命令。

（4）打开"修改样式"对话框，在"格式"栏中设置字体为"黑体"，字号为"四号"，取消文字加粗效果，并将其对齐方式设置为"居中"，如图 1-146 所示。

（5）在"修改样式"对话框中单击 格式(O) ▼ 按钮，在打开的下拉列表中选择"段落"选项，打开"段落"对话框，在"缩进和间距"选项卡中设置"段前""段后"为"0 磅"，"行距"为"单倍行距"，单击 确定 按钮，如图 1-147 所示。返回"修改样式"对话框，再次单击 确定 按钮，完成样式的修改与应用。

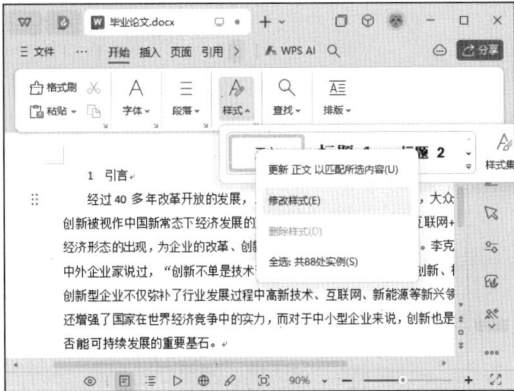

微课

使用样式快速美化和排版文档内容

图1-144 选择"修改样式"命令

图1-145 设置段落参数1

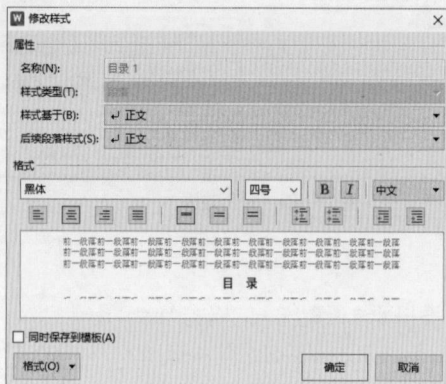

图1-146　修改样式

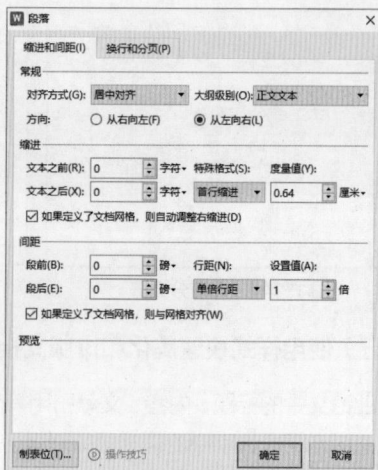

图1-147　设置段落参数2

（6）选择第3页的"论创新型企业的人力资源管理"文本，为其应用"标题4"样式，然后在"开始"功能选项卡中将其对齐方式设置为居中，并取消其文字加粗效果。

（7）保持文本的选择状态不变，在其上单击鼠标右键，在弹出的快捷菜单中选择"段落"选项，打开"段落"对话框，在"缩进和间距"选项卡中设置"行距"为"单倍行距"，设置"段前""段后"为"0磅"，并取消"首行缩进"，单击 确定 按钮，效果如图1-148所示。

（8）选择"专业学生""指导教师"文本，设置其字体格式为"仿宋_GB2312、小四"，设置段落格式为"文本之前"缩进"8.5字符"，"段前""段后"为"0.5行"，"行距"为"单倍行距"。

（9）选择"摘要:""关键词:"文本，设置其字体格式为"黑体、五号"，效果如图1-149所示。

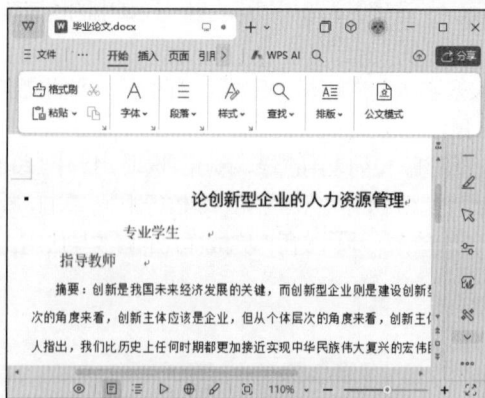

图1-148　设置论文题目格式后的效果

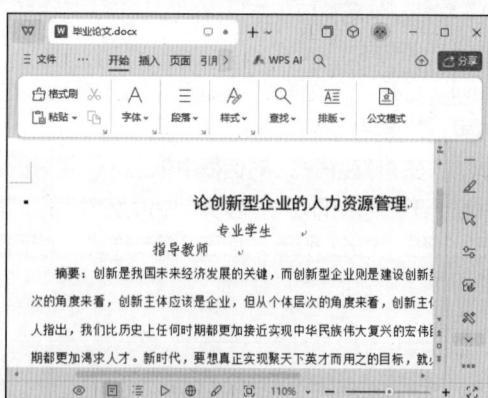

图1-149　设置其他文本格式后的效果

（10）将插入点定位到"引言"文本，在"开始"功能选项卡中单击"样式"列表框右下角的 按钮，在打开的下拉列表中选择"新建样式"选项，如图1-150所示。

（11）打开"新建样式"对话框，在"名称"文本框中输入样式名称"一级标题"，在"格式"栏中设置字体为"仿宋_GB2312"，字号为"四号"，单击 格式(O) 按钮，在打开的下拉列表中选择"段落"选项，如图1-151所示。

（12）打开"段落"对话框，在"缩进和间距"选项卡中设置"段前""段后"为"0.5行"，"行距"为"单倍行距"，缩进为"无"，单击 确定 按钮。返回"新建样式"对话框，继续单击 确定 按钮，完成样式的新建。

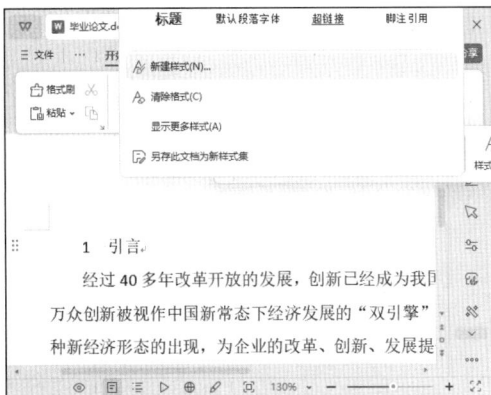

图1-150 选择"新建样式"选项

图1-151 新建样式

（13）将插入点定位到"引言"文本，在"样式"列表框中为其应用"一级标题"样式，然后为与"引言"同级别的标题文本应用"一级标题"样式。

（14）将插入点定位到"2.1 创新型企业的概念与特征"文本，继续创建"二级标题"样式，将其字体格式设置为"黑体、小四"，将其缩进设置为"无"，然后为所有与之同级别的文本应用"二级标题"样式。

（15）将插入点定位到"2.1.1 创新型企业的概念"文本，继续创建"三级标题"样式，将其字体格式设置为"仿宋_GB2312、小四"，将其缩进设置为"无"，然后为所有与之同级别的文本应用"三级标题"样式，效果如图1-152所示。

（16）选择"参考文献："致谢："文本，打开"段落"对话框，在"缩进和间距"选项卡中将其"段前""段后"设置为"0.5行"。

（17）选择参考文献下方的4段文本，将其字体格式设置为"宋体、五号"，然后打开"段落"对话框，在"缩进和间距"选项卡的"行距"下拉列表中选择"固定值"选项，并在其后的数值框中输入"20磅"，单击 确定 按钮，完成参考文献的格式设置，效果如图1-153所示。

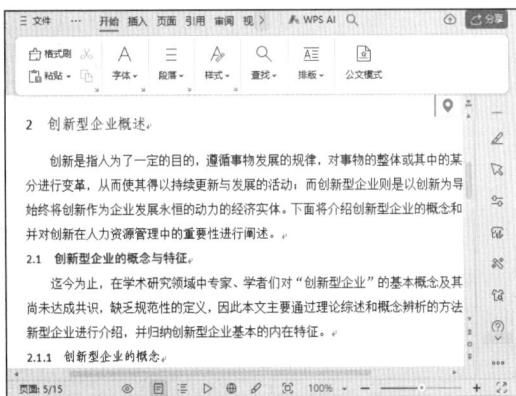

图1-152 各级标题应用样式后的效果

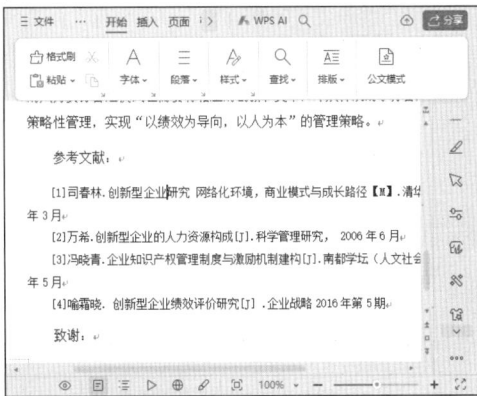

图1-153 参考文献的效果

（六）为论文添加页眉、页脚与脚注

在编写毕业论文时，如果使用了一些不常见或特殊的名词、缩略语、概念，或引用了他人的观点、数据等，就需要添加脚注。脚注是对文档中的某些词汇或者内容进行补充说明的注文，一般添加在当前页面的底部，它由注释引用标记和对应的注释文本两个部分组成。此外，也可以为论文添加页眉和页脚以标识学校名称、论文题名等信息。下面在WPS文字中为论文添加脚注并插入页眉及页脚，具体操作如下。

微课

为论文添加页眉、
页脚与脚注

（1）在第 4 页的"互联网+"文本后定位插入点，在"引用"功能选项卡中单击"插入脚注"按钮 ab¹，如图 1-154 所示。

（2）此时，插入点将自动移至当前页面的底部并标注好编码，然后在此处输入注释内容，如图 1-155 所示，完成脚注的添加操作。

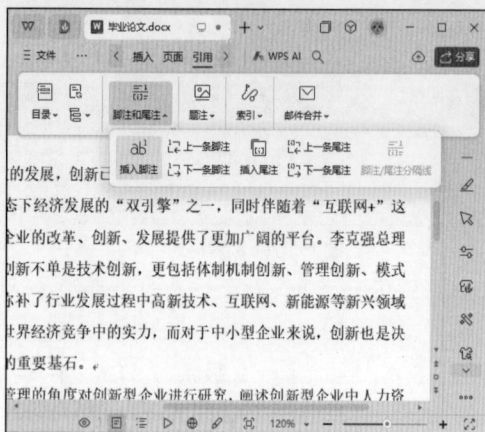

图1-154　插入脚注

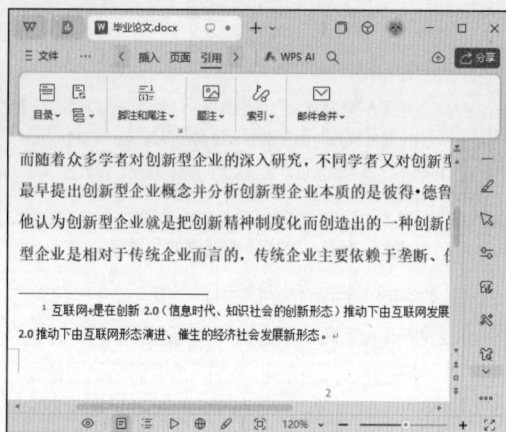

图1-155　输入注释内容

（3）在"插入"功能选项卡中单击"页眉和页脚"按钮 ▤，进入页眉和页脚编辑状态，在"页眉页脚"功能选项卡中选中"首页不同""奇偶页不同"复选框，然后将插入点定位到奇数页页眉中，单击"页眉"按钮 ▤，在打开的下拉列表中选择"三栏页眉"选项，如图 1-156 所示。

（4）选择页眉上方横线后的段落标记，在"开始"功能选项卡中单击"清除格式"按钮 ◇，清除页眉上方默认的横线，然后选择页眉中的文本，将其分别修改为"××班级""××专业""××学院"，效果如图 1-157 所示。

图1-156　选择页眉样式

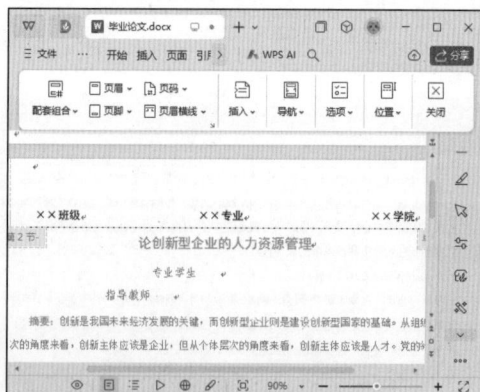

图1-157　输入页眉文本后的效果

（5）将插入点定位到偶数页页眉中，在其中插入"三栏页眉"样式的页眉，删除左右两侧的文本框，并在中间的文本框中输入"论创新型企业的人力资源管理"文本，最后取消页眉上方的横线样式，如图 1-158 所示。

（6）将插入点定位到偶数页页脚中，在"页眉页脚"功能选项卡中单击"页码"按钮 ▦，在打开的下拉列表中选择"页脚中间"选项，设置页码格式，如图 1-159 所示，为论文添加页码。

（7）在"页眉页脚"功能选项卡中单击"关闭"按钮 ☒，退出页眉和页脚编辑状态，完成页眉和页脚的设置。

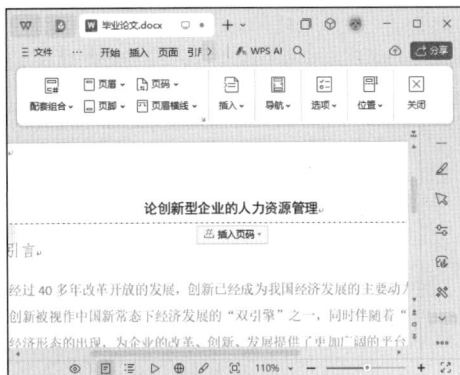

图 1-158　设置偶数页页眉

图 1-159　设置页码格式

（七）为论文提取目录

在毕业论文中，为了便于阅读和索引，可以将目录提取出来。下面在 WPS 文字中为论文提取目录，具体操作如下。

（1）将插入点定位到第 2 页的"目录"文本下方，在"引用"功能选项卡中单击"目录"按钮，在打开的下拉列表中选择"自定义目录"选项。

（2）打开"目录"对话框，单击 选项(O)... 按钮，打开"目录选项"对话框，将"标题 1""标题 2""标题 3"后方文本框中的数字删除，然后分别在"一级标题""二级标题""三级标题"后的文本框中输入"1""2""3"，即只提取前面创建的标题样式作为目录，单击 确定 按钮，返回"目录"对话框，取消选中"使用超链接"复选框，单击 确定 按钮，如图 1-160 所示，保存设置。

（3）返回文档编辑区，选择提取的目录，将其字体格式设置为"宋体、小四"，取消文本的段前缩进，并将其"行距"设置为"固定值 18 磅"，最后手动将"摘要""关键词"文本及其页码添加至目录前（配套资源：\效果\模块一\毕业论文.docx），效果如图 1-161 所示。

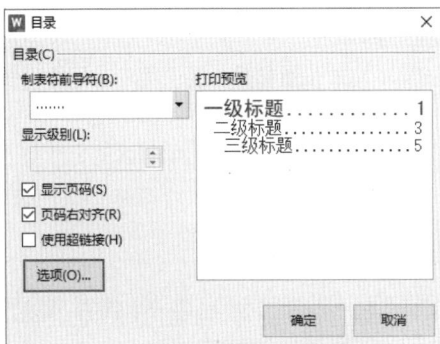

图 1-160　设置目录的提取条件

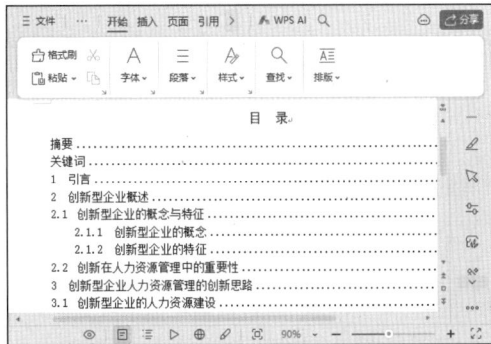

图 1-161　提取目录的效果

（八）与他人协同编辑论文内容

论文编写完成后，如果想要邀请他人查阅论文内容并提出修改意见，则可以对论文进行分享与协同编辑操作。下面在 WPS 文字中协同编辑论文，包括修订、分享、查看修订内容等，具体操作如下。

（1）在"审阅"功能选项卡中单击"修订"按钮，进入修订状态，此时在文档中修改内容，将保留修改痕迹。按"Ctrl+S"组合键保存文档，关闭"毕业论文"文

档，并利用 QQ 等工具将文档发送给其他人员。

（2）待他人在修订状态下对文档进行编辑并保存后，接收其传回的文档并打开（配套资源：\素材\模块一\毕业论文.docx）。此时，在"审阅"功能选项卡中单击"下一条修订"按钮，可定位到修订的位置。如果觉得该修订无误，则可单击"接受"按钮。

（3）此时，WPS 文字将接受修改的内容，继续单击"下一条修订"按钮，将定位到下一处修订的位置。若修订无误，则继续单击"接受"按钮。

（4）若发现修订的内容有误，则可单击"拒绝"按钮。

（5）完成所有内容的修订后，WPS 文字将打开提示对话框，单击 确定 按钮即可确认修订。

（6）在"审阅"功能选项卡中单击"修订"按钮，退出修订状态，然后保存文档（配套资源：\效果\模块一\毕业论文.docx）。

六、能力拓展

（一）切换文档的视图模式

在编辑文档时，常用的视图模式是页面视图。此外，WPS 文字还提供了多种视图模式供用户使用。不同的视图模式具有不同的特点和功能。在"视图"功能选项卡中单击相应的视图模式按钮，便可快速切换文档的视图模式。各视图模式的作用如下。

（1）"页面"视图模式。此视图模式是 WPS 文字默认的视图模式，也是常用的视图模式，其效果接近于打印效果，便于用户直观地编辑文档内容。

（2）"大纲"视图模式。此视图模式适用于设置文档标题层级和调整文档结构等。对于长文档而言，利用该视图模式可以更加方便地控制文档内容的层级和排列顺序。

（3）"阅读版式"视图模式。此视图模式采用的是图书翻阅样式，分两屏同时显示文档内容，适合在浏览文档内容时使用。切换到该视图模式后，文档将自动切换为全屏显示。要想退出该视图模式，可按"Esc"键。

（4）"Web 版式"视图模式。此视图模式以网页的形式显示文档内容。如果文档内容是准备发送的电子邮件或网页内容，则可以利用该视图模式来查看文档版式等情况。

（5）"写作模式"视图模式。此视图模式仅提供基础的文本格式设置参数，便于用户在写作时快速对文档内容进行调整和设置。

（6）"全屏显示"视图模式。此视图模式可以隐藏功能选项卡区域，扩大文档编辑区的显示范围，按"Esc"键可退出该视图模式。

（二）使用"导航"任务窗格

"导航"任务窗格是浏览、查看和编辑长文档的有效工具。在"视图"功能选项卡中单击"导航窗格"按钮，在文档操作界面左侧将打开该任务窗格，利用它可以实现定位、搜索等操作。

（1）定位段落。文档中应用了大纲级别的段落将在"导航"任务窗格的"目录"选项卡中显示出来，在其中选择某个段落选项后，可快速定位到该段落。

（2）定位页面。在"导航"任务窗格中单击"章节"选项卡，其下方将显示文档中所有页面的缩略图，单击某个缩略图可快速定位到该页面。

（3）定位书签。如果文档中插入了书签（在"插入"功能选项卡中单击"书签"按钮，在打开的"书签"对话框中可设置书签名称并插入书签），则可在"导航"任务窗格中单击"书签"选项卡，在其中选择并定位书签的位置。

（4）搜索文本。在"导航"任务窗格中单击"查找和替换"选项卡，在文本框中输入需要搜索的文本内容并按"Enter"键，此时，"导航"任务窗格会把搜索到的结果显示在下方的列表框中，选择某个选项便可快速定位到对应的文本。

（三）使用批注

批注是审阅文档时常用的工具之一。在文档中先添加批注并输入具体的批注内容，再将审阅后的文档转发给他人浏览时，其他人就能通过批注了解批注者对该文档的相关意见和建议，其方法如下：选择需要添加批注的文本或在段落中单击以定位插入点，在"审阅"功能选项卡中单击"插入批注"按钮🗩，新建一个批注，然后在批注框中输入相应的内容。

（四）邀请多人共同编辑文档

如果需要邀请他人共同编辑文档，如邀请多人在文档中填写表格信息、意见建议等，则可以将文档分享到云端，再将编辑超链接发送给他人，邀请其共同编辑，其方法如下：单击 WPS 文字操作界面右上角的 分享 按钮，打开"协作"面板，如图 1-162 所示，单击"和他人一起查看/编辑"后的 按钮，启用该功能。此时，WPS 文字将提示用户将该文档上传至云端，确认上传后，返回"协作"面板，在其中可以设置他人对文档的编辑权限，单击 复制链接 按钮，将超链接发送给他人，也可在该面板中单击微信、QQ 等图标，将文件直接分享给这些社交平台中的好友。

图 1-162　"协作"面板

课后练习

一、填空题

1. 在 WPS 文字中移动文本的操作如下：选择文本，将鼠标指针移至所选的文本区域上，当其变为 🗞 形状时按住_____并拖动文本至目标位置，然后释放鼠标即可完成移动操作。

2. WPS 文字文档的扩展名是_____。

3. 在 WPS 文字中，如果要选择文档中的某个段落，则可将鼠标指针移至该段落左侧，当其变为 🖑 形状时，_____，也可在该段落中_____以快速选择当前段落。

4. 设置文本的字符格式时，可以通过__________工具栏、“__________”功能选项卡，以及“__________”对话框来完成。

5. 若多个段落属于并列关系，则可以为这些段落添加__________，以此来提高文档的可读性。

二、单选题

1. 在WPS文字中，常用于文档编辑的视图模式是（　　）。

A. “阅读版式”视图模式　　B. “页面”视图模式

C. “大纲”视图模式　　D. “Web版式”视图模式

2. 下面有关“查找和替换”功能的说法中，错误的是（　　）。

A. 该功能只能对文字进行查找与替换

B. 该功能可以对指定格式的文本进行查找与替换

C. 该功能可以对制表符进行查找与替换

D. 该功能可以对段落格式进行查找与替换

3. 在WPS文字中加选多个对象时，应配合（　　）键进行操作。

A. “Alt”　　B. “Ctrl”　　C. “Enter”　　D. “Tab”

4. 如果要快速进入页眉和页脚编辑状态，则可通过双击（　　）来实现。

A. 文本编辑区　　B. 功能选项卡

C. 标尺　　D. 页面上方的空白区域

5. 如果要想强制将某些内容显示到下一页，则最快速的方法为插入（　　）。

A. 分页符　　B. 换行符　　C. 分栏符　　D. 分节符

6. 在WPS文字中，按（　　）组合键可快速新建空白文档。

A. “Ctrl+N”　　B. “Ctrl+O”　　C. “Ctrl+S”　　D. “Ctrl+P”

三、操作题

1. 启动WPS文字，按照下列要求对文档进行操作，参考效果如图1-163所示。

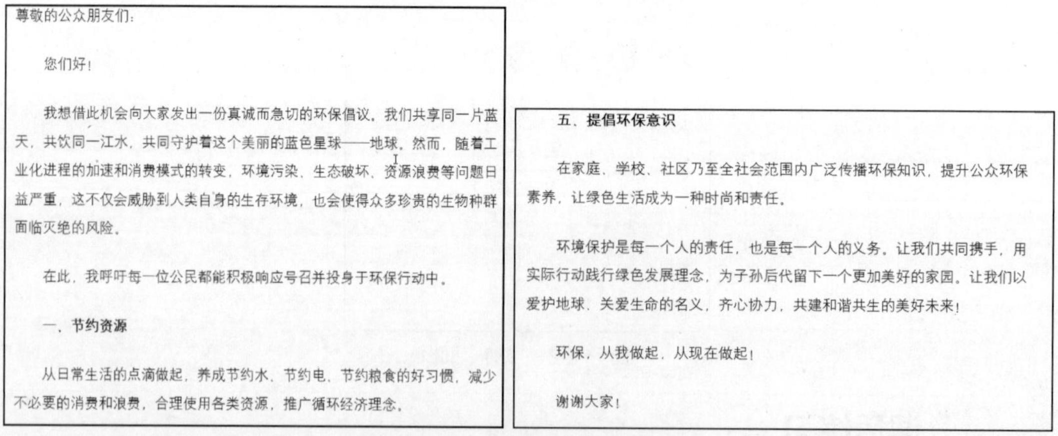
尊敬的公众朋友们：

您们好！

我想借此机会向大家发出一份真诚而急切的环保倡议。我们共享同一片蓝天，共饮同一江水，共同守护着这个美丽的蓝色星球——地球。然而，随着工业化进程的加速和消费模式的转变，环境污染、生态破坏、资源浪费等问题日益严重，这不仅会威胁到人类自身的生存环境，也会使得众多珍贵的生物种群面临灭绝的风险。

在此，我呼吁每一位公民都能积极响应号召并投身于环保行动中。

一、节约资源

从日常生活的点滴做起，养成节约水、节约电、节约粮食的好习惯，减少不必要的消费和浪费，合理使用各类资源，推广循环经济理念。

五、提倡环保意识

在家庭、学校、社区乃至全社会范围内广泛传播环保知识，提升公众环保素养，让绿色生活成为一种时尚和责任。

环境保护是每一个人的责任，也是每一个人的义务。让我们共同携手，用实际行动践行绿色发展理念，为子孙后代留下一个更加美好的家园。让我们以爱护地球、关爱生命的名义，齐心协力，共建和谐共生的美好未来！

环保，从我做起，从现在做起！

谢谢大家！

图1-163 “环保倡议”文档参考效果

（1）新建空白文档，将其命名为“环保倡议”，然后在文档中输入需要的文本内容（配套资源：素材\模块一\环保倡议.txt）。

（2）将全文的字体格式设置为“汉仪细等线简、11”，将段落格式设置为“段后15磅、1.5倍行距”。

（3）将除第一行文本外的其他文本的首行缩进设置为“2字符”，并将标题文本加粗。

（4）保存文档（配套资源：效果\模块一\环保倡议.docx）。

2. 启动 WPS 文字，按照下列要求对文档进行操作，参考效果如图 1-164 所示。

（1）新建"社团活动新闻"文档，在文档起始位置处插入若干换行符，然后在文档中插入"填充-沙棕色，着色 2，轮廓-着色 2"样式的艺术字，在艺术字文本框中输入"活力四溢 点燃青春热情"文本，并调整艺术字文本框的位置，设置艺术字的字体为"方正风雅宋简体"，字号为"一号"。

（2）在正文中依次插入图片"网球.png"和"网球 1.png"（配套资源：素材\模块一\网球.png、网球 1.png），然后调整图片的大小和位置，并将图片的环绕方式设置为"嵌入型"。

（3）将正文字体设置为"汉仪报宋简"，将正文段落格式设置为"首行缩进 2 字符，段前、段后 0.5 行、1.5 倍行距"。

（4）保存文档（配套资源：效果\模块一\社团活动新闻.docx）。

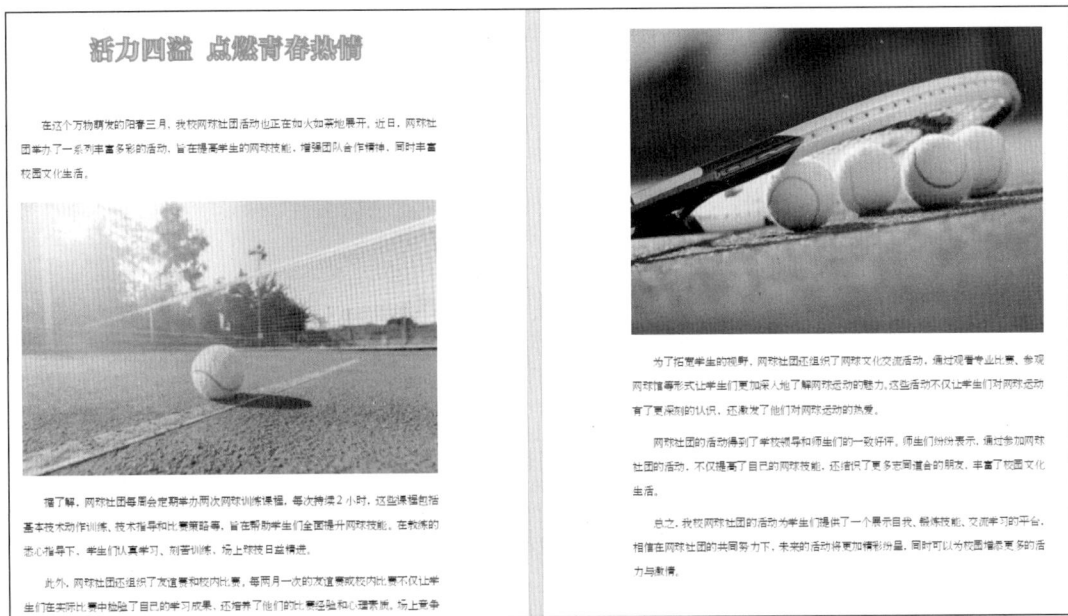

图 1-164 "社团活动新闻"文档参考效果

3. 打开"我国航天事业发展历程.docx"文档（配套资源：素材\模块一\我国航天事业发展历程.docx），按照下列要求对文档进行操作，参考效果如图 1-165 所示。

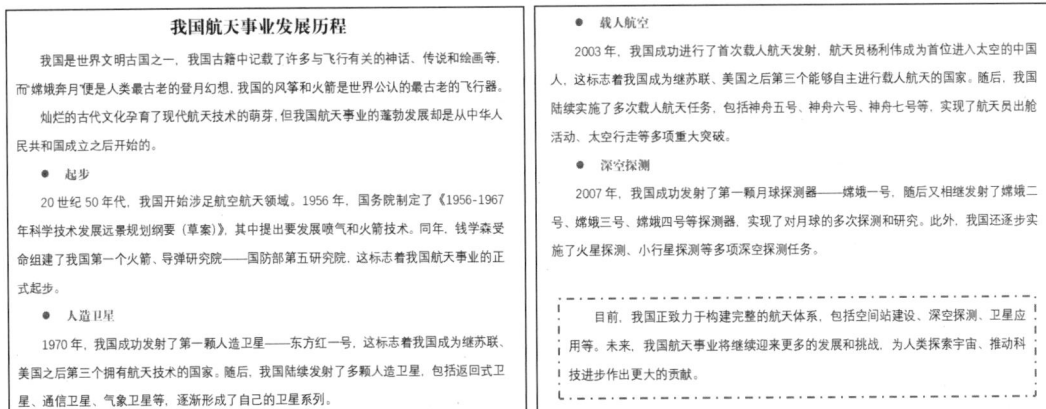

图 1-165 "我国航天事业发展历程"文档参考效果

（1）设置除第一行文本外其他文本的段落格式为"首行缩进 2 字符、1.5 倍行距"。

（2）为"起步""人造卫星""载人航空""深空探测"文本添加"•"样式的项目符号。

（3）在文档末尾插入横向文本框，然后设置文本框的轮廓颜色为"蓝色"、虚线线型为"划线-点"、线型为"1.5 磅"，并在其中输入相应的文本内容。

（4）将文档的保护密码设置为"123"（配套资源：效果\模块一\我国航天事业发展历程.docx）。

模块二
电子表格处理

02

　　作为一种组织、计算和分析数据的实用工具，电子表格经历了一个不断向通用化、智能化发展的历程。20 世纪七、八十年代，最初的电子表格软件刚一问世，就被广泛应用于个人和企业，而个人计算机的普及更是让电子表格发展成办公、学习的必备工具，企业可以使用电子表格编制各种财务报表、数据分析表、项目管理表，个人也可以使用电子表格编制各种规划表、清单等。互联网和云计算技术的发展让电子表格实现了跨平台、实时协作的操作，在线电子表格得到广泛应用。现如今，AI 技术又为电子表格的发展带来了更多创新，如自动计算数据、自动分析数据、数据可视化等，不仅降低了电子表格的使用门槛，也使其应用领域得到进一步拓展。

　　电子表格可以用来输入、输出、显示数据，通过电子表格，用户不仅可以对复杂数据进行计算，还可以将大量枯燥无味的数据转变为色彩丰富的图表进行展示。电子表格是现代生活和工作中不可或缺的工具，是衡量个人信息素养和技能的重要工具之一。本模块将基于 WPS 表格这一电子表格处理软件，制作社区公益宣传计划、大学生勤工助学统计表、实习工资统计表、助学义卖销售表、志愿者信息统计表等表格，详细介绍电子表格的各种数据管理操作。

课堂学习目标

- **知识目标**：掌握 WPS 表格的各种基本操作，如工作簿和工作表的操作、数据的输入与编辑、单元格格式的设置、公式与函数的使用、图表的创建与编辑等。

- **技能目标**：能够利用 WPS 表格统计、计算和分析各类数据。

- **素质目标**：培养严谨的逻辑思维能力和实事求是的科学精神；学会将理论与实践相结合，提升数据处理能力，强化问题分析能力、决策能力和创新思维。

任务一　创建"社区公益宣传计划"工作簿

一、任务描述

　　中国式现代化是物质文明和精神文明相协调的现代化。要推进中国式现代化建设，不仅要不断厚植现代化的物质基础，也要构筑中国精神、中国价值、中国力量。社区公益宣传是推进和谐社区建设的重要手段，也是构筑社会主义精神文明建设的有效途径。社区公益宣传能够帮助居民认识社会问题，了解交通安全、环境保护、防火防灾、健康生活、政策法规等的重要性，提升居民的安全意识和健康观念，引导居民树立正确的道德观和价值观，增强社会责任感和集体荣誉感。本任务将创建"社区公益宣传计划"工作簿，通过创建该工作簿来介绍 WPS 表格的各种基本操作。

二、任务准备

要完成使用 WPS 表格创建和制作"社区公益宣传计划"工作簿的任务，首先需要认识电子表格的应用场景，了解哪些数据可以通过电子表格来管理；其次要了解 WPS 表格的操作界面，熟悉其基本操作方法；最后需要认识一些可以提高电子表格编辑效率的 AI 工具，以提高电子表格的制作效率。

（一）电子表格的应用场景

在需要记录数据、计算数据、分析数据的行业或领域中，可以使用电子表格来完成相关的任务和工作，如利用电子表格进行专业的科学统计、运算分析，为企业财务政策的制定提供有效的参考等。下面列举一些常见的电子表格应用场景。

（1）报告编制。在编制一些报告，如市场调查报告时，往往需要收集、整理和分析各种数据，此时可以使用电子表格中的数据透视表、图表和图形等功能更好地理解及展示数据。

（2）财务管理。当需要计算收入、支出、利润等财务数据时，可以使用电子表格中内置的公式或函数进行财务报表、预算表的制作，以及现金流的预测等。

（3）项目管理。在需要管理某个项目任务时，可以使用电子表格跟踪项目进度、任务分配和资源分配等，或使用电子表格制订项目计划、时间表和预算等，以监控项目状态和性能。

（4）教育、学习。在教育、学习领域中，如果需要收集、记录、分析实验数据，或者管理学生信息、学生成绩等，也可以使用电子表格。

（5）其他领域。此外，在企业员工信息管理、绩效评估、库存管理、成本控制、销售数据分析和预测，或者销售计划制订、客户关系管理等方面也可以使用电子表格。

（二）WPS 表格的操作界面

WPS 表格的操作界面与 WPS 文字的操作界面相似，由标题选项卡、功能选项卡、工作表编辑区、任务窗格、状态栏、编辑栏等部分组成，如图 2-1 所示。其中，编辑栏和工作表编辑区为 WPS 表格特有的，下面主要介绍其作用。

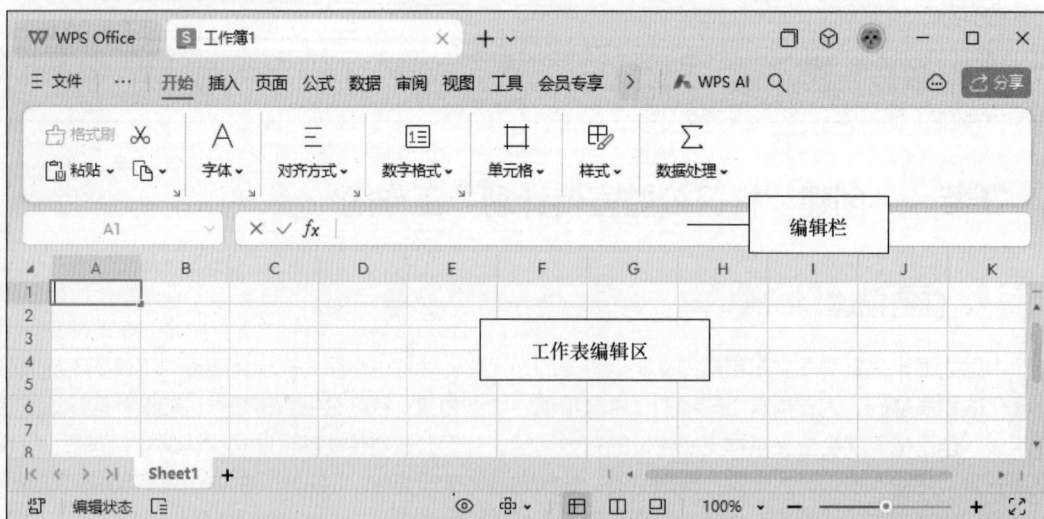

图 2-1　WPS 表格的操作界面

1. 编辑栏

编辑栏用于显示和编辑当前活动单元格中的数据或公式。在默认情况下，编辑栏主要包括名称框、"插入函数"按钮 *fx* 和编辑框，在单元格中输入数据或插入公式与函数时，编辑栏中的"取消"按钮 × 和"输入"按钮 ✓ 将被激活。

- 名称框。名称框用于显示当前单元格的地址或函数名称。例如，在名称框中输入"A3"后按"Enter"键，WPS 表格将自动选中 A3 单元格。
- "插入函数"按钮 *fx*。单击该按钮，将快速打开"插入函数"对话框，在其中可选择相应的函数并将其插入单元格。
- 编辑框。编辑框用于显示在单元格中输入或编辑的内容，也可直接在编辑框中输入和编辑内容。
- "取消"按钮 ×。单击该按钮，可以取消输入的内容。
- "输入"按钮 ✓。单击该按钮，可以确定并完成输入。

2. 工作表编辑区

工作表编辑区是编辑数据的主要区域，包括行号与列标、单元格地址和工作表标签等。

- 行号与列标、单元格地址。行号用 1、2、3 等阿拉伯数字标识，列标用 A、B、C 等大写英文字母标识。一般情况下，单元格地址表示为"列标+行号"，如位于 A 列第 1 行的单元格可表示为 A1 单元格。
- 工作表标签。工作表标签用于显示工作表的名称，WPS 表格默认只包含一张工作表，在工作表标签右侧单击"新建工作表"按钮 +，可新建一张工作表。当工作簿中包含多张工作表时，可单击任意一张工作表标签进行工作表的切换。

（三）认识工作簿和工作表

在电子表格中，工作簿和工作表是两个核心概念。其中，工作簿是由电子表格软件创建的文件，它可以包含多张工作表；而工作表是工作簿中的一个独立页面，用于存储和展示数据。每张工作表中都包含一系列单元格，这些单元格可以输入及存储文本、数字、公式、图表等多种类型的数据。

在使用 WPS 表格制作表格之前，需要掌握工作簿和工作表的一些基础操作。其中，工作簿的常见操作如新建、打开、保存、关闭等都十分基础，因此这里主要介绍工作表的基础操作。

- 工作表的选择。单击相应的工作表标签可选择单张工作表；选择第 1 张工作表后，按住"Ctrl"键的同时单击其他工作表标签，可同时选择多张不相邻的工作表；选择第 1 张工作表后，按住"Shift"键的同时单击任意一张工作表标签，可同时选择这两张工作表及它们之间的所有工作表；在任意一张工作表标签上单击鼠标右键，在弹出的快捷菜单中选择"选定全部工作表"命令，可选择当前工作簿中的所有工作表。

> **技能提升**　选择多张工作表后，实际上是将这些工作表组成了一个组。若要取消选择成组的工作表，则可单击任意一个未被选择的工作表标签；如果所有工作表都处于被选择状态，则可在被选择的工作表标签上单击鼠标右键，在弹出的快捷菜单中选择"取消成组工作表"命令。

- 工作表的插入。在工作表标签右侧单击"新建工作表"按钮 +，可在该按钮左侧插入一张空白工作表；在工作表标签上单击鼠标右键，在弹出的快捷菜单中选择"插入工作表"命令，打开"插入工作表"对话框，在"插入数目"数值框中输入需要插入的工作表数量，在"插入"栏中指定工作表的插入位置，然后单击 确定 按钮，可插入一张或多张空白工作表；在"开始"功能选项卡中单击"工作表"按钮 ⊞，在打开的下拉列表中选择"插入工作表"选项，也可打开"插入工作表"对话框，执行插入工作表的操作；在打开的工作簿中按"Shift+F11"组合键，可在当前工作表左侧插入一张空白工作表。

- 工作表的删除。选择需要删除的工作表，在"开始"功能选项卡中单击"工作表"按钮 ，在打开的下拉列表中选择"删除工作表"选项；或在需要删除的工作表标签上单击鼠标右键，在弹出的快捷菜单中选择"删除工作表"命令。

- 工作表的移动和复制。选择需要移动或复制的工作表，在"开始"功能选项卡中单击"工作表"按钮 ，在打开的下拉列表中选择"移动或复制工作表"选项，打开"移动或复制工作表"对话框，在"工作簿"下拉列表中选择当前打开的任意一个目标工作簿，在"下列选定工作表之前"列表框中选择工作表移动或复制的位置，选中"建立副本"复选框表示复制该工作表，取消选中该复选框表示移动该工作表。

（四）使用 AI 工具快速生成表格、图表

在传统的使用电子表格管理数据的过程中，往往需要经历数据输入、数据检查、数据编辑、数据计算、数据分析等众多环节，但如今，针对一些操作简单但烦琐的数据输入、数据检查等工作，可以巧妙地借助 AI 工具提高编辑效率。例如，在其他网络平台收集了一些数据，想要将其快速输入电子表格，就可以将数据发送给 AI 工具，要求其整理成表格。通常来说，文心一言、通义、智谱清言等常用的 AI 工具都可以实现这一操作。图 2-2 所示为使用文心一言将文本数据转换为表格，当文心一言完成数据的整理后，便可复制信息并将其粘贴至电子表格中。此外，用户还可以继续要求 AI 工具删除重复、缺失的无效数据，快速完成数据的检查，或基于数据生成图表。

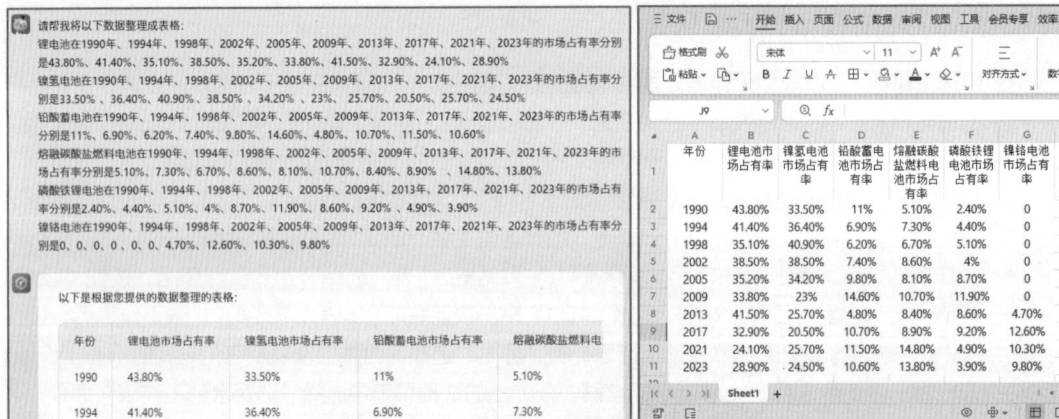

图 2-2　使用文心一言将文本数据转换为表格

如果要对电子表格中的数据进行计算和分析，那么也可以使用 AI 工具进行相关操作，酷表 ChatExcel、智谱 AI 的 ChatGLM 都是比较专业的数据处理 AI 工具。其中，酷表 ChatExcel 作为一个专业的表格制作和数据分析工具，支持通过自然语言对话的方式来控制和操作电子表格，从而简化数据处理和操作的过程。将整理好的 Excel 工作簿上传至酷表 ChatExcel 后，在酷表 ChatExcel 页面下方的文本框中输入要求，按"Enter"键后，便可快速计算、筛选、排列数据。例如，输入"增加一行增量"并执行命令，酷表 ChatExcel 将自动增加一列"增量"；输入"计算总量"并执行命令，酷表 ChatExcel 将依次计算总量。此外，如果需要筛选数据，则可以以类似于"筛选出大于 20 的数据"的内容进行提问；如果需要修改某个单元格中的数值，则可以提问"请将××单元格中的数据修改为××"。图 2-3 所示为使用酷表 ChatExcel 快速筛选数据，这里执行了"筛选出 2023 年大于 20% 的数据"命令。

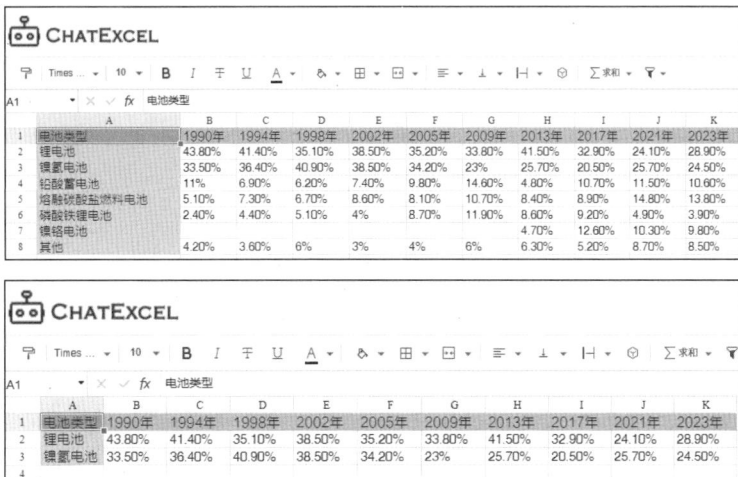

图2-3 使用酷表 ChatExcel 快速筛选数据

三、制作思路

创建"社区公益宣传计划"工作簿主要涉及表格的基础操作，思路整理如下。

（1）利用 AI 工具了解社区公益宣传的内容，便于后续基于该内容创建工作表。

（2）依次创建并编辑工作表，包括保存、插入与删除、移动与复制、重命名工作表等。

四、效果展示

"社区公益宣传计划"工作簿创建完成后的参考效果如图2-4所示。

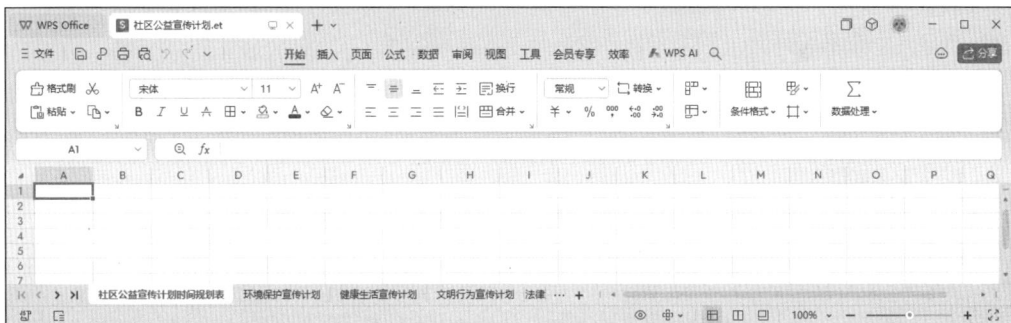

图2-4 "社区公益宣传计划"工作簿创建完成后的参考效果

五、任务实现

（一）使用智谱清言了解社区公益宣传的内容

一个工作簿中可以包含多张工作表，本任务创建的"社区公益宣传计划"工作簿可以依据计划内容分别创建多张工作表，以对数据进行分开管理。下面使用智谱清言了解社区公益宣传的常见主题，便于后续基于该主题创建工作表，具体操作如下。

（1）搜索"智谱清言"，进入其官方页面，在下方的文本框中输入需求"社区公益宣传一般可以选择哪些主题？"按"Enter"键获取信息，生成社区公益宣传主题，如图2-5所示。

微课

使用智谱清言
了解社区公益
宣传的内容

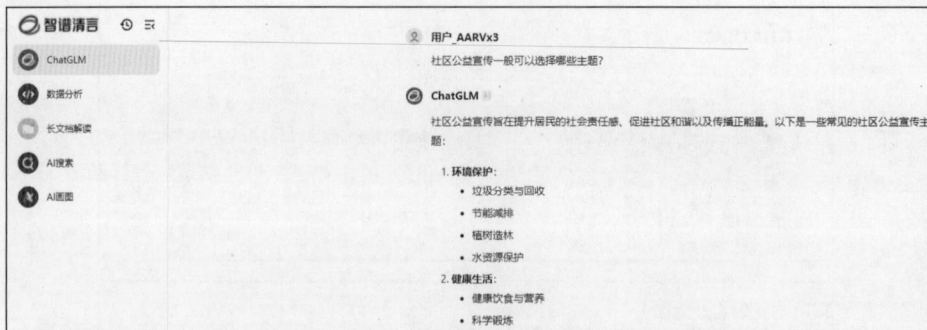

图2-5　生成社区公益宣传主题

（2）根据智谱清言提供的信息选择合适的主题，作为社区公益宣传计划的组成部分，如环境保护宣传计划、健康生活宣传计划、文明行为宣传计划、法律法规科普计划等。

（二）创建并保存工作簿

在 WPS Office 中创建工作簿的方法与创建文档的方法相似，在"首页"选项卡中同样可以新建空白工作簿或新建带模板的工作簿。下面新建一个空白工作簿，并将其保存为"社区公益宣传计划"，具体操作如下。

（1）启动 WPS Office，在"首页"选项卡中单击"新建"按钮 ➕ ，在打开的"新建"面板中选择"表格"选项，如图2-6所示。

（2）在打开的页面中选择"空白表格"选项，此时系统将新建名为"工作簿1"的空白工作簿。

（3）选择"文件"/"保存"命令，在打开的"另存为"窗口中设置工作簿的保存位置，在"文件名称"下拉列表中输入"社区公益宣传计划"文本，在"文件类型"下拉列表中选择"WPS 表格 文件（*.et）"选项，然后单击 保存(S) 按钮，如图2-7所示，完成工作簿的保存。

图2-6　选择"表格"选项

图2-7　保存工作簿

（三）编辑工作表

新建的空白工作簿中默认只有一张工作表，用户可以根据需要新建工作表，并对工作表进行简单编辑。下面分别插入、删除、移动和重命名工作表，具体操作如下。

（1）在"Sheet1"工作表标签上单击鼠标右键，在弹出的快捷菜单中选择"插入工作表"命令，打开"插入工作表"对话框，保持默认设置后，单击 确定 按钮，如图2-8所示。

（2）双击"Sheet1"工作表标签或在"Sheet1"工作表标签上单击鼠标右键，在弹出的快捷菜单中选择"重命名"命令，此时被选中的工作表标签呈可编辑状态且该工作表的名称呈蓝底白字状态显示。

（3）输入"环境保护宣传计划"文本，如图 2-9 所示，然后按"Enter"键或在当前工作表的任意位置处单击，退出工作表标签的编辑状态。

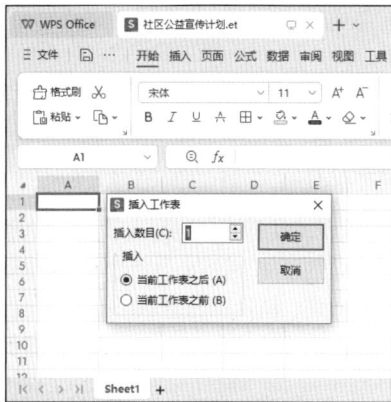

图2-8　插入工作表

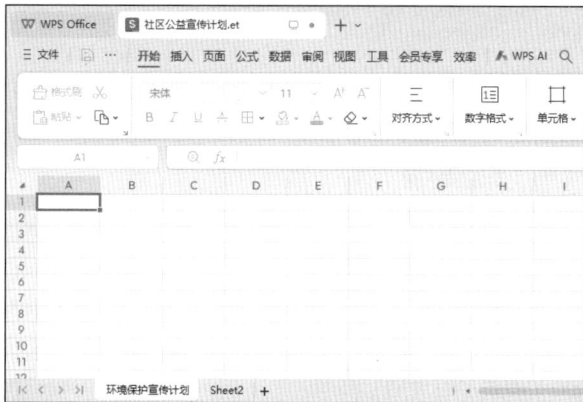

图2-9　重命名工作表

（4）按照该方法将"Sheet2"工作表重命名为"健康生活宣传计划"。

（5）在"健康生活宣传计划"工作表标签右侧单击"新建工作表"按钮+，插入一张空白工作表，然后按相同的操作方法再插入两张空白工作表。

（6）在"Sheet3"工作表标签上单击鼠标右键，在弹出的快捷菜单中选择"删除"命令，如图 2-10所示，删除该工作表。

（7）将"Sheet4""Sheet5"工作表重命名为"文明行为宣传计划"和"法律法规科普计划"，然后在"文明行为宣传计划"工作表标签上单击鼠标右键，在弹出的快捷菜单中选择"移动"命令。

（8）打开"移动或复制工作表"对话框，在"下列选定工作表之前"列表框中选择"环境保护宣传计划"选项，然后选中"建立副本"复选框，单击　确定　按钮，如图 2-11 所示。

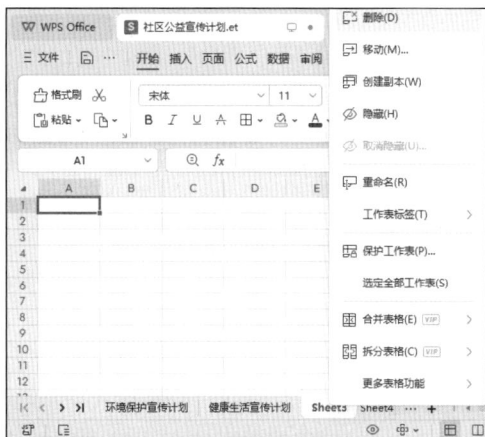

图2-10　删除工作表

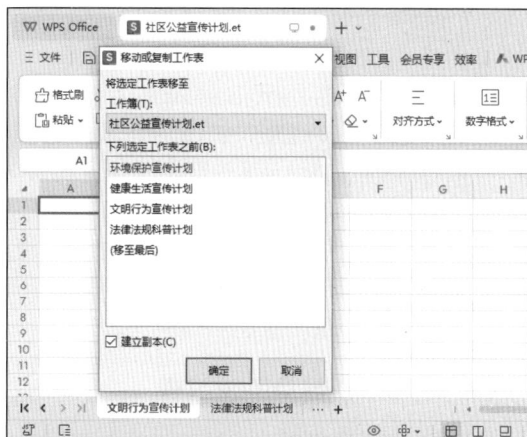

图2-11　复制工作表

（9）将复制的"文明行为宣传计划（2）"工作表重命名为"社区公益宣传计划时间规划表"，按"Ctrl+S"组合键保存工作簿，然后选择"文件"/"退出"命令关闭该工作簿（配套资源：\效果\模块二\社区公益宣传计划.et）。

> **技能提升** 如果需要隐藏某工作表，则可以选择要隐藏的工作表标签，在其上单击鼠标右键，在弹出的
> 快捷菜单中选择"隐藏"命令；如果需要取消隐藏的工作表，则可再次在工作表标签上单击
> 鼠标右键，在弹出的快捷菜单中选择"取消隐藏"命令，在打开的"取消隐藏"对话框中选
> 择需要取消隐藏的工作表。

六、能力拓展

（一）冻结窗格

对比较复杂的电子表格，人们常常需要在滚动浏览表格时固定显示表头行或表头列，此时使用 WPS
表格中的冻结窗格功能便可实现此种效果，其方法如下：选择要冻结的工作表，在"视图"功能选项卡
中单击"冻结窗格"按钮，在打开的下拉列表中提供了 3 种冻结方式，选择相应选项后便可冻结指定
的窗格，如图 2-12 所示。若要取消窗格的冻结，则可再次单击"冻结窗格"按钮，在打开的下拉列表
中选择"取消冻结窗格"选项。

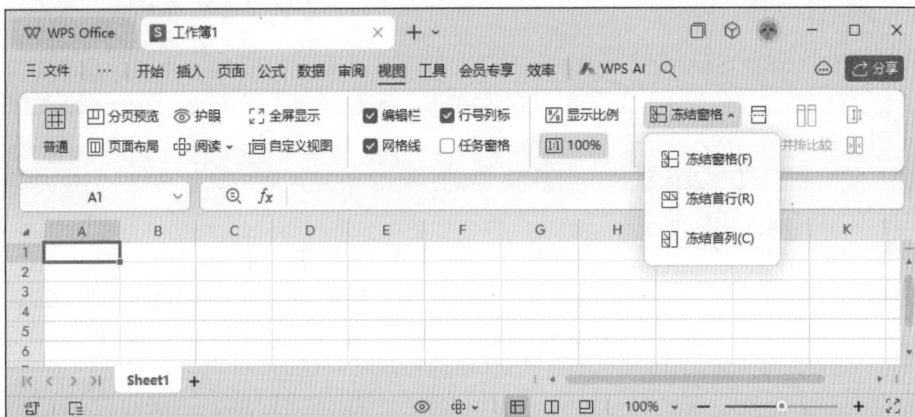

图 2-12　冻结窗格

- 冻结窗格。选择单元格（假设选择 F7 单元格）后，单击"冻结窗格"按钮，在打开的下拉列
  表中选择"冻结窗格"选项，可根据所选单元格的位置来进行冻结，此时的选项包括"冻结至第
  6 行 E 列""冻结至第 6 行""冻结至 E 列"等。
- 冻结首行。单击"冻结窗格"按钮，在打开的下拉列表中选择"冻结首行"选项后，向下滚动
  工作表时，工作表首行将保持不变。
- 冻结首列。单击"冻结窗格"按钮，在打开的下拉列表中选择"冻结首列"选项后，向右滚动
  工作表时，工作表首列将保持不变。

（二）固定 WPS Office 文件

一般情况下，我们会通过"打开文件"窗口或双击文件等方式来打开文档或工作簿。如果需要经常
使用某个或多个文件，那么可以将其固定为常用的对象，在需要使用时通过"常用"栏快速将其打开，
其方法如下：启动 WPS Office，在"首页"选项卡中会显示最近使用过的文件选项，在需要固定为常用
对象的文件上单击鼠标右键，在弹出的快捷菜单中选择"添加到/固定到'常用'"命令，此时该文件将始
终显示在"首页"选项卡的"常用"栏中，选择该选项就能快速打开该文件。

任务二　编辑"大学生勤工助学统计表"工作簿中的数据

一、任务描述

大学是学习知识的地方，也是做好职业准备的地方。大学毕业后，很多大学生会正式踏入职场，因此他们可以利用在校的空闲时间参与一些勤工助学项目，一方面可以获取一些生活资源，另一方面可以提前了解自己的兴趣，明确自己的职业目标，为将来的就业和职业发展做准备。通常来说，为了更好地规划和跟踪学生的勤工助学活动，相关部门需要编制一个勤工助学统计表，以科学地记录、管理大学生勤工助学的相关数据和信息。本任务将编辑"大学生勤工助学统计表"工作簿中的数据，通过编辑该工作簿介绍输入数据、验证数据、设置单元格格式、设置条件格式、调整单元格行高与列宽等操作。

二、任务准备

要完成使用 WPS 表格编辑"大学生勤工助学统计表"工作簿中数据的任务，需要了解数据的常见类型，以及数据的输入技巧、数据的有效性等知识。

（一）数据的常见类型

数据类型用于定义单元格中可以包含的信息的种类，WPS 表格中常见的数据类型包括文本型、数字型、日期与时间型、公式型、图片和图表型等。

（1）文本型。文本型数据指文本、数字或由其组成的任意字符类型的数据，如"姓名""Hello""1234"等都属于文本型数据。在 WPS 表格中，文本型数据不能参与数值计算，但可以作为函数参数使用。

（2）数字型。数字型数据包括货币、小数、百分数、科学记数法等，如"100""98.5""¥500"等，就属于数字型数据。在 WPS 表格中，数字型数据可以进行数学运算。在默认情况下，直接输入的数字会被识别为数字型数据，如果需将其显示为文本型数据，则需要在数字前输入单引号"'"。

（3）日期与时间型。日期与时间型数据指日期和时间类型的数据，如"6/18/2023""23:59:59""6/18/2023 15:44:31"等就属于日期与时间型数据。日期与时间型数据可以进行日期的计算和比较。在 WPS 表格中，可以通过特定的日期格式输入日期与时间型数据。

（4）公式型。公式型数据主要用于求和、求平均值、求最大值、求最小值等计算公式。公式型数据可以对其他单元格中的数据进行计算，并将结果存储在一个单元格中。在 WPS 表格中，输入公式时通常以等号"="开头。

（5）图片和图表型。图片型数据是指在表格中插入的图片，如公司 Logo、产品图片等，其主要作用是增强表格的可读性和美观性；图表型数据是指在表格中创建的图表，如柱状图、折线图、饼图等，其主要作用是直观展示数据之间的关系和趋势。

此外，在 WPS 表格中使用公式、函数计算数据时如果出现错误，则可能会导致#N/A、#VALUE!、#DIV/0!等表示错误的数据产生。

（二）数据的输入技巧

输入数据是制作电子表格的基础，WPS 表格支持输入不同类型的数据。其输入方法比较简单，选择单元格，直接输入数据后按"Enter"键，便可完成数据的输入。此外，也可以选择单元格，在编辑栏的编辑框中单击以定位插入点，在其中输入数据后按"Enter"键完成操作。

在 WPS 表格的单元格中需要经常输入文本、正数、负数、小数、百分数、日期、时间、货币等类型的数据，每一种数据的输入方法与显示格式均有一定差异，如表 2-1 所示。

表 2-1　不同类型数据的输入方法与显示格式

类型	举例	输入方法	单元格显示	编辑栏显示
文本	员工编号	直接输入	员工编号，左对齐	员工编号
正数	99	直接输入	99，右对齐	99
负数	-99	输入负号"-"后输入数据"99"，即"-99"，或输入英文状态下的括号"( )"，并在其中输入数据，即"(99)"	-99，右对齐	-99
小数	5.2	依次输入整数位、小数点和小数位	5.2，右对齐	5.2
百分数	60%	依次输入数据和百分号，其中百分号可通过按"Shift+5"组合键输入	60%，右对齐	60%
日期	2025年6月18日	依次输入年、月、日数据，中间用半字线"-"隔开	2025/6/18，右对齐	2025/6/18
时间	10点25分16秒	依次输入时、分、秒数据，中间用英文状态下的冒号":"隔开	10:25:16，右对齐	10:25:16
货币	¥80	依次输入货币符号和数据，其中在英文状态下按"Shift+4"组合键可输入美元符号；在中文状态下按"Shift+4"组合键可输入人民币符号	¥80，右对齐	80

（三）数据有效性

数据有效性是指为单元格中输入的数据添加一定的限制条件，当某单元格或单元格区域中只允许输入某一类数据时，就可对其数据有效性进行设置。例如，用户可以通过设置数据有效性的方式使单元格中只能输入整数、小数、时间等类型的数据，也可以通过创建下拉列表的方式来限制输入的数据类型和范围，其方法如下：选择要设置数据有效性的单元格或单元格区域，在"数据"功能选项卡中单击"有效性"按钮，打开"数据有效性"对话框，在"设置"选项卡的"允许"下拉列表中提供了不同的设置属性，如整数、小数、序列、日期、时间等，如图 2-13 所示，选择相应属性后设置具体的条件，并单击 确定 按钮。

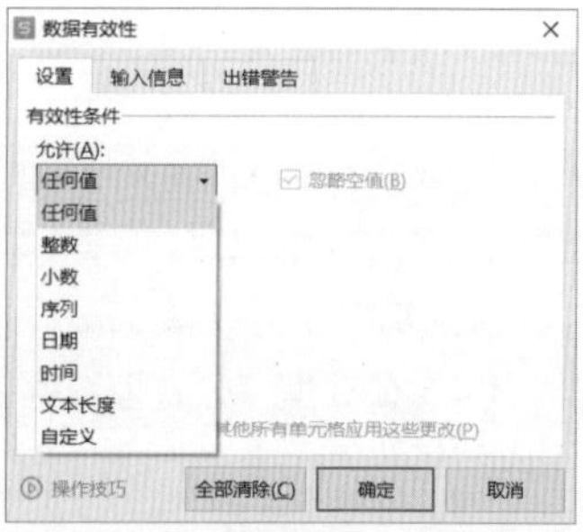

图 2-13　"数据有效性"对话框

（四）条件格式

如果用户想在表格中实现简单便捷的数据可视化，则可以灵活使用条件格式这一功能。WPS 表格中的条件格式功能可以帮助用户快速识别和分析数据中的关键信息，并对数据进行分类、排序和突出显示等，从而提高工作效率和数据分析的准确性。

WPS 表格内置了多种类型的条件格式，能够对电子表格中的内容进行指定条件的判断，并返回预先指定的格式，其方法如下：选择需要设置条件格式的单元格或单元格区域，在"开始"功能选项卡中单击"条件格式"按钮；打开的下拉列表中提供了多种内置的条件格式，如突出显示单元格规则、项目选取规则、数据条等，选择其中任意一个选项，并在打开的子列表中选择对应选项后，便可为选择的单元格或单元格区域应用所选的条件格式。如果内置的条件格式不能满足制作需求，那么用户还可以选择新建条件格式，其方法如下：在"条件格式"下拉列表中选择"新建规则"选项，打开"新建格式规则"对话框，在其中选择规则类型，并根据提示信息编辑规则，设置完成后单击 确定 按钮完成操作。

三、制作思路

编辑"大学生勤工助学统计表"工作簿中的数据，主要涉及数据的输入与设置等操作，其制作思路如下。

（1）利用 AI 工具了解"大学生勤工助学统计表"中的内容，并分析表格的制作要点，为后续输入表格数据做好准备。

（2）根据分析结果在工作表中输入各项数据，并合理调整表格的行高和列宽。

（3）设置数据有效性，对单元格中输入的内容进行限制。

（4）使用条件格式突出显示重要数据。

四、效果展示

"大学生勤工助学统计表"工作簿编辑完成后的参考效果如图 2-14 所示。

图 2-14　"大学生勤工助学统计表"工作簿编辑完成后的参考效果

五、任务实现

（一）使用文心一言辅助分析"大学生勤工助学统计表"中的内容

在编辑一个全新的表格之前，首先需要明确表格的内容。例如，编辑学生信息统计表时，可以根据需要输入学生姓名、性别、出生日期、身份证号码/学籍号、民族、联系电话、家庭住址等基本信息；学号、入学日期、毕业日期、年级、班级、专业/课程等学籍信息；健康状况、身高、体重、血型、医疗保险等健康信息；成绩（包括各科成绩、总分、排名）、考试记录、缴费记录、奖励与惩罚记录、出勤情况等学习信息等。本任务在编辑"大学生勤工助学统计表"工作簿前，应了解、整理和筛选出需要输入表格的信息，这样才能使表格更好地发挥价值。下面使用文心一言了解大学

微课

使用文心一言
辅助分析"大学生
勤工助学统计表"
中的内容

生勤工助学统计表的作用及内容，并总结出表格中需要输入的具体内容，具体操作如下。

（1）搜索"文心一言"，进入其官方页面，在下方的文本框中输入需求"大学生勤工助学统计表有什么作用？表格中一般需要设计哪些内容？"。待文心一言完成内容的生成后，仔细阅读内容，如图 2-15所示。

（2）如果文心一言给出的内容范围太大，不便于总结出表格的内容，则可以继续提问以缩小问题范围，如"假设你现在是一名负责记录大学生勤工助学情况的学生会干事，你要如何设计表格？"，重新生成的内容如图 2-16 所示。

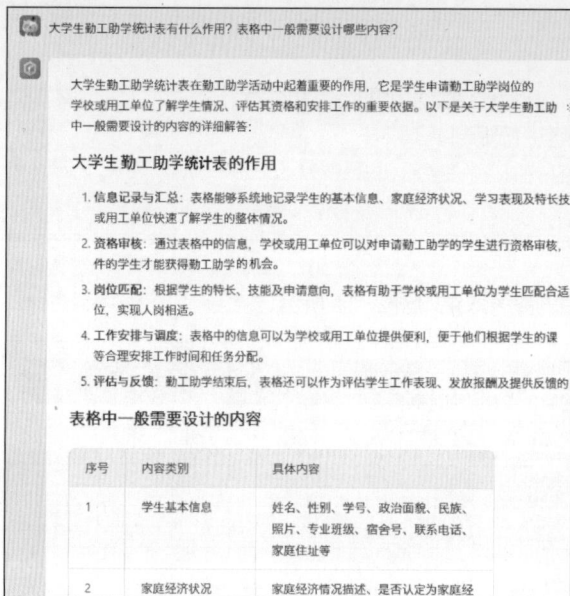

图 2-15　使用文心一言生成内容

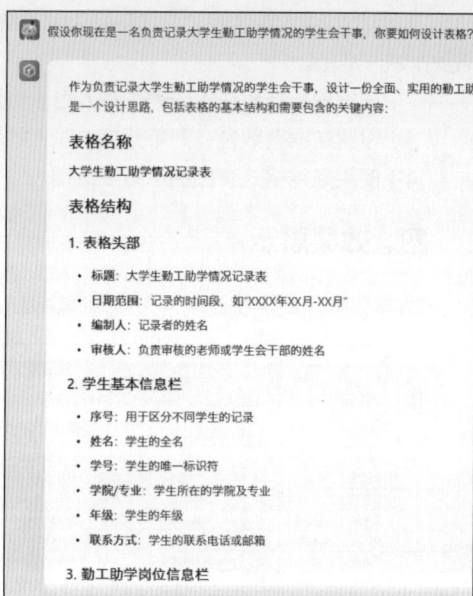

图 2-16　重新生成的内容

（3）根据文心一言生成的内容分析并总结"大学生勤工助学统计表"工作簿中的内容，如可以将表格标题确认为"大学生勤工助学情况记录表"，标题下方单独设置一行，说明制表时间、制表人和审核人等信息，接着分别输入序号、姓名、学号、性别、学院、年级、联系方式等学生信息，再输入用工单位、报酬标准/元、报酬发放、工作时间/天、出勤情况等助学岗位信息，最后设计一个签名栏，用于学生、负责人和审核人签名。

（二）根据分析结果在工作表中输入数据

设计好表格的内容后，便可在表格中依次输入需要的数据。下面打开"大学生勤工助学统计表"空白工作簿，在其中输入相关内容，具体操作如下。

微课

根据分析结果
在工作表中输入
数据

（1）在 WPS 表格中按"Ctrl+O"组合键或在"首页"选项卡中单击"打开"按钮，打开"打开文件"对话框，在其中选择"大学生勤工助学统计表.et"文件（配套资源:\素材\模块二\大学生勤工助学统计表.et），如图 2-17 所示，单击 打开(O) 按钮。

（2）选择"1月"工作表中的 A1 单元格，在其中输入"大学生勤工助学情况记录表"文本，然后按"Enter"键切换到 A2 单元格，在其中输入"制表时间"文本。

（3）按"Tab"键或"→"键切换到 H2 单元格，在其中输入"制表人"文本，然后使用相同的方法在 M2 单元格中输入"审核人"文本。

（4）选择 A3 单元格，在其中输入"学生信息"文本，选择 A4 单元格，在其中输入"序号"文本，选择 A5 单元格，在其中输入"1"文本，然后将鼠标指针移动到该单元格的右下角，当其变为+形状时，按住鼠标左键并拖动至 A21 单元格，此时 A5:A21 单元格区域中将自动生成序号，效果如图 2-18 所示。

图 2-17　选择工作簿

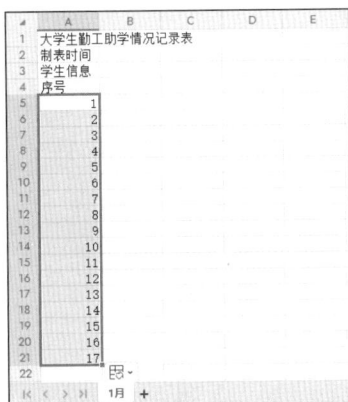

图 2-18　自动生成序号的效果

（5）依次在其他单元格中输入姓名、学号、性别、学院、年级、联系方式、助学岗位信息、用工单位、报酬标准/元、报酬发放、工作时间/天、出勤情况、签名栏、学生签名、负责人签名、审核人签名等数据，效果如图 2-19 所示。

图 2-19　输入数据后的效果

（三）根据内容调整单元格的行高与列宽

在默认状态下，单元格的行高和列宽是固定不变的，但是当单元格中的数据太多而不能完全显示其内容时，就需要调整单元格的行高或列宽使其符合要求。下面在"大学生勤工助学统计表"工作簿中调整单元格的行高和列宽，具体操作如下。

（1）选择 A2:O21 单元格区域，在"开始"功能选项卡中单击"行和列"按钮 ，在打开的下拉列表中选择"最适合的列宽"选项，如图 2-20 所示，此时选择的各列将根据其中的内容自动调整列宽。

（2）将鼠标指针移至第 1 行与第 2 行行号之间的分隔线上，当其变为 形状时，按住鼠标左键并向下拖动，此时鼠标指针右侧将显示具体的数据，拖动至适合的位置后释放鼠标左键。按照该方法依次调整第 2 行、第 3 行的行高。

微课

根据内容调整单元格的行高与列宽

（3）选择第4～21行，在"开始"功能选项卡中单击"行和列"按钮，在打开的下拉列表中选择"行高"选项，打开"行高"对话框，在"行高"数值框中输入"20"后，单击 确定 按钮，如图2-21所示。返回工作表后，可看到第4～21行的行高增加了。

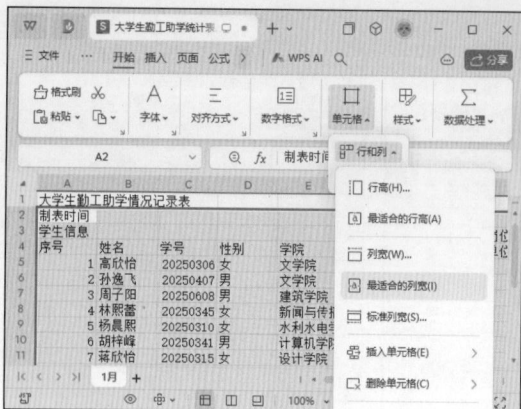

图2-20　设置列宽　　　　　　图2-21　设置行高

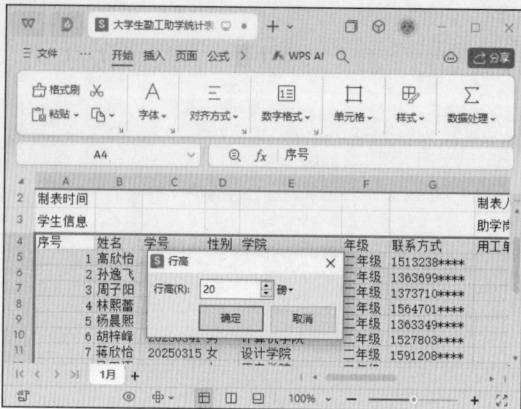

（四）设置条件验证数据的有效性

针对部分需要限制数据输入范围的单元格，可以为其设置数据有效性，从而保证输入的数据在指定的范围内，并降低出错率。下面为用工单位、报酬标准／元、报酬发放、工作时间／天等列的单元格设置条件，验证其数据有效性，具体操作如下。

（1）在"1月"工作表中选择H5:H21单元格区域，在"数据"功能选项卡中单击"数据有效性"按钮，打开"数据有效性"对话框，在"设置"选项卡的"允许"下拉列表中选择"序列"选项，在"来源"文本框中输入"图书馆,教务部,院办公室,考试中心,食堂,宿舍"文本，然后单击 确定 按钮，如图2-22所示。

（2）返回工作表，此时H5单元格右侧将显示下拉按钮，单击该下拉按钮，即可在打开的下拉列表中选择对应的用工单位名称，如图2-23所示。

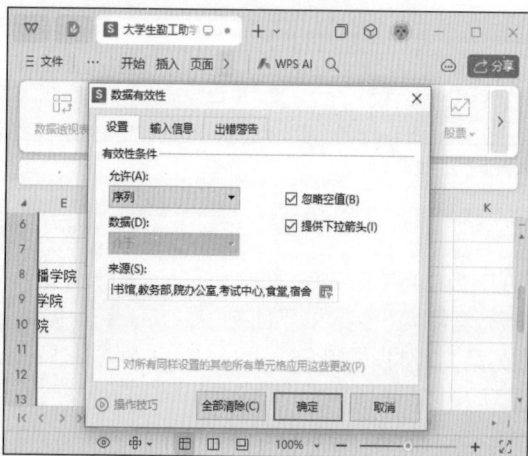

图2-22　设置验证条件1　　　　図2-23　选择数据并输入

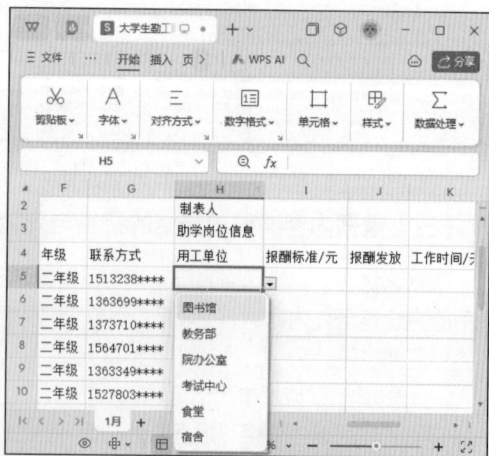

（3）利用下拉列表完成H6:H21单元格区域中数据的输入。

（4）选择I5:I21单元格区域，使用上述方法打开"数据有效性"对话框，在"设置"选项卡的"允许"下拉列表中选择"整数"选项，在"数据"下拉列表中选择"介于"选项，然后分别在"最小值""最大值"文本框中输入"150"和"200",如图 2-24 所示。

（5）单击"输入信息"选项卡,在"标题"文本框中输入"注意"文本,在"输入信息"文本框中输入"请输入 150~200 的整数!"文本,如图 2-25 所示,完成后单击 确定 按钮。

（6）返回工作表,在 I5:I21 单元格区域中输入数据时,将会提示应该输入的数据范围。如果输入的数据不在该范围内,则将打开提示对话框,提示数据输入错误。

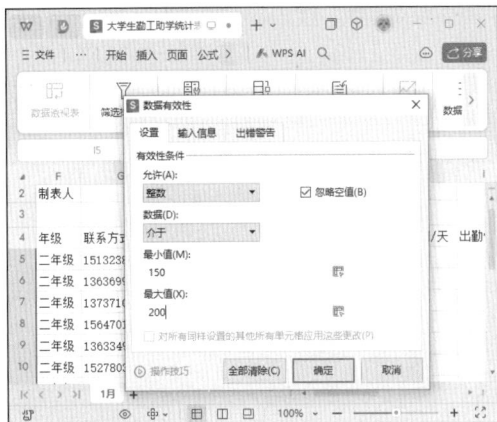

图 2-24　设置验证条件 2

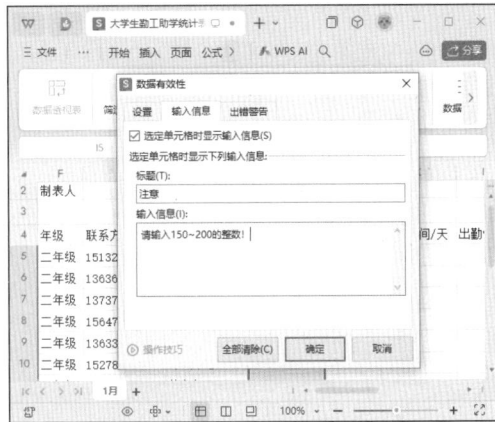

图 2-25　设置输入信息

（7）按照该方法设置报酬发放、工作时间的条件,将报酬发放的有效性条件设置为"序列",数据来源设置为"已发,未发";将工作时间的有效性条件设置为"整数",设置数据最小值为"1"、最大值为"8"。

（五）为表格设置单元格格式

输入数据后,单元格的格式是默认的,用户可以根据需要对其进行美化。下面通过合并单元格、设置单元格中字体格式和底纹效果的方法来美化单元格,具体操作如下。

微课

为表格设置
单元格格式

（1）选择 A1:O1 单元格区域,在"开始"功能选项卡中单击"合并"按钮,或单击该按钮右侧的下拉按钮,在打开的下拉列表中选择"合并居中"选项,以合并单元格,如图 2-26 所示。

（2）返回工作表后,可看到选择的单元格区域已合并为一个单元格,且其中的数据自动居中显示。

（3）保持单元格的选择状态不变,在"开始"功能选项卡的"字体"下拉列表中选择"汉仪粗黑简"选项,在"字号"下拉列表中选择"22"选项,如图 2-27 所示。

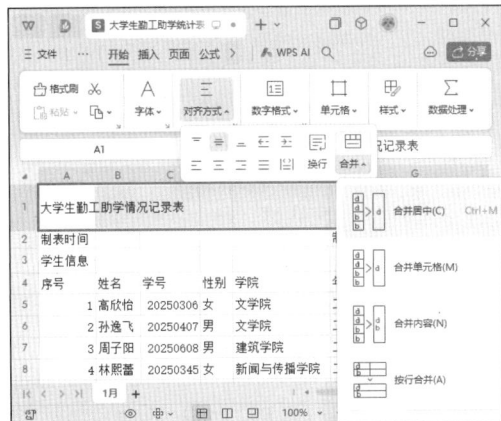

图 2-26　合并单元格

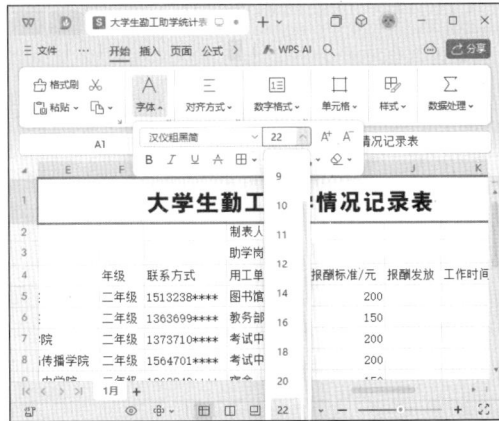

图 2-27　设置字体及字号

（4）按照该方法合并 A2:G2、H2:L2、M2:O2 单元格区域，并在"开始"功能选项卡中将其对齐方式设置为"左对齐"；再合并 A3:G3、H3:L3、M3:O3 单元格区域，并在"开始"功能选项卡中将其字体格式设置为"宋体、12、加粗"。

（5）选择 A1:O21 单元格区域，在"开始"功能选项卡中单击"所有框线"按钮田右侧的下拉按钮，在打开的下拉列表中选择"所有框线"选项，如图 2-28 所示，为所选单元格区域添加框线。

（6）选择 A1 单元格，在"开始"功能选项卡中单击"填充颜色"按钮右侧的下拉按钮，在打开的下拉列表中选择"矢车菊蓝，着色 5，深色 50%"选项，然后在该功能选项卡中单击"字体颜色"按钮右侧的下拉按钮，在打开的下拉列表中选择"白色，背景 1"选项，分别设置 A1 单元格的填充颜色和字体颜色，效果如图 2-29 所示。

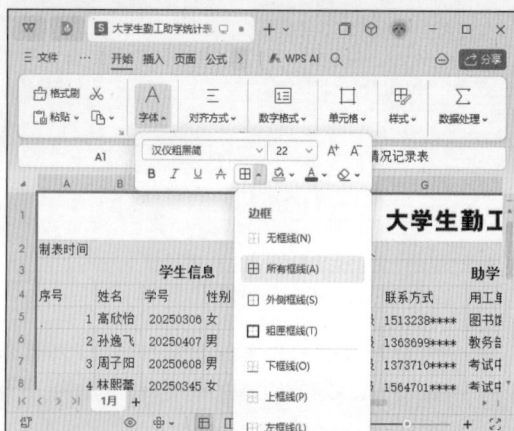

图 2-28 设置框线

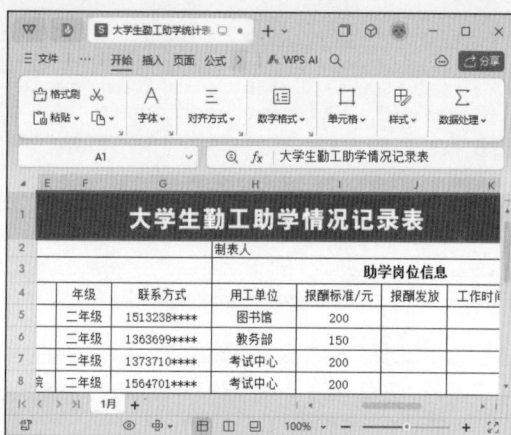

图 2-29 设置填充颜色和字体颜色后的效果

（7）按照该方法设置 A2:O2 单元格区域的填充颜色为"矢车菊蓝，着色 5，浅色 80%"，设置 A3:O3 单元格区域的填充颜色为"矢车菊蓝，着色 5，浅色 40%"，然后选择 A4:O21 单元格区域，将其对齐方式设置为"水平居中"，再选择 A4:O4 单元格区域，将其字体格式设置为"加粗"。

> **技能提升**　设置单元格的边框效果时，也可以在选择单元格或单元格区域后，按"Ctrl+1"组合键，打开"单元格格式"对话框，单击"边框"选项卡，在其中选择边框的线条样式、颜色、添加位置等。

（六）为表格设置条件格式

设置条件格式的目的主要是将不满足或满足条件的数据单独显示出来，使数据呈现直观的可视化效果。下面通过设置条件格式突出显示"计算机学院"文本，具体操作如下。

微课

为表格设置条件格式

（1）选择 E 列单元格区域，在"开始"功能选项卡中单击"条件格式"按钮，在打开的下拉列表中选择"新建规则"选项，打开"新建格式规则"对话框。

（2）在"选择规则类型"列表框中选择"只为包含以下内容的单元格设置格式"选项，在"编辑规则说明"栏中的第 1、2 个下拉列表中选择"特定文本""包含"选项，并在其右侧的文本框中输入"计算机学院"文本，如图 2-30 所示。

（3）单击 格式(F)... 按钮，打开"单元格格式"对话框，单击"字体"选项卡，在"字形"列表框中选择"加粗 倾斜"选项，在"颜色"下拉列表中选择"标准颜色"栏中的"红色"选项，如图 2-31 所示，单击 确定 按钮完成设置。

图 2-30　新建格式规则

图 2-31　设置字体样式

（4）返回"新建格式规则"对话框，单击 确定 按钮。返回工作表后，可以看到 E 列中所有的"计算机学院"文本都以加粗、倾斜、红色的字体样式突出显示出来（配套资源：\效果\模块二\大学生勤工助学统计表.xlsx）。

六、能力拓展

（一）导入文本文件数据

在 WPS 表格中不仅可以存储和处理数据，还可以导入文本文件中的数据。将文本文件中的数据导入表格，可以节约数据输入的时间，提高编辑效率，其方法如下：利用"打开文件"对话框打开某个文本文件，打开文本导入向导，保持默认设置后，单击 下一步(N)> 按钮，在打开的对话框中根据文本文件的具体情况设置分隔符号，即以哪种符号分隔数据就选中对应符号的复选框，完成后单击 下一步(N)> 按钮，如图 2-32 所示。在打开的对话框中可设置列数据类型，也可直接单击 完成(F) 按钮完成导入，如图 2-33 所示。

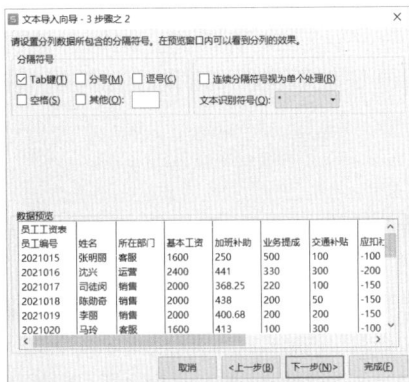

图 2-32　设置分隔符号

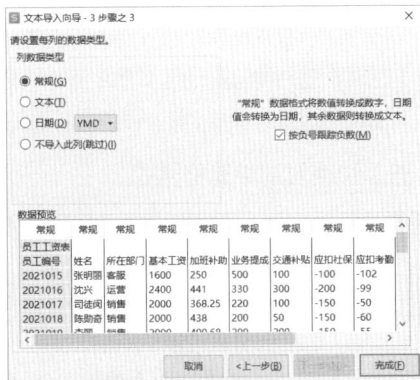

图 2-33　完成导入

技能提升　在"数据"功能选项卡中单击"获取数据"按钮，在打开的下拉列表中还可选择相应的选项以导入来自网站的数据或来自数据库的数据。

（二）批量输入数据

如果需要在多个单元格中输入同一数据，则采用直接输入的方法效率会比较低，此时就可以采用批量输入的方法快速输入同一数据，其方法如下：先在工作表中选择需要输入数据的单元格或单元格区域，如果需要输入数据的单元格不相邻，则可按住"Ctrl"键后逐一选择，然后将插入点定位到编辑栏中并输入数据，完成输入后按"Ctrl+Enter"组合键，此时数据就会被填充到所有已选择的单元格中。

（三）自动输入小数点或零

WPS 表格具有自动输入小数点或固定数量的零的功能，其方法如下：选择"文件"/"选项"命令，打开"选项"对话框，在左侧导航栏中选择"编辑"选项，在右侧选中"自动设置小数点"复选框，如图 2-34 所示。如果需要自动填充小数点，则可在"位数"数值框中输入小数点后保留的有效位数（如"2"）；如果需要在输入的数字后面自动填充零，则可在"位数"数值框中输入负号和零的数量（如"-3"），最后单击 确定 按钮。若采用的是前一种操作，则在单元格中输入 888 后将自动显示为 8.88；若采用的是后一种操作，则在单元格中输入 888 后将自动显示为 888000。

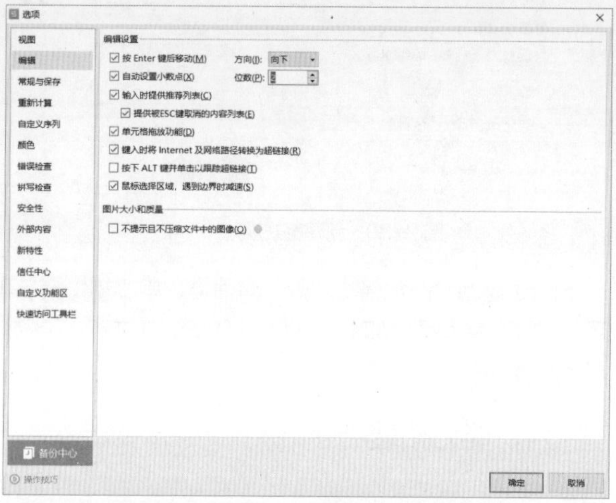

图 2-34　选中"自动设置小数点"复选框

（四）快速移动或复制数据

在 WPS 表格中对数据进行移动或复制操作，可以有效提高数据的编辑效率。在实际操作过程中，一般可以通过快捷键或拖动鼠标指针的方法实现数据的移动或复制操作。

- 通过快捷键移动或复制。选择单元格后，按"Ctrl+X"组合键可将数据剪切到剪贴板中；选择目标单元格后，按"Ctrl+V"组合键可实现数据的移动。选择单元格后，按"Ctrl+C"组合键可将数据复制到剪贴板中；选择目标单元格后，按"Ctrl+V"组合键可实现数据的复制。
- 通过拖动鼠标指针移动或复制。选择单元格后，将鼠标指针定位至该单元格的边框上，按住鼠标左键不动并将其拖动至其他单元格，释放鼠标左键后可快速实现数据的移动。在拖动鼠标指针的过程中按住"Ctrl"键，可实现数据的复制。

（五）快速复制单元格格式

在 WPS 表格中，如果要为多张工作表设置相同的单元格格式，则可以通过复制格式和使用格式刷两种方法来完成。

- 复制格式。先在工作表中选择设置好格式的单元格或单元格区域，然后按"Ctrl+C"组合键进行复制，切换到需要应用相同格式的工作表后，在需要设置相同格式的单元格或单元格区域上单击鼠标右键，在弹出的快捷菜单中选择"选择性粘贴"/"仅粘贴格式"命令，即可复制格式，如图 2-35 所示。
- 使用格式刷。在工作表中选择设置好格式的单元格或单元格区域后，在"开始"功能选项卡中单击"格式刷"按钮，当鼠标指针变为形状时，切换到需要设置相同格式的工作表，在其中选择需要应用相同格式的单元格或单元格区域即可，如图 2-36 所示。

图2-35　复制格式

图2-36　使用格式刷复制格式

（六）快速填充有规律的数据

在制作一些大型表格时，难免需要输入一些相同的或是有规律的数据，如果采用手动输入的方式，则既费时又费力。WPS 表格提供的快速填充数据功能便是专门针对这类数据设计的，用户利用这种功能可以大大提高工作效率。

1. 利用填充柄填充

在工作表中选择单元格或单元格区域后，会出现一个边框为绿色的选区，该选区的右下角有一个"填充柄"■，拖动这个填充柄可将所选区域中的内容有规律地填充到同行或同列的其他单元格中，其方法如下：在起始单元格中输入数据，然后将鼠标指针移至该单元格右下角的填充柄上，当其变为+形状时，拖动填充柄至目标单元格，即可填充数据，如图 2-37 所示。

此时，系统将通过自动填充的方式进行数据填充。单击目标单元格右下角的"自动填充选项"按钮圈，在打开的下拉列表中选中"复制单元格"单选按钮，可实现相同数据的填充操作，如图 2-38 所示。

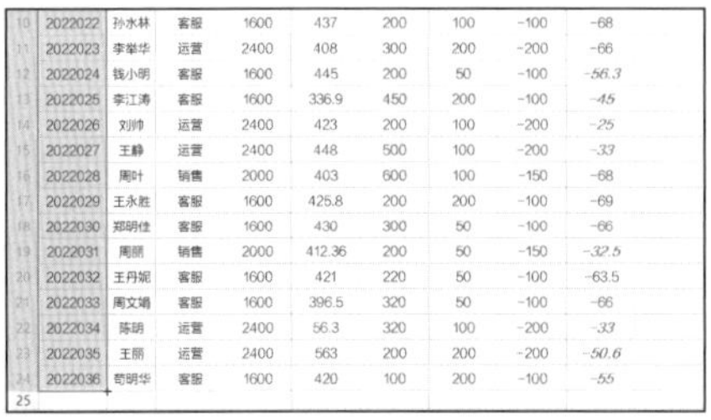

图2-37　拖动填充柄填充数据

图2-38　实现相同数据的填充操作

2. 利用鼠标右键填充

除了可以利用填充柄填充有规律的数据，还可以利用鼠标右键进行快速填充，其方法如下：在起始单元格中输入数据，将鼠标指针移至该单元格右下角的填充柄上，当其变为+形状时，按住鼠标右键并拖动填充柄至目标单元格，释放鼠标右键后，在弹出的快捷菜单中显示了多种填充方式，此时，可根据实际需要选择所需的填充方式，如图 2-39 所示。

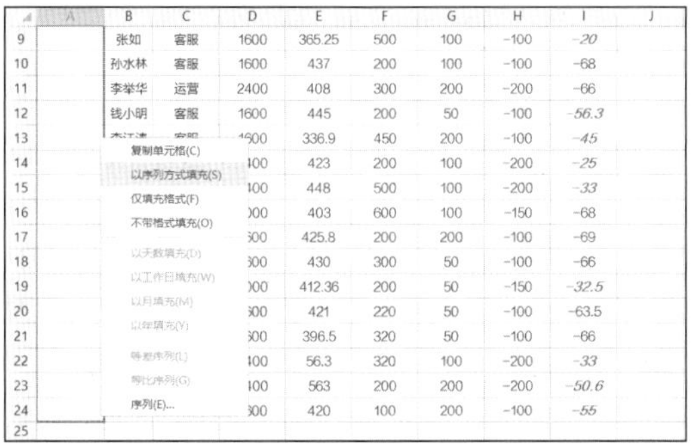

图2-39　利用鼠标右键填充数据

> **技能提升** 在工作表中填充有规律的数据时，除了可以使用填充柄和鼠标右键，还可以在"开始"功能
> 选项卡中单击"填充"按钮 ⬇️，在打开的下拉列表中选择"序列"选项，打开"序列"对话
> 框，从中可设置填充类型、步长值、终止值等参数来实现数据的快速填充。

任务三 计算"实习工资统计表"工作簿中的数据

一、任务描述

实习在大学生学习生涯和职业生涯中至关重要。一方面，实习为大学生提供了将在课堂上学到的理论知识应用于实际工作的机会，可以帮助大学生学习职业技能，提升竞争能力；另一方面，实习可以帮助大学生提前明确职业发展方向，规划人生道路。通常来说，入职企业开展实习以后，大学生就已经步入职场，因此需要不断地汲取知识、提升能力，以解决工作中的各种问题，同时会因为付出劳动而获取相应的报酬。实习工资是实习生获取的主要报酬，该报酬一般由多个部分组成，每个部分都按照一定的公式进行计算，就可以得出实习生的实发工资。此外，在部分情况下还需要统计平均工资、最高/最低工资等数据，以分析实习生的工作绩效。本任务将计算"实习工资统计表"工作簿中的数据，通过计算该工作簿中的数据来介绍 WPS 表格中各种公式的应用方法。

二、任务准备

要完成使用 WPS 表格计算"实习工资统计表"工作簿中数据的任务，需要提前了解公式、函数的相关知识，并认识单元格引用的几种常用形式。

（一）公式与函数

在 WPS 表格中，如果想快速、准确地完成数据的计算和分析，就需要使用公式与函数。这是一种十分快捷且强大的功能，下面介绍公式与函数的使用方法。

1. 公式的使用

WPS 表格中的公式是对工作表中的数据进行计算的等式，它以"="（等号）开始，其后是公式的表达式。公式的表达式中通常包含常量、运算符、单元格地址等元素，如图 2-40 所示。

图 2-40 公式的组成

（1）公式的输入。在 WPS 表格中输入公式的方法与输入数据的方法类似，只需要将公式输入相应的单元格，便可计算出对应的结果，其方法如下：选择要输入公式的单元格，然后在该单元格或编辑框中输入"="符号，接着输入表达式，完成后按"Enter"键或单击编辑栏中的"输入"按钮 ✓。

（2）公式的编辑。选择含有公式的单元格，将插入点定位在编辑框或单元格中需要修改的位置，按"BackSpace"键删除多余或错误的内容，再输入正确的内容，完成后按"Enter"键完成公式的编辑。此时，WPS 表格会自动计算新公式的结果。

（3）公式的复制。在 WPS 表格中复制公式是快速计算数据的方法之一，因为在复制公式的过程中，WPS 表格会自动改变引用单元格的地址，从而避免手动输入公式的麻烦，提高工作效率。通常可以使用

"开始"功能选项卡或通过单击鼠标右键来对公式进行"复制""粘贴"操作；也可以通过填充柄对公式进行填充；还可以选择添加了公式的单元格，按"Ctrl+C"组合键对公式进行复制，然后将插入点定位到目标单元格中，按"Ctrl+V"组合键对公式进行粘贴。

> **技能提升** 在单元格中输入公式后，按"Enter"键，便可在计算出公式结果的同时选择同列的下一个单元格；按"Tab"键，可在计算出公式结果的同时选择同行的下一个单元格；按"Ctrl+Enter"组合键，可在计算出公式结果的同时仍保持当前单元格的选择状态。

2. 函数的使用

函数可以理解为预定义了某种算法的公式，它可以使用指定格式的参数来完成各种数据的计算。函数同样以"="符号开始，后面包括函数名称与结构参数，如图 2-41 所示。WPS 表格提供了多种函数，不同函数的功能、语法结构及参数的含义各不相同，常用的函数有 SUM 函数、AVERAGE 函数、IF 函数、MAX/MIN 函数、COUNT 函数、RANK.EQ 函数、RANK.AVG 函数、SUMIF 函数、INDEX 函数等。

函数名称

=SUM(C5:C14) — 结构参数

图 2-41　函数的组成

- SUM 函数。SUM 函数的功能是对选择的单元格或单元格区域中的数据进行求和计算。其语法结构为 SUM(数值 1,数值 2,...)，其中，"数值 1,数值 2,..."表示若干个需要求和的参数。填写参数时，可以使用单元格地址（如 E6,E7,E8），也可以使用单元格区域（如 E6:E8），甚至可以混合输入（如 E6,E7:E8）。
- AVERAGE 函数。AVERAGE 函数的功能是求平均值，原理是先将选择的单元格或单元格区域中的数据相加，再除以单元格个数。其语法结构为 AVERAGE(数值 1,数值 2,...)，其中，"数值 1,数值 2,..."表示需要计算平均值的若干个参数。
- IF 函数。IF 函数是一种常用的条件函数，它能判断真假值，并根据逻辑计算得到的真假值返回不同的结果。其语法结构为 IF(测试条件,真值,[假值])，其中，"测试条件"表示计算结果为真或假的任意值或表达式；"真值"表示测试条件为真时要返回的值，可以是任意数值；"假值"表示测试条件为假时要返回的值，也可以是任意数值。
- MAX/MIN 函数。MAX 函数的功能是返回所选单元格区域中所有数值中的最大值，MIN 函数则用来返回所选单元格区域中所有数值中的最小值。其语法结构为 MAX/MIN(数值 1,数值 2,...)，其中，"数值 1,数值 2,..."表示要筛选的若干个参数。
- COUNT 函数。COUNT 函数的功能是返回包含数字及包含参数列表中数字的单元格的个数，通常可以利用该函数来计算单元格区域或数字数组中数字字段的个数。其语法结构为 COUNT(值 1,值 2,...)，其中，"值 1,值 2,..."为包含或引用各种类型数据的参数（1~30 个），只有数字类型的数据才会被计算。
- RANK.EQ 函数。RANK.EQ 函数是排名函数，其功能是返回需要进行排名的数字的排名，如果多个数字具有相同的排名，则返回该数字的最高排名。其语法结构为 RANK.EQ(数值,引用,[排位方式])，其中，"数值"表示需要进行排名的数字（单元格内必须为数字）；"引用"表示数字列表数组或对数字列表的引用；"排位方式"表示排名的方式，排位方式的值可以为 0、1，或不输入，0 或不输入表示降序，1 则表示升序。

89

- RANK.AVG 函数。RANK.AVG 函数也是排名函数，其功能是返回需要进行排名的数字的排名，如果多个数字具有相同的排名，则返回它们的平均值排名。其语法结构为 RANK.AVG(数值,引用,[排位方式])，其中，"数值"表示需要进行排名的数字（单元格内必须为数字）；"引用"表示数字列表数组或对数字列表的引用；"排位方式"表示排名的方式，排位方式的值可以为 0、1，或不输入，0 或不输入表示降序，1 则表示升序。

- SUMIF 函数。SUMIF 函数的功能是根据指定条件对若干单元格中的数据进行求和。其语法结构为 SUMIF(区域,条件,[求和区域])，其中，"区域"表示用于进行条件判断的单元格区域；"条件"表示确定哪些单元格将被求和的条件，其形式可以为数字、表达式或文本；"求和区域"表示需要求和的实际单元格。

- INDEX 函数。INDEX 函数的功能是返回表或单元格区域中的值或对值的引用。INDEX 函数有两种形式：数组形式和引用形式。其中，数组形式通常返回数值或数值数组，引用形式通常返回单元格或单元格区域的引用。其语法结构也有两种。在数组形式下，其语法结构为 INDEX(数组,行序数,列序数)，其中，"数组"表示单元格区域或数组常数；"行序数"表示数组中某行的行号，函数从该行返回数值；"列序数"表示数组中某列的列标，函数从该列返回数值。如果省略行序数，则必须有列序数；如果省略列序数，则必须有行序数。在引用形式下，其语法结构为 INDEX(数组,行序数,[列序数],[区域序数])，其中，"数组"表示对一个或多个单元格区域的引用，如果引用了一个不连续的单元格区域，则必须用括号将其括起来；"区域序数"表示选择引用中的一个区域，并返回该区域中行序数和列序数的交叉区域。行序数和列序数的含义及用法与数组形式中行序数和列序数的含义及用法相同。

（二）使用 AI 工具快速查询函数的应用

使用函数计算数据时，用户必须熟悉函数的作用、用法等，但 WPS 表格中的函数较多且每一种函数的语法结构、参数和计算效果都不一样，这无疑提高了用户使用函数计算数据的门槛。事实上，遇到这类不知道使用哪一种函数来计算数据的情况时，可以灵活使用 AI 工具寻求解决方法。例如，要统计某个班级中数学成绩低于 60 分的学生人数时，就可以直接向文心一言等 AI 工具提问——"假设我要在 WPS 表格中统计数学成绩低于 60 分的学生人数，应该使用什么函数？函数参数如何设置？请举例说明。"此时，文心一言将根据该问题给出解决方案，并推荐适用于解决该问题的函数，同时说明函数参数的作用，最后会举例说明函数的用法，如图 2-42 所示。

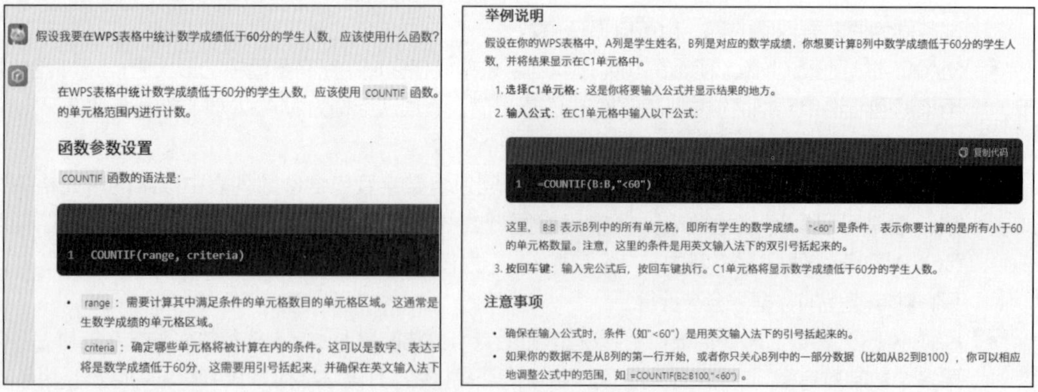

图 2-42　使用文心一言快速查询函数的应用

（三）单元格地址与引用

WPS 表格中的单元格地址是指单元格的行号与列标的组合。例如，在"=500+300+900"这个公式中，数据"500"位于 B3 单元格，其他数据依次位于 C3、D3 单元格。通过引用单元格地址，在编辑框中输入公式"=B3+C3+D3"，按"Enter"键后，就可以获得数据的计算结果。

在计算表格中的数据时，通常会通过复制或移动公式的操作实现数据的快速计算，因此会涉及不同的单元格引用方式。WPS 表格中有相对引用、绝对引用和混合引用 3 种引用方式，不同的引用方式得到的计算结果也不相同。

（1）相对引用。相对引用是指输入公式时直接通过单元格地址来引用单元格。相对引用单元格后，如果复制或移动公式到其他单元格中，那么公式中引用的单元格地址将会根据复制或移动的目标位置发生相应改变。

（2）绝对引用。若采用绝对引用，则无论公式的位置如何改变，所引用的单元格均不会发生变化。绝对引用的形式是在单元格的行号、列标前加上符号"$"。

（3）混合引用。混合引用包含相对引用和绝对引用。混合引用有两种形式：一种是行绝对引用、列相对引用，如"B$2"表示行不发生变化，但是列会随着新的位置发生变化；另一种是行相对引用、列绝对引用，如"$B2"表示列不发生变化，但是行会随着新的位置发生变化。

三、制作思路

计算"实习工资统计表"工作簿中的数据，主要涉及 WPS 表格中公式和函数的应用，思路整理如下。

（1）梳理并分析"实习工资统计表"工作簿中需要计算的内容，然后使用 AI 工具对公式、函数等进行搜索和编写，做好计算准备。

（2）分别使用求和、求平均值等函数对实习生的工资进行计算。

（3）分别使用极值、排名、条件等函数分析实习生绩效的高低、排名，并评定其综合名次。

四、效果展示

"实习工资统计表"工作簿数据计算完成后的参考效果如图 2-43 所示。

实习工资统计															
基本信息				应发工资					应扣工资				计算与评定		
姓名	实习岗位	实习日期	在职天数/天	底薪/元	提成/元	奖金/元	全勤奖/元	小计/元	考勤应扣/元	社保应扣/元	其他应扣/元	小计/元	实发工资/元	绩效排名	综合评定
李明辉	内容审核	2025/2/1	22	2200	1865	200	100	4365	0	220	0	220	4145	7	培养
王丽娜	内容审核	2025/2/1	22	2200	2200	500	100	5000	0	220	0	220	4780	2	培养
刘志豪	文案	2025/2/1	22	2200	2122	200	100	4622	0	220	0	220	4402	4	培养
陈梓萱	内容审核	2025/2/1	22	2200	1500	100	100	3900	0	220	50	270	3630	15	考察
赵旖晴	文案	2025/2/1	22	2200	1469	100	100	3869	0	220	0	220	3649	16	考察
周雨萱	内容审核	2025/2/1	23	2300	2000	500	100	4900	0	220	0	220	4680	5	培养
吴思远	美工	2025/2/1	20	2000	1695	200	0	3895	20	220	50	290	3605	11	培养
徐欣怡	美工	2025/2/1	22	2200	1854	200	100	4354	0	220	0	220	4134	8	培养
孙浩然	文案	2025/2/1	22	2200	1898	200	100	4398	0	220	0	220	4178	6	培养
胡静雅	内容审核	2025/2/1	22	2200	1458	100	100	3858	0	220	100	320	3538	17	考察
高天宇	文案	2025/2/1	22	2000	1789	100	100	3989	20	220	0	240	3749	10	考察
郭晓婷	内容审核	2025/2/1	22	2200	2200	500	100	5000	0	220	0	220	4780	2	培养
林子涵	文案	2025/2/1	22	2200	2500	800	100	5600	0	220	0	220	5380	1	优秀
何雨欣	内容审核	2025/2/1	18	1800	1850	200	0	3850	20	220	0	240	3610	9	考察
郑婉如	文案	2025/2/1	22	2200	1655	200	100	4155	0	220	300	520	3635	12	考察
李春铃	内容审核	2025/2/1	22	2200	1640	200	100	4140	0	220	0	220	3920	13	考察
郑妍婷	美工	2025/2/1	20	2000	1580	200	0	3780	20	220	0	240	3540	14	考察

平均工资/元	4079.70588
最高提成/元	2500
最低提成/元	1458
优秀人数/人	1

实习生工资统计

图 2-43　"实习工资统计表"工作簿数据计算完成后的参考效果

五、任务实现

（一）使用文心一言编写计算公式

对表格中的数据进行计算时，可能会涉及多个公式和函数的使用，因此用户在开始计算之前，可以先梳理表格中需要计算的部分，然后基于 AI 工具寻求数据的计算

微课

使用文心一言
编写计算公式

方案，从而提高表格数据的计算效率。下面使用文心一言分析表格数据计算时需要使用的公式和函数，具体操作如下。

（1）打开"实习工资统计表.xlsx"工作簿（配套资源：\素材\模块二\实习工资统计表.xlsx），查看并分析其中需要计算的数据，这里主要需要计算应发工资、应扣工资、实发工资/元、绩效排名、综合评定、平均工资/元、最高提成/元、最低提成/元、优秀人数/人等数据，如图2-44所示。

姓名	实习岗位	实习日期	在职天数/天	底薪/元	提成/元	奖金/元	全勤奖/元	小计/元	考勤应扣/元	社保应扣/元	其他应扣/元	小计/元	实发工资/元	绩效排名	综合评定
	基本信息				应发工资					应扣工资				计算与评定	
李明辉	内容审核	2025/2/1	22	2200	1865	200	100		0	220	0				
王丽娜	内容审核	2025/2/1	22	2200	2200	500	100		0	220	0				
刘志豪	文案	2025/2/1	22	2200	2122	200	100		0	220	0				
陈梓萱	内容审核	2025/2/1	22	2200	1500	100	100		0	220	50				
赵婉晴	文案	2025/2/1	22	2200	1469	100	100		0	220	0				
周雨萱	内容审核	2025/2/1	23	2300	2000	500	100		0	220	0				
吴思远	美工	2025/2/1	20	2200	1695	200	0		20	220	50				
徐欣怡	美工	2025/2/1	22	2200	1854	200	100		0	220	0				
孙浩然	文案	2025/2/1	22	2200	1898	200	100		0	220	0				
胡静雅	内容审核	2025/2/1	22	2200	1458	100	100		0	220	100				
高天宇	文案	2025/2/1	22	2200	1789	200	100		20	220	0				
郭晓婷	内容审核	2025/2/1	22	2200	2200	500	100		0	220	0				
林子涵	文案	2025/2/1	22	2200	2500	800	100		0	220	0				
何雨欣	内容审核	2025/2/1	18	1800	1850	200	0		20	220	0				
郑婉如	文案	2025/2/1	22	2200	1655	200	100		0	220	300				
李春铃	内容审核	2025/2/1	22	2200	1640	200	100		0	220	0				
郑妤昤	美工	2025/2/1	20	2000	1580	200	0		20	220	0				
平均工资/元															
最高提成/元															
最低提成/元															
优秀人数/人															

图2-44　分析表格中需要计算的数据

（2）搜索"文心一言"，进入其官方页面，在下方的文本框中输入需求"现在我需要在WPS表格中计算应发工资、应扣工资、实发工资，我该使用什么公式？"。待文心一言完成内容的生成后，仔细阅读内容，如图2-45所示。

图2-45　使用文心一言了解公式的应用

（3）基于文心一言生成的内容总结计算公式。例如，将底薪/元、提成/元、奖金/元、全勤奖/元的单元格相加，可以计算出应发工资，同理计算出应扣工资，然后将应发工资与应扣工资相减，计算出实发工资/元。

（4）按照该方法继续在文心一言中提问，得出计算平均工资/元、最高提成/元、最低提成/元、绩效排名、综合评定等数据的公式或函数。

（二）使用 SUM 函数计算工资金额

计算实发工资/元，本质上是对数据进行求和、相减计算。在 WPS 表格中，SUM 函数主要用于计算某一单元格区域中所有数字的和。下面使用 SUM 函数计算应发工资、应扣工资，再输入公式计算实发工资/元，具体操作如下。

微课

使用 SUM 函数
计算工资金额

（1）选择 I4 单元格，在"公式"功能选项卡中单击"求和"按钮∑，此时，I4 单元格中插入求和函数"SUM"，同时 WPS 表格将自动识别函数参数为"C4:H4"，如图 2-46 所示。

（2）由于 C4、D4 单元格中的数据不用参与计算，因此这里将插入点定位到编辑框中，将"C4"修改为"E4"，如图 2-47 所示，单击"输入"按钮√，完成应发工资的求和操作。

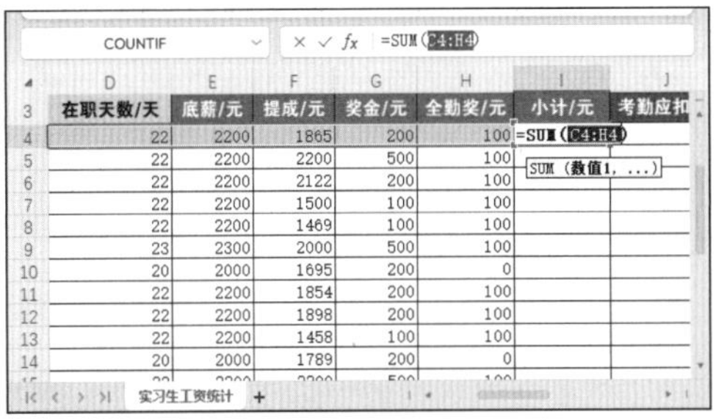

图 2-46　插入函数

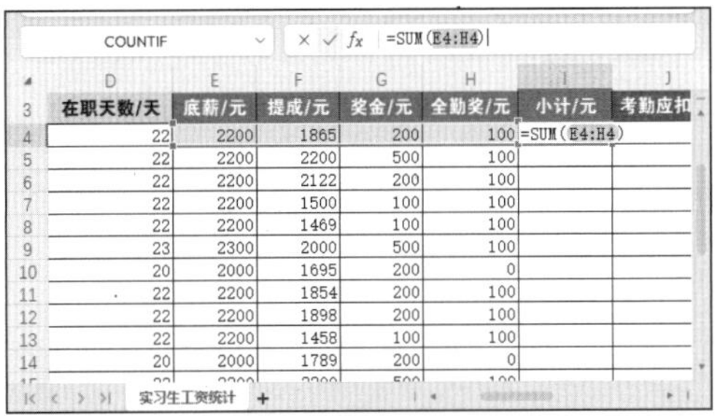

图 2-47　修改单元格引用区域

（3）选择 I4 单元格，将鼠标指针移动到 I4 单元格的右下角，当其变为+形状时，按住鼠标左键并向下拖动至 I20 单元格，释放鼠标左键后，系统将自动填充数据并计算出 I 列其他单元格中的数值，效果如图 2-48 所示。

（4）按照该方法，使用求和函数计算出应扣工资的金额，然后选择 N4 单元格，输入公式"=I4-M4"，如图 2-49 所示，按"Enter"键，计算出该名实习生的实发工资/元。

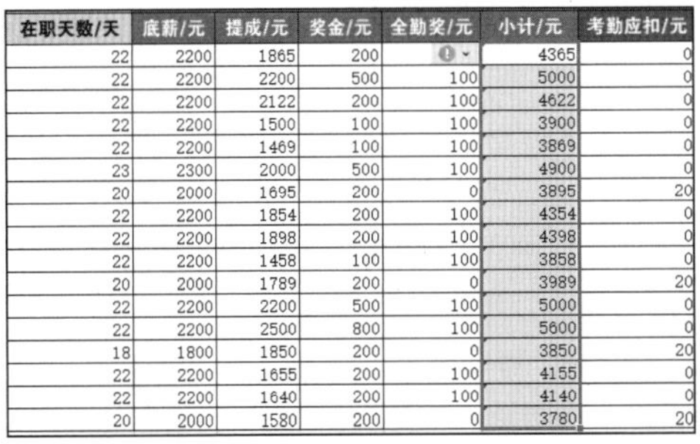

图 2-48　快速填充和计算数据的效果

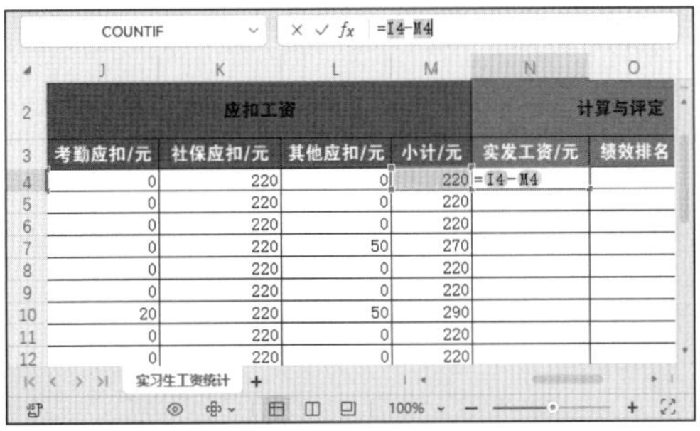

图 2-49　输入公式计算实发工资/元

（5）将鼠标指针移动到 N4 单元格的右下角，当其变为+形状时，按住鼠标左键并向下拖动至 N20 单元格，释放鼠标左键后，系统将自动填充数据，并计算出 N 列其他单元格中的数据。

（三）使用 AVERAGE 函数计算平均工资

要计算所有实习生的平均工资，需要使用求平均值的函数。AVERAGE 函数用于计算某一单元格区域中数据的平均值，即先将单元格区域中的数据相加再除以单元格个数。下面使用 AVERAGE 函数计算实发工资/元的平均值，具体操作如下。

（1）选择 B22 单元格，在"公式"功能选项卡中单击"求和"按钮∑右侧的下拉按钮，在打开的下拉列表中选择"平均值"选项。

（2）此时，系统将在 B22 单元格中插入平均值函数"AVERAGE"，如图 2-50 所示，然后拖动鼠标选择 N4:N20 单元格区域。

（3）按"Enter"键，计算出实发工资/元的平均值，如图 2-51 所示。

图 2-50　插入 AVERAGE 函数

图 2-51　计算实发工资/元的平均值

（四）使用 MAX 函数和 MIN 函数计算工资极值

计算最高提成/元和最低提成/元时，需要使用 MAX 函数和 MIN 函数。这两个函数用于返回一组数据中的最大值和最小值。下面使用 MAX 函数返回提成的最大值，使用 MIN 函数返回提成的最小值，具体操作如下。

（1）选择 B23 单元格，在"公式"功能选项卡中单击"求和"按钮∑右侧的下拉按钮，在打开的下拉列表中选择"最大值"选项，如图 2-52 所示。

（2）此时，系统将自动在 B23 单元格中插入最大值函数"MAX"，然后拖动鼠标选择 F4:F20 单元格区域，如图 2-53 所示。

图 2-52　选择"最大值"选项

图 2-53　选择单元格区域

（3）在编辑栏中单击"输入"按钮 ✓，应用该函数，计算出 F4:F20 单元格区域中提成最高的数值。

（4）选择 B24 单元格，在"公式"功能选项卡中单击"求和"按钮 Σ 右侧的下拉按钮 ，在打开的下拉列表中选择"最小值"选项。

（5）此时，系统将自动在 B24 单元格中插入最小值函数"MIN"，然后将函数中的单元格引用区域修改为 F4:F20，如图 2-54 所示。

（6）在编辑栏中单击"输入"按钮 ✓，应用该函数，计算提成最低的数值，如图 2-55 所示。

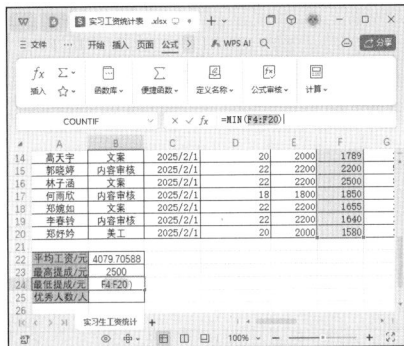

图 2-54　修改单元格引用区域

图 2-55　计算提成最低的数值

（五）使用 RANK 函数统计绩效排名

在"实习工资统计表"工作簿中计算绩效排名，就是计算提成工资的高低，需要使用 RANK 函数。这个函数用于计算某个数据在数字列表中的排名。下面使用 RANK 函数对员工的绩效进行排序，具体操作如下。

（1）选择 O4 单元格，在"公式"功能选项卡中单击"插入"按钮 fx，或按"Shift+F3"组合键，打开"插入函数"对话框。

（2）在"或选择类别"下拉列表中选择"统计"选项，在"选择函数"列表框中选择"RANK.EQ"函数，单击 确定 按钮，如图 2-56 所示。

（3）打开"函数参数"对话框，在"数值"文本框中输入"F4"，单击"引用"文本框右侧的"收缩"按钮 。

（4）此时，该对话框呈收缩状态，选择要计算的 F4:F20 单元格区域后，单击对话框右侧的"展开"按钮 。

（5）按"F4"键将"引用"文本框中的单元格引用地址转换为绝对引用形式，设置 RANK.EQ 函数的参数，如图 2-57 所示，单击 确定 按钮。

图 2-56　选择 RANK.EQ 函数

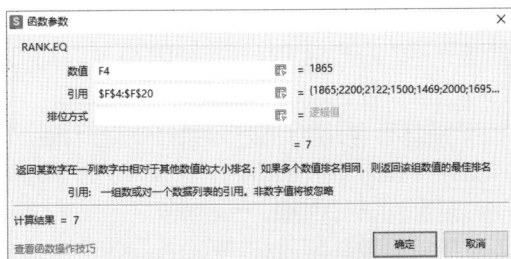

图 2-57　设置 RANK.EQ 函数的参数

（6）返回工作表后，计算第一位实习生的绩效排名，如图2-58所示。

（7）选择F4单元格，将鼠标指针移动到F4单元格的右下角，当其变为+形状时，按住鼠标左键并向下拖动至F20单元格，释放鼠标左键后，计算其他实习生的绩效排名，如图2-59所示。

图2-58　计算第一位实习生的绩效排名

图2-59　计算其他实习生的绩效排名

（六）使用 IF 函数综合评定工作表现

在"实习工资统计表"工作簿中综合评定实习生的工作表现（以实发工资/元为评定标准），可以使用 IF 函数。IF 函数可以判断表中的某个数据是否满足指定条件，如果满足条件则返回特定值，不满足则返回其他值。下面使用 IF 函数按照"考察""培养""优秀"3 个等级对实习生的工作表现进行综合评定，具体操作如下。

（1）选择 P4 单元格，按"Shift+F3"组合键，打开"插入函数"对话框，在"选择函数"列表框中选择"IF"选项后，单击 确定 按钮。

（2）打开"函数参数"对话框，在"测试条件"文本框中输入"N4<4000"，在"真值"文本框中输入""考察""，在"假值"文本框中输入"IF(N4<5000,"培养","优秀")"，然后单击 确定 按钮，如图 2-60 所示。

（3）返回工作表后，查看评定结果，然后将鼠标指针移动到 P4 单元格的右下角，当其变为+形状时，按住鼠标左键并向下拖动至 P20 单元格，释放鼠标左键后，完成综合评定的计算，如图 2-61 所示。

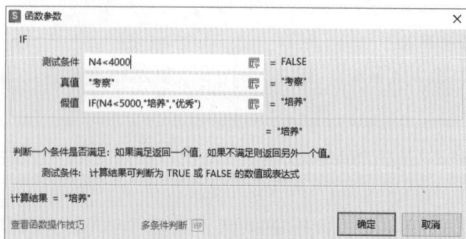

图2-60　设置函数参数

图2-61　完成综合评定的计算

（七）使用 COUNTIF 函数统计优秀人数

在"实习工资统计表"工作簿中统计优秀人数，是对综合评定中获得"优秀"的人数进行统计，需要使用 COUNTIF 函数。COUNTIF 函数可以用来统计某个范围内满足特定条件的单元格数量。下面使用 COUNTIF 函数统计综合评定来获得优秀的人数，具体操作如下。

（1）选择 B25 单元格，按"Shift+F3"组合键，打开"插入函数"对话框，在"或选择类别"下拉列表中选择"统计"选项，在"选择函数"列表框中选择"COUNTIF"函数，单击 确定 按钮，如图 2-62 所示。

（2）打开"函数参数"对话框，在"区域"文本框中输入"P4:P20"，在"条件"文本框中输入""优秀""，然后单击 确定 按钮，如图 2-63 所示。返回工作表后，查看综合评定为优秀的人数。

图 2-62 选择 COUNTIF 函数

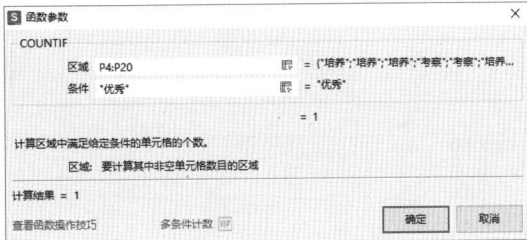

图 2-63 设置 COUNTIF 函数的参数

（3）完成所有数据的计算后，按"Ctrl+S"组合键，保存工作簿（配套资源：\效果\模块二\实习工资统计表.xlsx）。

六、能力拓展

（一）嵌套函数的使用

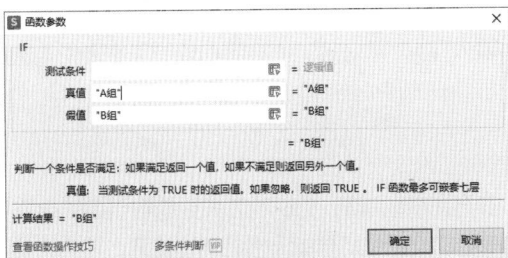

当某个函数作为另一个函数的参数使用时，该函数就被称为嵌套函数。嵌套函数同样可以通过直接输入的方式使用，但若函数结构复杂或不熟悉函数结构，则可通过插入的方式使用。使用嵌套函数的具体操作如下。

（1）假设现在需要将两次评分之和大于 70 的学生分在课外实践活动的 A 组，将其余学生分在课外实践活动的 B 组，那么可以在工作表中选择需要显示计算结果的单元格，在编辑栏中单击"插入函数"按钮 fx，在打开的"函数参数"对话框中设置函数参数，如图 2-64 所示。

（2）将插入点定位到"函数参数"对话框的"测试条件"文本框中，然后在名称框下拉列表中选择需要嵌套的函数，如选择 SUM 函数，如图 2-65 所示。

微课

嵌套函数的使用

图 2-64 设置函数参数

图 2-65 选择需要嵌套的函数

（3）在打开的"函数参数"对话框中设置嵌套函数的各项参数，完成设置后，在"SUM"函数之后补充逻辑值的判断条件">70"，如图 2-66 所示。

（4）该函数表示评分 1 和评分 2 之和大于 70 时，判断结果为"A 组"，否则判断结果为"B 组"，按"Enter"键后，查看计算出的分组结果，如图 2-67 所示。

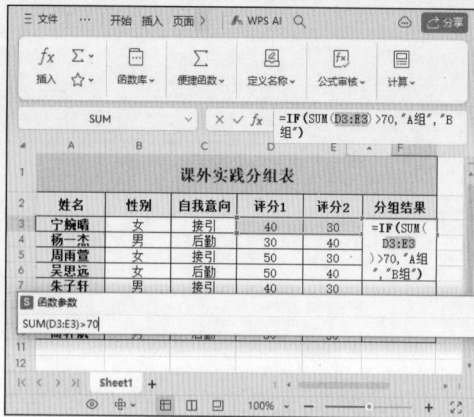

图 2-66　补充逻辑值的判断条件

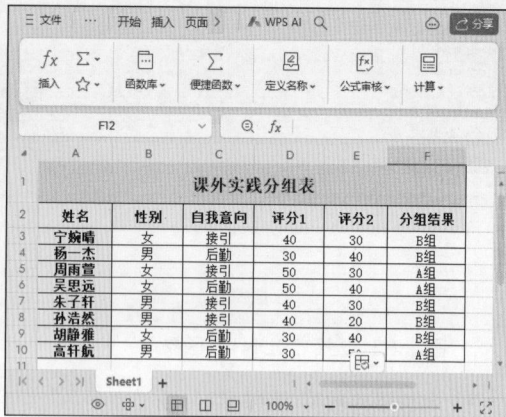

图 2-67　查看计算出的分组结果

技能提升　将嵌套函数作为另一个函数的参数使用时，该嵌套函数返回值的类型一定要与参数使用值的类型相同，否则 WPS 表格会显示错误值"#VALUE!"。除此之外，如果熟悉函数的语法格式，则直接通过手动输入的方式也能实现函数的嵌套。

（二）定义单元格

用户在对电子表格中的数据进行计算时，可能会输入许多公式或函数，此时，可使用 WPS 表格的定义单元格功能对参与计算的单元格或单元格区域进行命名，这样不仅可以快速定位到需要的单元格或单元格区域，还可以方便地进行数组的计算，其方法如下：选择单元格或单元格区域后，在名称框中输入名称，然后按"Enter"键。对多个单元格或单元格区域的名称进行定义后，在编辑框中输入"=名称 1+名称 2+名称 3"样式的公式，便可快速得到计算结果。

（三）不同工作表中的单元格引用

单元格引用不仅可以在同一工作表中进行，也可以在同一工作簿的不同工作表中进行，甚至可以在不同工作簿的工作表中进行。需要注意的是，在不同工作簿中引用单元格时，需要先将这些工作簿打开，再进行引用操作。在不同的工作表中进行单元格引用的方法主要有以下两种。

- 直接引用单元格中的数据。在单元格中输入"="符号后，切换到相应的工作表中，选择需要引用的单元格，然后按"Enter"键或"Ctrl+Enter"组合键。
- 以参数形式引用单元格中的数据。在单元格中输入"="符号后，切换到相应的工作表中，选择需要引用的单元格后输入运算符，然后继续设置公式的其他内容。

（四）公式的审核

在公式结构与函数的参数设置都正确的情况下，若产生了错误值，则说明公式或函数引用的单元格数据有错误。此时，可利用 WPS 表格提供的公式审核功能检查公式与单元格之间的关系，并快速找到出错的原因。

1. 追踪引用和从属单元格

利用追踪引用和从属单元格功能可以快速、准确地定位当前公式引用了或从属于哪些单元格,并用蓝色箭头标注出来,从而便于用户分析公式的整体结构。

- 追踪引用单元格。选择公式所在的单元格,在"公式"功能选项卡中单击"追踪引用"按钮 ,追踪当前公式引用的单元格。图 2-68 所示为 K3 单元格中公式引用的单元格情况。

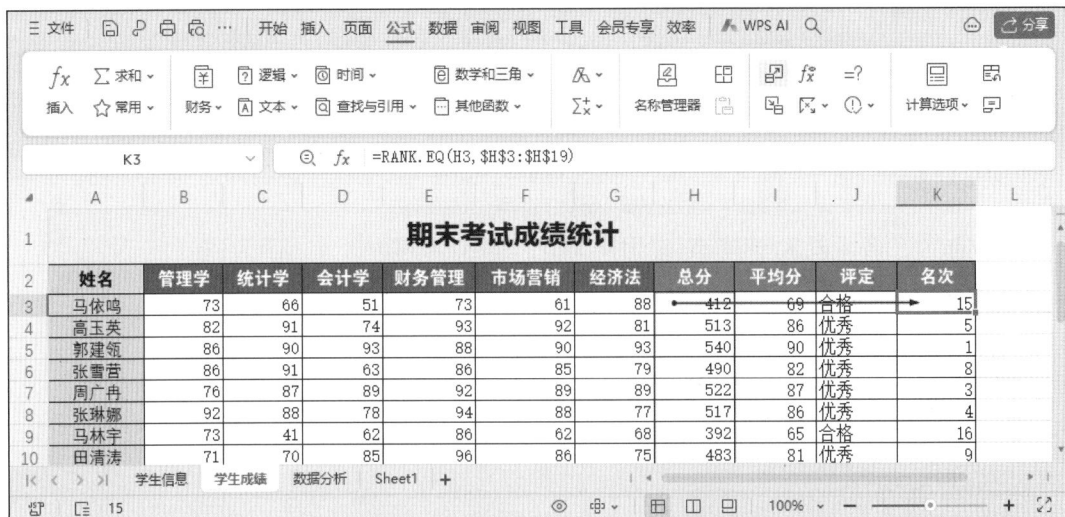

图 2-68　K3 单元格中公式引用的单元格情况

- 追踪从属单元格。选择参与公式计算的单元格,在"公式"功能选项卡中单击"追踪从属"按钮 ,追踪当前公式从属的单元格。图 2-69 所示为 H3 单元格从属于其他单元格的情况。如果需要取消追踪,则可以在"公式"功能选项卡中单击"移去箭头"按钮 或单击该按钮右侧的下拉按钮 ,在打开的下拉列表中选择相应选项。

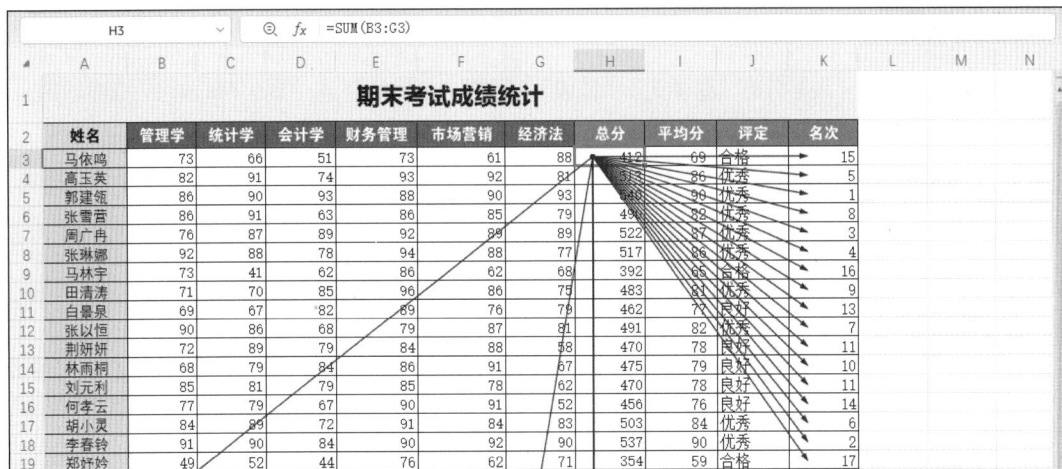

图 2-69　H3 单元格从属于其他单元格的情况

2. 检查公式错误

公式出错后会返回错误值,不同的错误值有不同的出错原因,常见的公式错误值及其错误原因如表 2-2 所示。

表2-2　常见的公式错误值及其错误原因

错误值	错误原因
#VALUE!	① 公式使用标准算术运算符计算单元格中的数据，但这些单元格中包含文本
	② 使用了数学函数的公式中包含的参数是文本，而不是数字
	③ 工作簿使用了数据超链接，但该超链接不可用
#REF!	① 删除了其他公式引用的单元格，或将单元格粘贴到其他公式引用的其他单元格中
	② 存在指向当前未运行的程序的对象超链接和嵌入超链接
	③ 超链接到了不可用的动态数据交换主题
	④ 工作簿中可能有一个宏在工作表中输入了返回值为"#REF!"的函数
#NUM!	① 可能在需要数字参数的函数中提供了错误的数据类型
	② 公式可能使用了进行迭代计算的函数，但函数无法得到结果
	③ 公式产生的结果数字可能太大或太小，以至于无法表示

任务四　分析"助学义卖销售表"工作簿中的数据

一、任务描述

作为一项社会公益活动，助学义卖具有十分深远且多维的意义。一方面，助学义卖可以帮助需要支持的学生群体或社会群体获得学习资源，另一方面，二手物品义卖提高了物品的利用率，促进了资源的循环利用，减少了资源的浪费。因此，无论是在学校、社区还是在企业内，都可以组织开展义卖活动，为他人提供帮助，从而增强自身的社会责任感和公益意识。本任务将分析"助学义卖销售表"工作簿中的数据，通过分析该工作簿中的数据介绍 WPS 表格中数据分析的方法，以及将数据可视化的方法。

二、任务准备

要完成使用 WPS 表格分析"助学义卖销售表"工作簿中数据的任务，需要了解数据的排序与筛选、数据的分类汇总、图表和数据透视表的作用及相关操作方法。

（一）数据的排序与筛选

数据排序与数据筛选是 WPS 表格中十分重要的两种数据分析功能，它们能够帮助用户快速排列数据或定位目标数据，从而提高数据的可读性，并优化后续的数据处理流程。

1. 数据排序

数据排序是指根据选定数据列中的数值或文字，按照一定的规则（如升序或降序）对数据进行重新排列的过程。数据排序是统计工作中的一项重要内容。在 WPS 表格中，用户可将数据按照指定的规律进行排序，如从小到大、从大到小，或按照自定义顺序排列。

一般情况下，WPS 表格中的数据排序分为以下 3 种情况。

（1）单列数据排序。单列数据排序是指在工作表中以一列单元格中的数据为依据，对工作表中的所有数据进行排序。

（2）多列数据排序。在对多列数据进行排序时，需要以某个数据为排序依据，该数据称为"关键字"。以关键字为依据进行排序时，其他列中的单元格数据将随之发生变化。多列数据排序时，要先选择多列数据对应的单元格区域，然后选择关键字（包括主要关键字、次要关键词等），此时，WPS 表格会自动根据该关键字进行排序，未选择的单元格区域将不参与排序。例如，图 2-70 所示的多列数据排序是先依照主要关键字"统计学"进行降序排列的，若统计学分数相同，则再按次要关键字"会计学"进行降序排列。

图2-70　多列数据排序

（3）自定义排序。自定义排序可以设置多个关键字对数据进行排序，并用其他关键字对相同的数据进行排序。例如，图 2-71 所示为基于"评定"列，根据自定义次序将其按照"优秀,良好,合格"的顺序进行排列的效果。

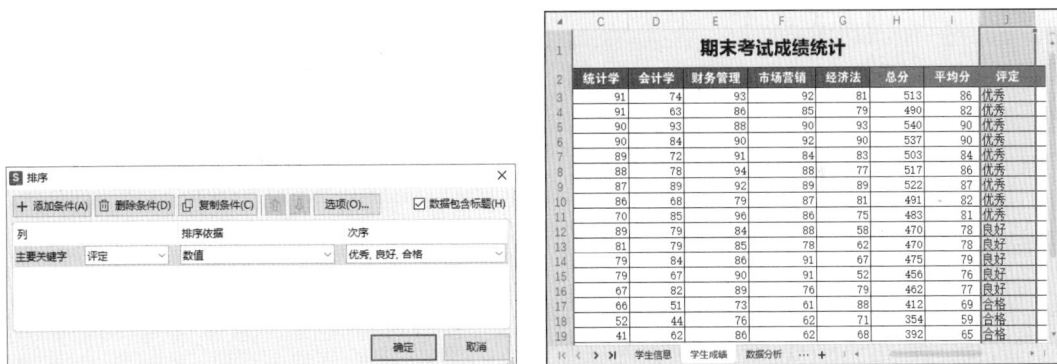

图2-71　自定义排序的效果

2. 数据筛选

数据筛选是指根据设定的条件，从数据集中筛选出符合条件的数据记录的过程。WPS 表格提供了多种数据筛选方式，包括自动筛选、自定义筛选、高级筛选。

（1）自动筛选。自动筛选数据即根据用户设定的筛选条件，自动将表格中符合条件的数据显示出来，而表格中的其他数据将会被隐藏。

（2）自定义筛选。自定义筛选是在自动筛选的基础上进行的，即先对数据进行自动筛选操作，然后单击字段名称右侧的"筛选"按钮，在打开的下拉列表中选择相应的选项并再次设置筛选条件，最后在打开的"自定义自动筛选方式"对话框中进行相应设置，从而实现数据的自定义筛选。图 2-72 所示为对总分大于 500 分的数据进行自定义筛选。

（3）高级筛选。若需要根据自己设置的筛选条件对数据进行筛选，则需要使用高级筛选功能。该功能可以筛选出同时满足两个或两个以上条件的数据记录。

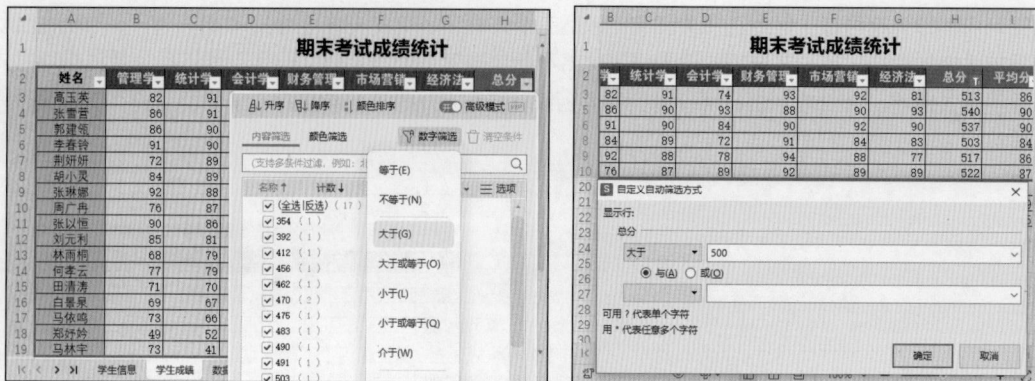

图 2-72　对总分大于 500 分的数据进行自定义筛选

（二）数据的分类汇总

数据的分类汇总就是将性质相同或相似的一类数据放到一起，并对这类数据进行统计。例如，在一张记录了全班学生各科成绩的表格中，可以单独将某一个或某几个学科的成绩汇总出来，并计算其平均值。在 WPS 表格中进行数据分类汇总的方法如下：选择要进行分类汇总的字段，并对该字段进行排序设置，然后在"数据"功能选项卡中单击"分类汇总"按钮，打开"分类汇总"对话框，在其中设置好分类字段、汇总方式、汇总项、汇总结果显示位置等参数后，单击 确定 按钮。

（三）认识图表

图表是一种可以将数据的多少、大小、变化趋势等直观展示出来的实用工具，WPS 表格中提供了十几种标准类型和多个自定义类型的图表，如柱形图、折线图、条形图、饼图等。

- 柱形图。柱形图主要用于显示一段时间内的数据变化情况或对数据进行对比分析。在柱形图中，通常，水平坐标轴显示的是数据类别，垂直坐标轴显示的是数值。
- 折线图。折线图可直观地显示数据的变化趋势，因此，折线图一般适用于显示在相等时间间隔下数据的变化趋势。在折线图中，沿水平坐标轴均匀分布的是类别数据，沿垂直坐标轴分布的是所有值。
- 条形图。条形图主要用于显示各项目之间的比较情况，可使得项目之间的对比关系一目了然。如果表格中的数据是持续性的，那么选择条形图是非常合适的。
- 饼图。饼图主要用于显示相应数据项占该数据系列总和的比例，饼图中的数据点显示为数据项所占的比例。饼图通常应用于市场份额分析等情况，它能直观地表现出每一块区域所占的比例大小。

图表中包含许多元素，默认情况下只显示其中的部分元素，其他元素则可根据需要自行添加。图表元素主要包括图表区、图表标题、坐标轴（水平坐标轴和垂直坐标轴）、图例、绘图区、数据系列等。图 2-73 所示为簇状柱形图的图表组成。

- 图表区。图表区是指包含整个图表及全部图表元素的区域。图表区的设置包括对图表区的背景进行填充、对图表区的边框进行设置，以及对三维图表的格式进行设置等。
- 图表标题。图表标题一般是一段文本，能够对图表起到补充说明的作用。创建图表时，系统一般会自动添加图表标题。若图表中未显示标题，则可以手动添加，并将其放在图表上方或下方。
- 坐标轴。坐标轴用于对数据进行度量和分类，包括水平坐标轴和垂直坐标轴两种。其中，水平坐标轴显示的是数据分类，垂直坐标轴显示的是图表数据。
- 图例。图例用于标识图表中的数据系列。图例的位置不是固定不变的，它可以根据需要进行移动。

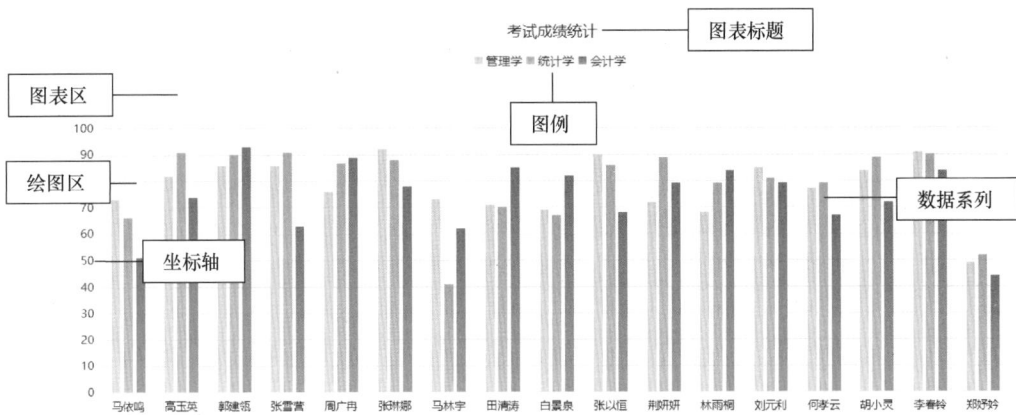

图 2-73　簇状柱形图的图表组成

- 绘图区。绘图区是由坐标轴界定的区域。在二维图表中，绘图区包括所有的数据系列。而在三维图表中，绘图区除了包括所有的数据系列，还包括分类名、刻度线标志和坐标轴标题等元素。
- 数据系列。数据系列即在图表中绘制的相关数据，这些数据来源于工作表中的行或列。图表中的每个数据系列都具有唯一的颜色或图案，并表示在图表的图例中，用户可以在图表中绘制一个或多个数据系列。

（四）认识数据透视表

利用数据透视表可以对大量数据进行快速汇总并建立交叉列表，它能够清晰地反映出电子表格中的数据信息。同时，数据透视表是一个动态汇总表，用户可以通过它对数据信息进行分析处理。从结构上看，数据透视表主要由 4 个部分组成，如图 2-74 所示。

图 2-74　数据透视表的结构

各部分的作用如下。

- 行区域。该区域中的字段将作为数据透视表的行标签。
- 筛选区域。该区域中的字段将作为数据透视表中的报表筛选字段。
- 列区域。该区域中的字段将作为数据透视表的列标签。
- 值区域。该区域中的字段将作为数据透视表中的汇总字段。值的汇总方式默认显示为"求和"，但用户也可以根据需要将其更改为"计数""平均值""最大值""最小值"等。

将字段添加到数据透视表中的操作很简单，只需要在"数据透视表"任务窗格中选中要添加字段对应的复选框。除此之外，用户还可以使用以下两种方法快速添加字段。

- 通过单击鼠标右键添加。在"数据透视表"任务窗格中要添加的字段上单击鼠标右键，在弹出的快捷菜单中选择添加字段的位置。这种方法适用于用户自定义筛选模式。
- 通过拖动字段添加。将鼠标指针定位至要添加的字段上，按住鼠标左键将其拖动至目标区域中。这种方法便于用户根据自己的需求自定义字段。

三、制作思路

分析"助学义卖销售表"工作簿中的数据，主要涉及 WPS 表格中排序、筛选、分类汇总、图表、数据透视表、数据透视图的应用，思路整理如下。

（1）通过排序和筛选了解"助学义卖销售表"中各义卖物品的销量高低。

（2）通过分类汇总按类别分析义卖物品的销量情况。

（3）使用通义生成图表方案，以便选择一种合适的图表来展示数据。

（4）利用图表分析数据，并将数据以图形化形式展示出来。

（5）通过数据透视表和数据透视图快速汇总数据，并查看不同的数据统计结果。

四、效果展示

"助学义卖销售表"工作簿数据分析后的参考效果如图 2-75 所示。

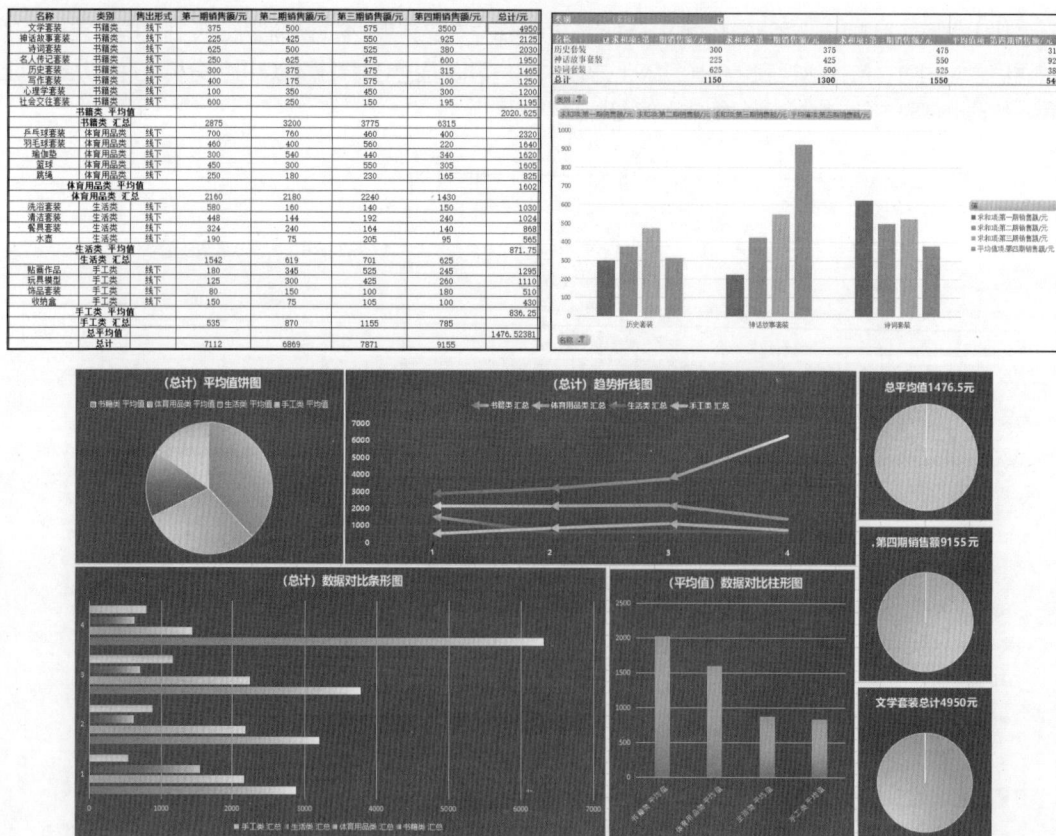

图 2-75 "助学义卖销售表"工作簿数据分析后的参考效果

五、任务实现

（一）排序销售数据

销售数据有大有小，如果想要了解其大小情况与变化趋势，则可以使用 WPS 表格中的数据排序功能。下面对销售总额进行降序排列，然后对类别进行自定义排序，具体操作如下。

（1）打开"助学义卖销售表.xlsx"工作簿（配套资源：\素材\模块二\助学义卖销售表.xlsx），在"基本信息"工作表中选择 I 列中的任意单元格，然后在"数据"功能选项卡中单击"排序"按钮下方的下拉按钮，在打开的下拉列表中选择"降序"选项，如图 2-76 所示。此时，该列数据将按由高到低的顺序进行排列。

（2）选择工作表中包含数据的任意一个单元格，在"数据"功能选项卡中单击"排序"按钮下方的下拉按钮，在打开的下拉列表中选择"自定义排序"选项。

（3）打开"排序"对话框，在"主要关键字"下拉列表中选择"类别"选项，在"次序"下拉列表中选择"自定义序列"选项，如图 2-77 所示。

图 2-76　选择"降序"选项

图 2-77　进行排序设置

（4）打开"自定义序列"对话框，在"输入序列"文本框中输入图 2-78 所示的内容，然后依次单击 添加(A) 按钮和 确定 按钮。

（5）返回"排序"对话框，"次序"下拉列表中将显示设置的自定义序列，确认无误后单击 确定 按钮。

（6）返回工作表后，此时，工作表中的数据将按照设置的自定义序列进行排序，效果如图 2-79 所示。

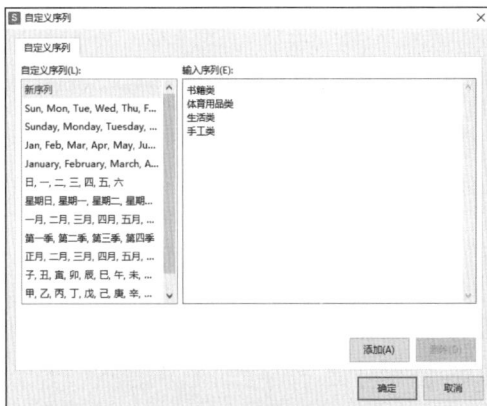

图 2-78　自定义序列

图 2-79　自定义排序效果

技能提升 用户在对数据进行排序时，如果第一个关键字的数据相同，则可以通过添加第二个关键字的方式来进行对数据的再次排序，其方法如下：打开"排序"对话框，单击上方的 + 添加条件(A) 按钮，在显示的"次要关键字"栏中依次设置排序依据、次序后，单击 确定 按钮。

（二）筛选销售数据

使用 WPS 表格中的筛选数据功能，可以在工作表中根据需要筛选出满足某个或某几个条件的数据，并隐藏其他数据。下面使用自动筛选功能筛选出类别是"体育用品类"的义卖物品数据，接着使用自定义筛选功能筛选出总计超过 1000 元的义卖物品数据，再使用高级筛选功能筛选出第四期销售额大于 500 元且总计高于 2000 元的义卖物品数据，具体操作如下。

微课

筛选销售数据

（1）在"数据"功能选项卡中单击"筛选"按钮 ，进入筛选状态，此时列标题各单元格的右上方将显示"筛选"按钮 。

（2）在"类别"单元格右上方单击"筛选"按钮 ，在打开的下拉列表中选中"体育用品类"复选框，然后单击 确定 按钮，如图 2-80 所示。

（3）此时，在工作表中将仅显示类别为"体育用品类"的数据信息，而其他类别的数据信息将被隐藏，筛选结果如图 2-81 所示。

图 2-80　选择要筛选的字段　　　　　　图 2-81　筛选结果

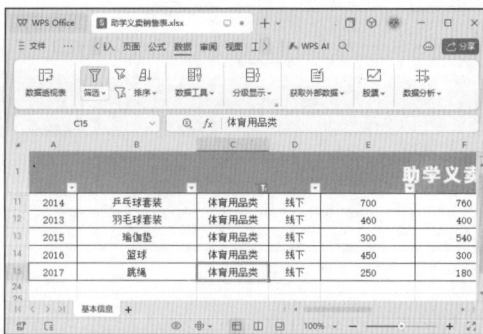

（4）在"数据"功能选项卡中单击"全部显示"按钮 ，重新显示所有数据。

（5）在"总计"单元格右上方单击"筛选"按钮 ，在打开的下拉列表中单击"数字筛选"按钮 ，在打开的子列表中选择"大于"选项，如图 2-82 所示。

（6）打开"自定义自动筛选方式"对话框，在"大于"下拉列表右侧的下拉列表中输入"1000"，然后单击 确定 按钮。返回工作表，查看数据的筛选结果，如图 2-83 所示。

图 2-82　选择"大于"选项　　　　　　图 2-83　查看数据的筛选结果

（7）在"数据"功能选项卡中单击"全部显示"按钮 ⍣，退出工作表的筛选状态，重新显示所有数据。

（8）在 N2 单元格中输入"第四期销售额/元"文本，在 N3 单元格中输入">500"文本，在 O2 单元格中输入"总计/元"文本，在 O3 单元格中输入">2000"文本，然后设置其单元格格式，如图 2-84 所示。

（9）选择包含数据的任意单元格，然后在"数据"功能选项卡中单击"筛选"按钮 ▽ 下方的下拉按钮 ⌄，在打开的下拉列表中选择"高级筛选"选项。

（10）打开"高级筛选"对话框，选中"将筛选结果复制到其他位置"单选按钮，在"列表区域"文本框中输入"基本信息!\$A\$2:\$L\$23"，或直接在工作表中选择 A2:L23 单元格区域；在"条件区域"文本框中输入"基本信息!\$N\$2:\$O\$3"，或直接在工作表中选择 N2:O3 单元格区域；在"复制到"文本框中输入"基本信息!\$N\$6"，或直接在工作表中选择 N6 单元格，设置完成后单击 确定 按钮，如图 2-85 所示。

图 2-84　输入高级筛选条件

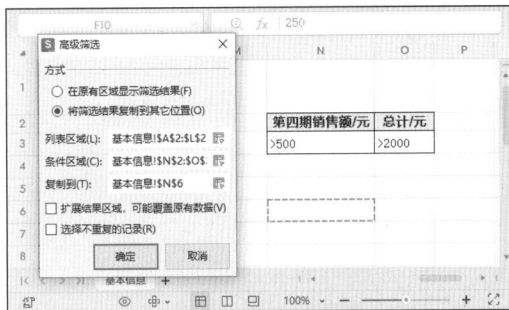

图 2-85　设置高级筛选方式

（11）返回工作表后，N6 单元格（起始位置）中将单独显示出筛选结果，如图 2-86 所示。

编号	名称	类别	售出形式	第一期销售额/元	第二期销售额/元	第三期销售额/元	第四期销售额/元	总计/元
2001	文学套装	书籍类	线下	375	500	575	3500	4950
2003	神话故事套装	书籍类	线下	225	425	550	925	2125

图 2-86　筛选结果

（三）按类别分类汇总销售数据

如果要按类别汇总、统计和分析"助学义卖销售表"工作簿中的数据，则可以使用 WPS 表格中的分类汇总功能，使工作表中的数据更加清晰、直观。下面按类别汇总每一期的销售额数据，具体操作如下。

（1）在"基本信息"工作表中选择 A2:L23 单元格区域，按"Ctrl+C"组合键进行复制，然后新建一个"分类汇总"工作表，在其中选择 A2 单元格，并按"Ctrl+V"组合键，将销售数据复制到"分类汇总"工作表中。

（2）选择"分类汇总"工作表中 C 列的任意一个单元格，在"数据"功能选项卡中单击"分类汇总"按钮 ⊟，如图 2-87 所示。

（3）打开"分类汇总"对话框，在"分类字段"下拉列表中选择"类别"选项，在"汇总方式"下

微课

按类别分类汇总
销售数据

拉列表中选择"求和"选项，在"选定汇总项"列表框中选中"第一期销售额/元""第二期销售额/元""第三期销售额/元""第四期销售额/元"复选框，然后单击 确定 按钮，如图 2-88 所示。

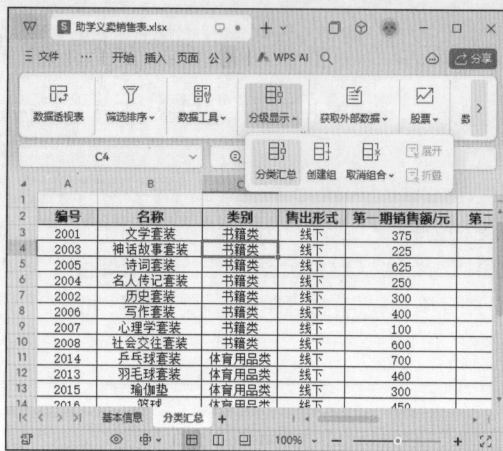

图 2-87　单击"分类汇总"按钮

图 2-88　以求和的方式汇总数据

（4）返回工作表后，系统将对工作表中的数据进行分类汇总，同时直接在工作表中显示汇总结果。

（5）再次打开"分类汇总"对话框，在"分类字段"下拉列表中选择"类别"选项，在"汇总方式"下拉列表中选择"平均值"选项，在"选定汇总项"列表框中取消选中"第一期销售额/元""第二期销售额/元""第三期销售额/元""第四期销售额/元"复选框，然后选中"总计/元"复选框，取消选中"替换当前分类汇总"复选框，最后单击 确定 按钮，如图 2-89 所示。

> **技能提升**　分类汇总实际上就是分类加汇总，其操作过程是先用排序功能对数据进行分类排序，然后按照分类结果对数据进行汇总。如果没有先对数据进行分类排序，那么汇总的结果就没有意义。所以，在汇总之前，应先对数据进行分类排序，并且分类排序的条件最好是需要分类汇总的相关字段，这样才会使汇总的结果更加清晰。

（6）返回工作表后，在"分类汇总"工作表的基础上可同时查看不同类别义卖物品的总销售额平均值，分类汇总结果如图 2-90 所示。

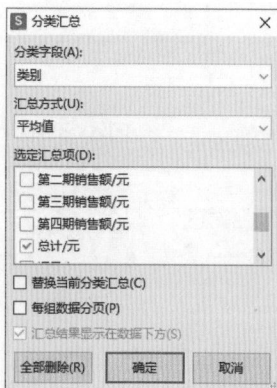

图 2-89　以求平均值的方式汇总数据

图 2-90　分类汇总结果

技能提升 打开已经完成分类汇总的工作表，在表中选择任意一个包含数据的单元格，然后在"数据"功能选项卡中单击"分类汇总"按钮，打开"分类汇总"对话框，单击 全部删除(R) 按钮后，可删除工作表中已创建的分类汇总结果。

（四）使用通义生成图表选择方案

图表可以将工作表中的数据以可视化形式展现出来，但不同的图表有不同的特点和优势，如果不知道应该如何选择图表，则可以借助 AI 工具生成图表应用方案，为图表选择提供参考。下面使用通义生成图表选择方案，具体操作如下。

（1）搜索"通义"，进入其官方页面，在下方的文本框中输入需求"假设我要展示 4 个类别的数据占比，适合使用什么图表？"，如图 2-91 所示，待通义完成内容的生成后，仔细阅读内容。

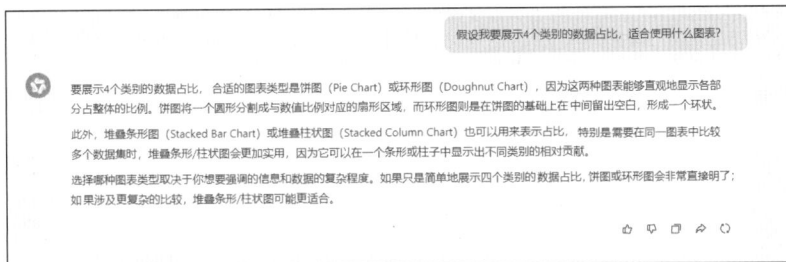

微课

使用通义生成
图表选择方案

图 2-91 使用通义生成图表应用方案

（2）按照该方法继续生成图表生成建议，并将建议整理成完整的图表选择方案。例如，使用饼图展示书籍类、体育用品类、生活类、手工类这 4 类助学义卖物品的平均销售额占比，使用折线图展示这 4 类助学义卖物品 1~4 期销售额的变化趋势，使用条形图展示这 4 类助学义卖物品 1~4 期销售额的具体数值对比，使用柱形图展示这 4 类助学义卖物品平均销售额的数值对比等。

（五）使用图表分析各类别销售数据

确定好图表选择方案后，便可选择数据，通过图表将其展示出来。下面分别在工作表中插入饼图、折线图、条形图、柱状图等图表，具体操作如下。

（1）新建一个"图表分析"工作表，然后选择"分类汇总"工作表，在其中按住"Ctrl"键的同时依次选择 C11、I11、C18、I18、C24、I24、C30、I30 共 8 个不连续的单元格。

微课

使用图表分析
各类别销售数据

（2）在"插入"功能选项卡中单击"插入饼图或圆环图"按钮 ，在打开的下拉列表中选择"饼图"/"饼图"选项，插入饼图，如图 2-92 所示。

（3）此时，将在当前工作表中创建一个饼图，并且其中显示了各类别物品的平均销售额情况。将鼠标指针移动到饼图中的某一数据系列上，可查看该数据系列对应类别的平均销售额及其占比情况，如图 2-93 所示。

（4）选择图表，在"图表工具"功能选项卡中单击"移动图表"按钮 ，打开"移动图表"对话框，在"对象位于"下拉列表中选择"图表分析"选项，单击 确定 按钮，如图 2-94 所示。此时，图表将移至"图表分析"工作表中且自动调整到合适的大小。

（5）将图表移至工作表左上角，在"图表工具"功能选项卡中单击"快速布局"按钮 ，在打开的下拉列表中选择"布局 2"选项，进行快速布局，如图 2-95 所示。

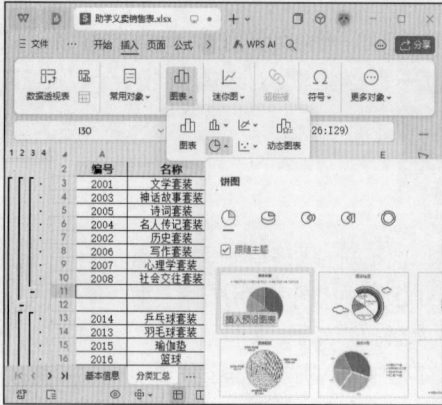

图 2-92　插入饼图

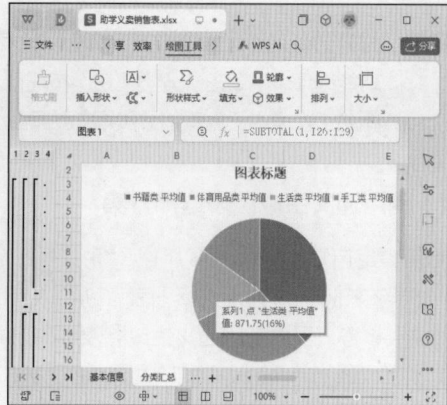

图 2-93　查看饼图

图 2-94　移动图表

图 2-95　快速布局

（6）选择"图表标题"文本框，将插入点定位于该文本框内，将其中的文本修改为"（总计）平均值饼图"，然后选择饼图的背景，在"绘图工具"功能选项卡中单击"填充"按钮 🖫 下方的下拉按钮 ，在打开的下拉列表中选择"其他填充颜色"选项，打开"颜色"对话框，单击"自定义"选项卡，在"红色""绿色""蓝色"数值框中依次输入"80""80""123"，最后单击 确定 按钮，如图 2-96 所示。

（7）选择标题文本框，在"开始"功能选项卡中单击"字体颜色"按钮右侧的下拉按钮 ，在打开的下拉列表中选择"白色，背景 1"选项，如图 2-97 所示。按照该方法将图例的文本颜色也设置为"白色，背景 1"。

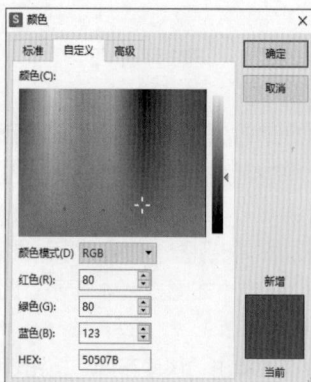

图 2-96　设置图表背景颜色

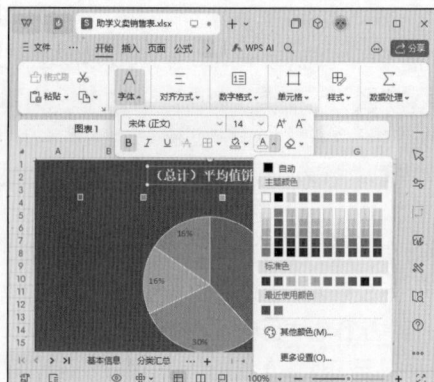

图 2-97　设置文本颜色

（8）选择图表中的"生活类"数据系列，在"绘图工具"功能选项卡中单击"填充"按钮 🖌 下方的下拉按钮 ⌄，在打开的下拉列表中选择"渐变填充"栏中的选项，设置数据系列的填充颜色，如图 2-98 所示。

（9）按照该方法设置其他数据系列的填充颜色，效果如图 2-99 所示。

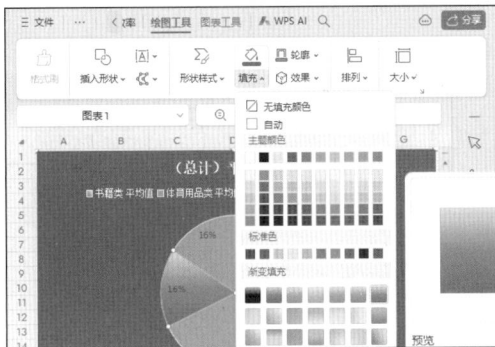

图 2-98　设置数据系列的填充颜色

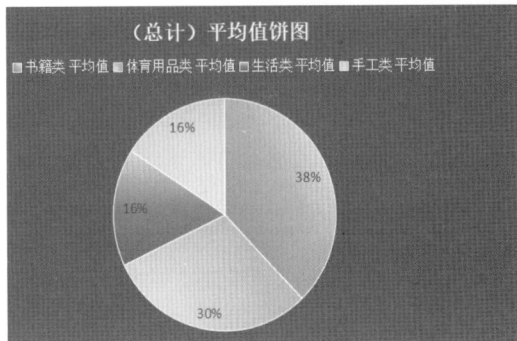

图 2-99　设置数据系列填充颜色后的效果

（10）在"分类汇总"工作表中选择 C12、E12:H12、C19、E19:H19、C25、E25:H25、C31、E31:H31 单元格和单元格区域，插入一个折线图，并按照上面饼图的设置方法调整其图表背景颜色、轮廓颜色和文本颜色；在"分类汇总"工作表中选择 C12、E12:H12、C19、E19:H19、C25、E25:H25、C31、E31:H31 单元格和单元格区域，插入一个条形图，并调整图表的背景颜色、填充颜色和文本颜色；在"分类汇总"工作表中选择 C11、I11、C18、I18、C24、I24、C30、I30 单元格，插入一个柱形图，并调整图表的背景颜色、填充颜色和文本颜色。设置完成后，将图表移至"图表分析"工作表中，再将图表中标题文本和图例文本的字体统一设置为"微软雅黑"，将标题文本的字形设置为"加粗"，保持字体格式的统一。

（11）此外，针对总平均值数据、第四期销售额数据、文学套装总计 3 项表现较突出的数据，也可以用图表对其进行可视化展示。这里以饼图的形式展示这 3 项数据，图表效果如图 2-100 所示。

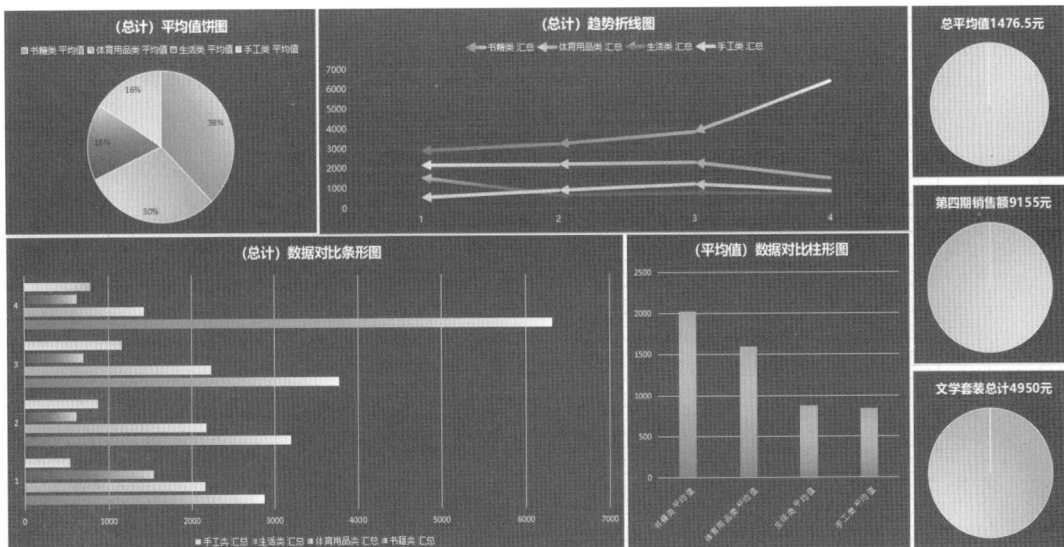

图 2-100　图表效果

> **技能提升**　在 WPS 表格中，如果不选择数据而直接插入图表，则图表中将显示为空白。这时在"图表工具"功能选项卡中单击"选择数据"按钮⊞，打开"编辑数据源"对话框，在其中设置与图表数据对应的单元格区域后，便可在图表中添加数据。

（六）创建并编辑数据透视表

　　数据透视表是一种交互式数据报表，在其中可以快速汇总大量的数据，并对汇总结果进行筛选，以查看源数据的不同统计结果。下面在工作表中插入数据透视表，并汇总和筛选数据，具体操作如下。

微课

创建并编辑数据
透视表

　　（1）选择"基本信息"工作表中的 A2:L23 单元格区域，在"插入"功能选项卡中单击"数据透视表"按钮✿，打开"创建数据透视表"对话框。

　　（2）由于已经选择了数据区域，因此只需设置放置数据透视表的位置，这里选中"新工作表"单选按钮，然后单击 [确定] 按钮，如图 2-101 所示。

　　（3）此时，系统将新建一张工作表，并在其中显示空白的数据透视表，其右侧则打开"数据透视表"任务窗格。将该工作表重命名为"数据透视"，再将其拖动到"图表分析"工作表之后。

　　（4）在"数据透视表"任务窗格中将"类别"字段拖动到"筛选器"列表框中，此时，数据透视表中将自动添加筛选字段，然后按照该方法将"名称"字段拖动到"行"列表框中。

　　（5）继续将"第一期销售额/元""第二期销售额/元""第三期销售额/元""第四期销售额/元"字段拖动到"值"列表框中，如图 2-102 所示。

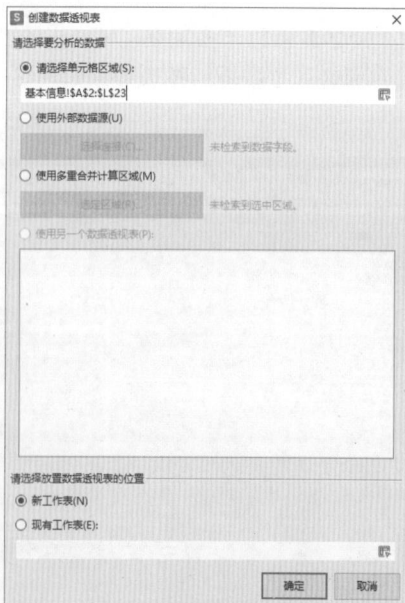

图 2-101　设置放置数据透视表的位置

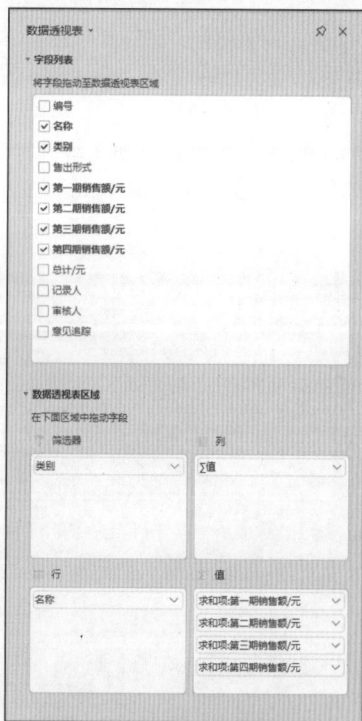

图 2-102　拖动字段到指定区域

　　（6）在创建好的数据透视表中单击"类别"字段右侧的"筛选"按钮▾，在打开的下拉列表中选中"选择多项"复选框，然后取消选中"手工类"复选框，并单击 [确定] 按钮，如图 2-103 所示。

（7）返回工作表后，在数据透视表中将自动筛选出"书籍类""体育用品类""生活类"这 3 个类别的义卖物品数据。

（8）在"姓名"字段右侧单击"筛选"按钮，在打开的下拉列表中选择"值筛选"/"前 10 项"选项，筛选前 10 项，如图 2-104 所示。

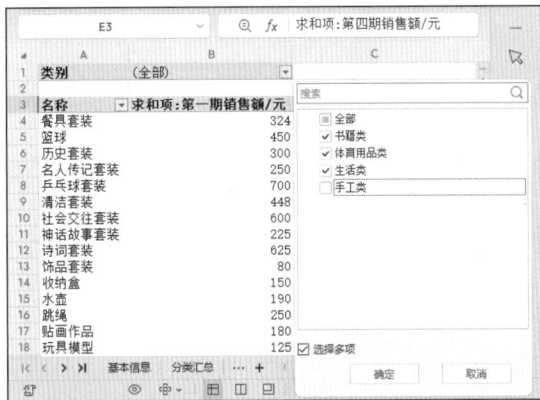

图 2-103　选中"选择多项"复选框

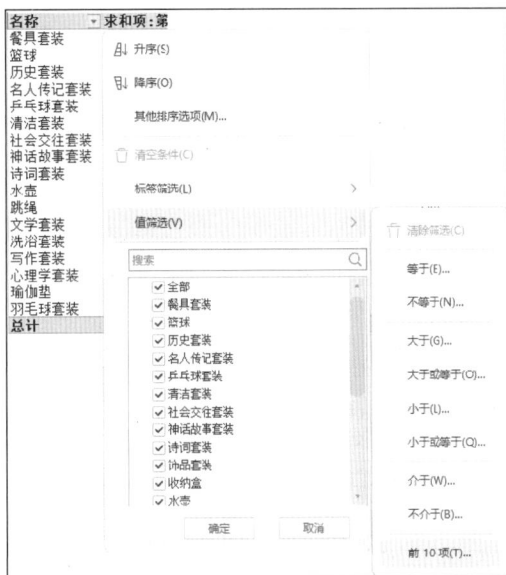

图 2-104　筛选前 10 项

（9）打开"前 10 个筛选（名称）"对话框，在第一个下拉列表中选择"最大"选项，在"依据"下拉列表中选择"求和项：第一期销售额/元"选项，然后单击 按钮，如图 2-105 所示。返回工作表后，数据透视表中将自动筛选出第一期销售额中最高的前 10 项数据。

（10）在"数据透视表"任务窗格的"值"列表框中选择"求和项:第四期销售额/元"选项，在打开的下拉列表中选择"值字段设置"选项，如图 2-106 所示。

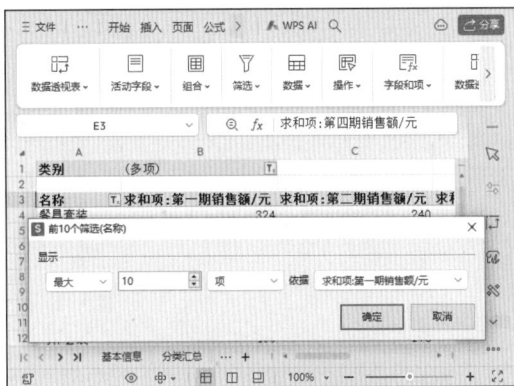

图 2-105　设置值筛选参数

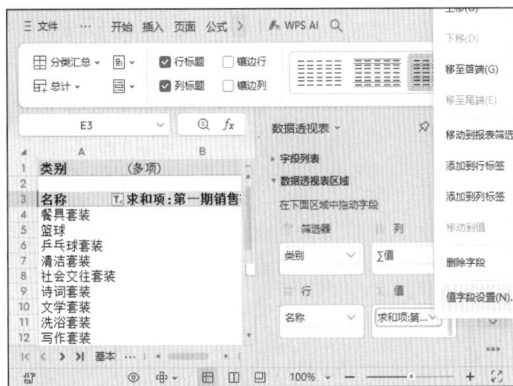

图 2-106　选择"值字段设置"选项

（11）打开"值字段设置"对话框，在"值汇总方式"选项卡中选择该字段的计算类型，这里选择"平均值"选项，然后单击 按钮，如图 2-107 所示。

（12）在"设计"功能选项卡的"样式"列表框中选择"主题颜色"栏中的"绿色"选项，然后选择"数据透视表样式 3"选项，为数据透视表设置样式，如图 2-108 所示。

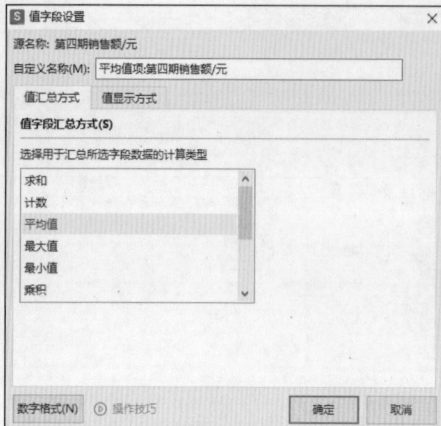
图2-107　选择值字段的计算类型

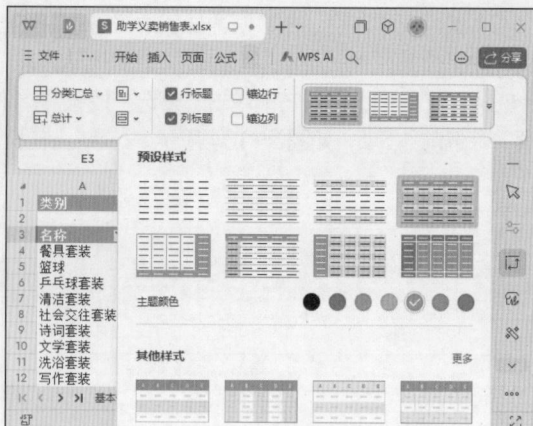
图2-108　为数据透视表设置样式

技能提升　在"数据透视表"任务窗格中取消选中某个字段对应的复选框后，可以将该字段从数据透视表中删除；也可以单击某个列表框中某个字段对应的下拉按钮✓，在打开的下拉列表中选择"删除字段"选项，将该字段从数据透视表中删除。

（七）创建数据透视图

使用数据透视表分析完数据后，还可以根据数据透视表制作数据透视图，以直观地展示数据。下面根据数据透视表中的数据创建数据透视图，具体操作如下。

（1）选择数据透视表中的任意一个单元格，在"分析"功能选项卡中单击"数据透视图"按钮，打开"图表"对话框。

（2）在左侧选择"柱形图"选项，在右侧列表框中选择第一个"簇状柱形图"选项。返回工作表后，即可看到创建的数据透视图，如图2-109所示。

微课
创建数据透视图

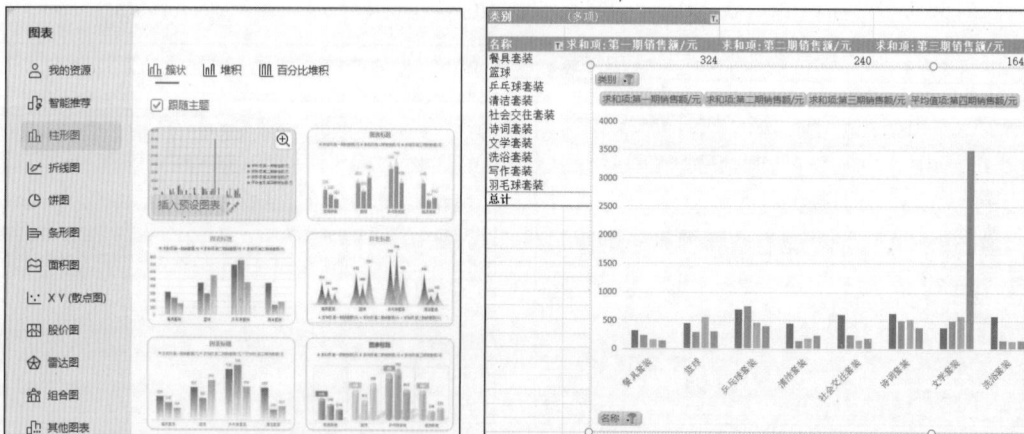
图2-109　创建数据透视图

（3）在数据透视图中单击 名称 按钮，在打开的下拉列表中取消选中"全部"复选框，然后选中"历史套装""神话故事套装""诗词套装"复选框，最后单击 确定 按钮。返回工作表后，在数据透视图中可查看这3件物品的义卖销售数据，同时数据透视表中的数据将发生相应的变化，如图2-110所示（配套资源：\效果\模块二\助学义卖销售表.xlsx）。

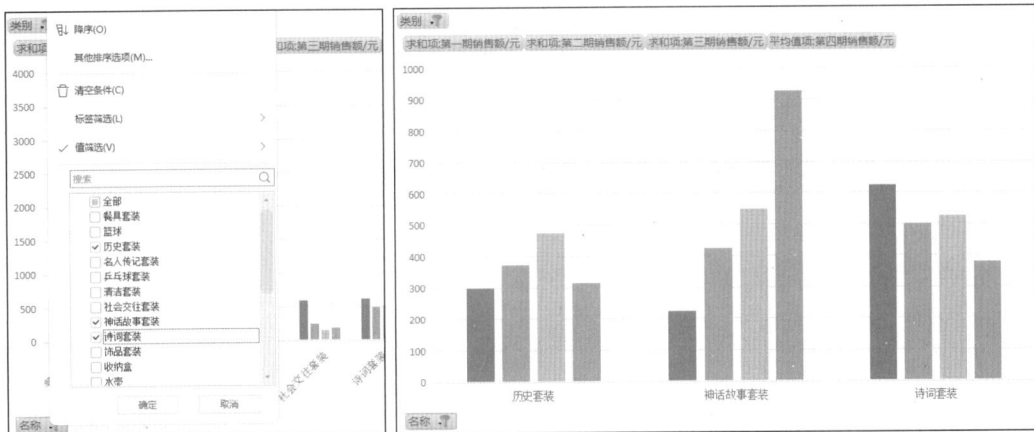

图 2-110 筛选数据透视图

技能提升 数据透视图和数据透视表是相互关联的，改变数据透视表中的内容，数据透视图中的内容也将发生相应的变化。另外，数据透视图中的 4 个区域与数据透视表中 4 个区域的作用不尽相同。其中，"筛选器"列表框的作用类似于自动筛选，这与数据透视表中"筛选器"列表框的作用一致；"图例（系列）"列表框的作用类似于数据透视表中的"列"列表框；"轴（类别）"列表框的作用类似于数据透视表中的"行"列表框；"值"列表框的作用主要是显示数据内容，这也与数据透视表中的"值"列表框作用一致。

六、能力拓展

（一）使用迷你图

迷你图是一种数据可视化工具，它可以以简洁的图形方式展示数据的变化趋势，使用户快速、直观地了解数据的动态变化情况。通常来说，在展示销售数据变化、财务数据变化、市场趋势变化等情况下，都可以使用迷你图进行数据分析。在 WPS 表格中插入迷你图的方法如下：在"插入"功能选项卡中单击"迷你图"按钮 下方的下拉按钮，在打开的下拉列表中选择一种迷你图类型，打开"创建迷你图"对话框，在"数据范围"文本框中设置数据范围，在"位置范围"文本框中设置迷你图的放置位置，完成后单击 确定 按钮，插入迷你图，如图 2-111 所示。此外，用户还可以在"迷你图工具"功能选项卡中设置迷你图的高点、低点、样式等。

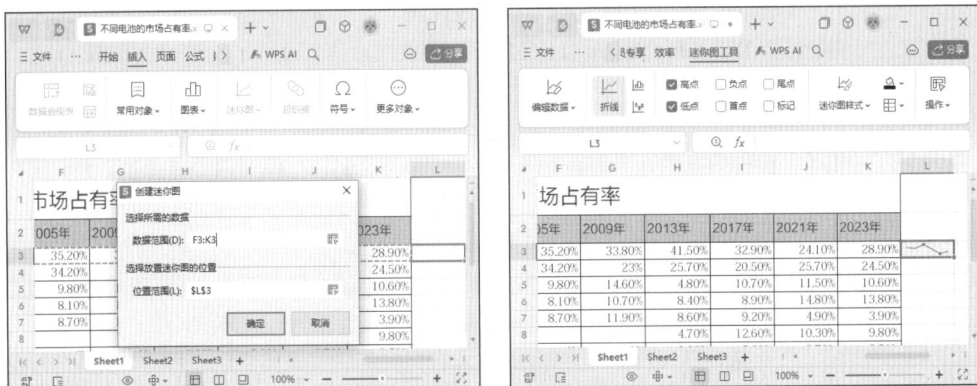

图 2-111 插入迷你图

（二）在图表中添加图片

在使用 WPS 表格生成图表时，如果希望图表更加个性化，那么可以使用图片填充数据系列，其方法如下：选择图表中的某个数据系列，在该数据系列上单击鼠标右键，在弹出的快捷菜单中单击"填充"按钮 下方的下拉按钮·，在打开的下拉列表中选择"图片或纹理"/"本地图片"选项，如图 2-112 所示。打开"选择纹理"对话框，在其中选择一张用于填充数据系列的图片后，单击 打开(O) 按钮，此时所选图片便可填充到图表的数据系列中，效果如图 2-113 所示。此外，用户也可为数据系列设置渐变、纹理、图案等效果，其设置方法与填充图片的方法类似。

图 2-112　选择"本地图片"选项

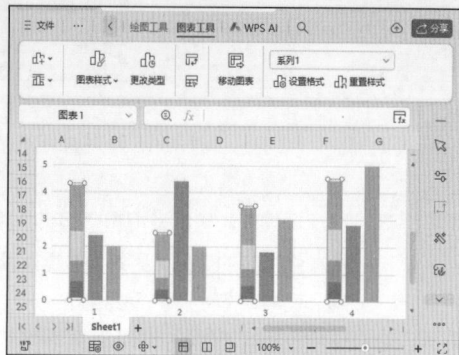

图 2-113　为数据系列填充图片后的效果

任务五　保护并打印"志愿者信息统计表"工作簿

一、任务描述

志愿者活动是个人服务社会、实现自我完善的途径，也是推动社会文明进步的重要力量。志愿者活动的顺利开展依赖于志愿者的广泛参与和支持，也需要发起者或发起组织实施有效的组织和协调，包括对志愿者信息进行统计和整理、对志愿者活动的流程进行计划与安排等。本任务将保护并打印"志愿者信息统计表"工作簿，借助 WPS 表格提供的工作簿、工作表、单元格保护功能来保护志愿者的个人信息不被随意篡改，同时打印志愿者信息统计表以保存信息。

二、任务准备

要完成使用 WPS 表格保护并打印"志愿者信息统计表"工作簿的任务，需要了解 WPS 表格数据保护的功能，同时需要建立数据保护意识，认识数据保护的重要性。

（一）WPS 表格中的数据保护

在 WPS 表格中，保护数据是为了增强电子表格的安全性，防止数据泄露或被篡改，尤其是在处理重要商业信息、个人信息或财务报表等数据信息时，更要加强数据信息的保护意识。WPS 表格为用户提供了数据保护功能，包括保护工作簿、保护工作表及保护单元格。

（1）保护工作簿。保护工作簿是指将工作簿设为保护状态，禁止他人访问、修改和查看。对工作簿进行保护，可防止他人随意调整工作表窗口的大小和更改工作表标签等，其方法如下：打开要保护的工作簿，选择"文件"/"文档加密"/"密码加密"命令，在打开的"密码加密"对话框中设置打开权限的密码和编辑权限的密码，完成后单击 应用 按钮。对工作簿进行保护后，再次打开该工作簿时，系统会自动打开"密码"对话框，提示用户当前工作簿有密码保护，只有输入正确的密码才能打开该工作簿。

（2）保护工作表。保护工作表实际上就是为工作表设置一些限制条件，从而起到保护其内容的作用，其方法如下：选择要保护的工作表，在"审阅"功能选项卡中单击"保护工作表"按钮🔒，打开"保护工作表"对话框，在"密码（可选）"文本框中输入密码，并在"允许此工作表的所有用户进行"列表框中选中允许用户进行操作的对应复选框，然后单击 确定 按钮，打开"确认密码"对话框，输入相同的密码后单击 确定 按钮，完成对工作表的保护设置。此时，如果需要对工作表中的数据进行编辑，那么WPS表格将显示"被保护单元格不支持此功能"字样，只有取消工作表的保护后才能对数据进行编辑。

（3）保护单元格。制作电子表格时，有时需要对工作表中的个别单元格进行保护，以避免误删其中的数据，其方法如下：选择需要保护的单元格或单元格区域，在"审阅"功能选项卡中单击"锁定单元格"按钮🔒，然后单击"保护工作表"按钮🔒，打开"保护工作表"对话框，在"密码（可选）"文本框中输入密码，并在"允许此工作表的所有用户进行"列表框中仅选中"选定未锁定单元格"复选框，表示用户只能在此工作表中选择没有被锁定的单元格或单元格区域。

（二）使用通义检索保护数据安全的方法

保护数据安全的方法很多，除了WPS提供的方法，用户也可以借助AI工具检索其他适用的数据安全保护方法，如借助通义等AI工具检索"电子表格中数据的保护方法""保护电子表格数据的方法"等，如图2-114所示。基于检索结果，可以总结出其他保护数据安全的方法，如使用文件加密保护、使用共享工作簿密码保护、使用第三方工具保护等。不同的方法有不同的保护效果，用户可以根据自己的需求进行选择。需要注意的是，如果是密码保护，则需要记住密码，以防忘记密码导致数据的永久丢失。此外，要确保保护方法行之有效，这样才能真正起到保护数据安全的作用。

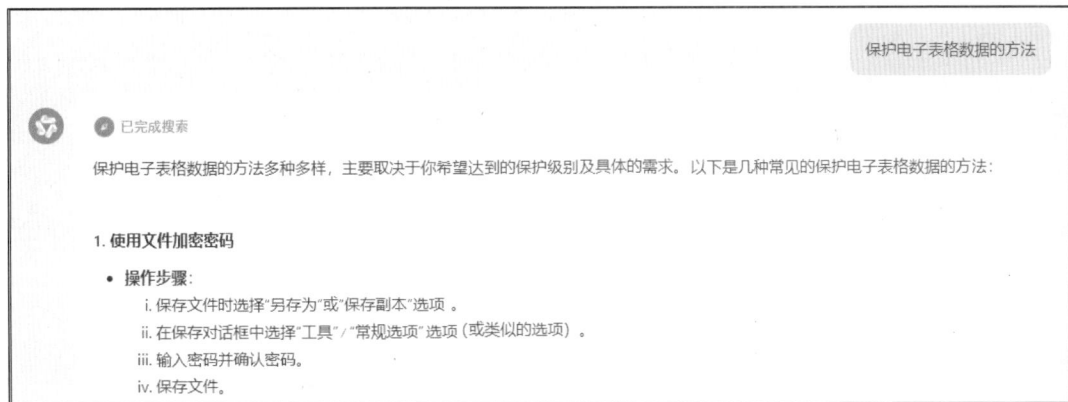

图2-114　检索保护数据安全的方法

┃ 行业动态 ┃

保护数据安全的重要性

当前数字经济正处于蓬勃发展的时期，许多前沿技术和产业领域都与数字技术相关，数据已成为基础性资源、重要生产力和关键生产要素，但数据的流通和使用也会带来一定的安全风险，国家机密、企业秘密和个人隐私等数据都需要重点保护。因此，在这样的背景下，人们既要享受数字化带来的便利，又要有效防范可能的数据安全风险。作为一名大学生，需要构建起数据安全意识，在数据收集、存储、使用、加工、传输、公开等全流程、各环节中都做好数据的保护，尽量避免或减少数据泄露、数据遗失带来的损失。

三、制作思路

保护并打印"志愿者信息统计表"工作簿，主要涉及对志愿者个人信息的保护，以及对志愿者相关活动信息的打印等操作，思路整理如下。

（1）通过设置工作表背景、主题和样式等方法美化表格，加强表格的视觉表现力。

（2）分别对单元格、工作表、工作簿进行保护。

（3）对工作簿进行共享，并邀请他人查看和编辑表格。

（4）根据需求打印工作表。

四、效果展示

"志愿者信息统计表"工作簿的参考效果如图 2-115 所示。

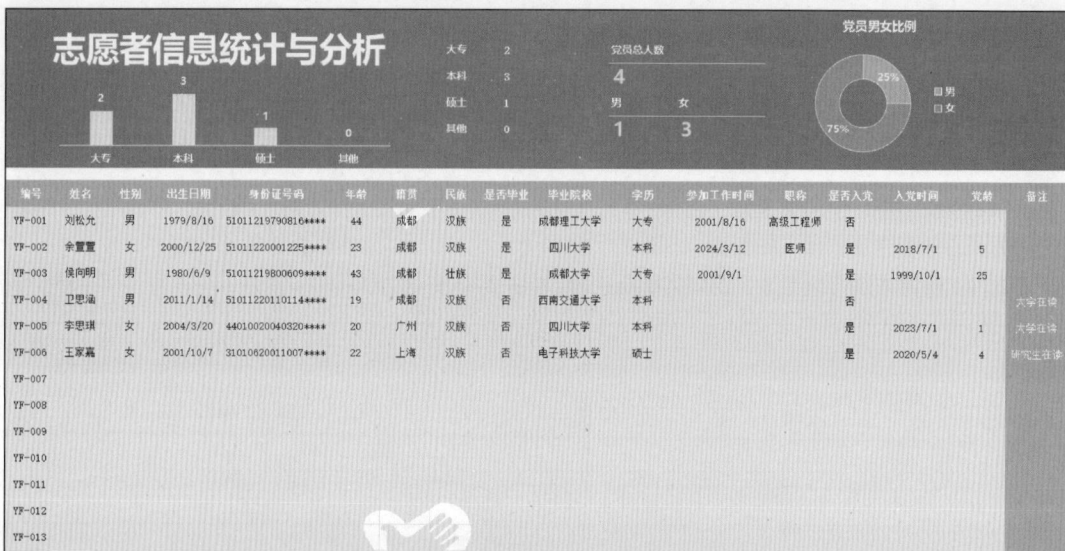

图 2-115 "志愿者信息统计表"工作簿的参考效果

五、任务实现

（一）设置工作表背景

在默认情况下，工作表是没有背景的，但在制作有特殊需求的表格时，为了给工作表添加特殊标记或使工作表更加美观，可在工作表中插入合适的图片作为背景。下面在"志愿者信息统计表"工作簿中添加带有志愿者标志的背景图片，具体操作如下。

（1）打开"志愿者信息统计表.et"工作簿（配套资源：\素材\模块二\志愿者信息统计表.et），选择 B10:R29 单元格区域，在"页面"功能选项卡中单击"背景图片"按钮，如图 2-116 所示。

（2）打开"工作表背景"对话框，选择"表格背景.png"图片（配套资源：\素材\模块二\表格背景.png），单击 打开(Q) 按钮。

图2-116　单击"背景图片"按钮

（3）返回工作表后，可查看设置工作表背景后的效果，如图2-117所示。

图2-117　查看设置工作表背景后的效果

（二）设置工作表的主题和样式

在WPS表格中，用户可以通过主题来美化表格，统一表格的字体样式等，也可以为表格和单元格应用样式，以美化表格。下面为工作表应用主题，并设置表格样式和单元格样式，具体操作如下。

（1）在"页面"功能选项卡中单击"主题"按钮 Aa ，在打开的下拉列表中选择"主题"/"流畅"选项，如图2-118所示。

（2）返回工作表后，工作表的样式将发生改变，主题效果如图2-119所示。

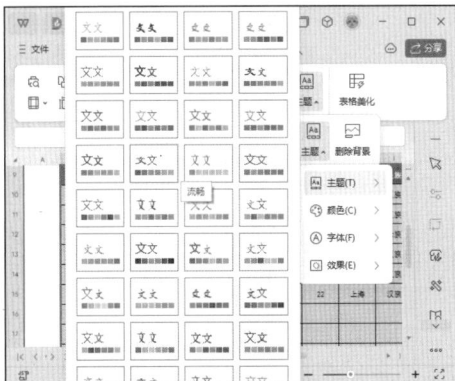

微课

设置工作表的
主题和样式

图2-118　选择主题

图2-119　主题效果

（3）选择 B9:R29 单元格区域，在"开始"功能选项卡中单击"表格样式"按钮，在打开的下拉列表中选择"主题颜色"栏中的"绿色"选项，再选择"表样式9"选项，如图2-120所示。

（4）由于已选择了需要套用表格样式的单元格区域，因此在打开的"套用表格样式"对话框中直接单击 确定 按钮即可。

（5）选择 R10:R29 单元格区域，在"开始"功能选项卡中单击"单元格"按钮，在打开的下拉列表中选择"强调文字颜色5"选项，此时所选的单元格区域将自动应用设置的单元格样式，效果如图2-121所示。

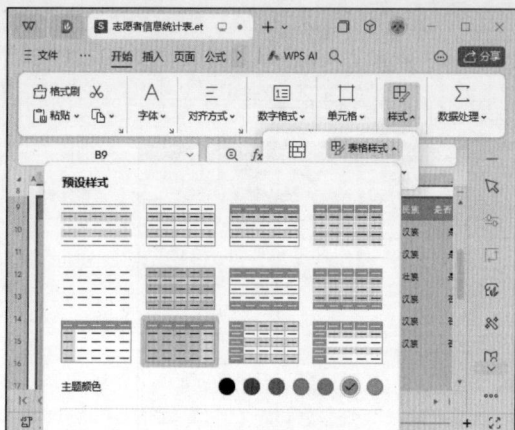

图2-120　选择表格样式

图2-121　设置单元格样式后的效果

（三）保护单元格、工作表与工作簿

完成工作表的设置与美化后，可根据需要对单元格、工作表和工作簿进行保护，具体操作如下。

微课

保护单元格、
工作表与工作簿

（1）单击第1行行号和A列列标相交处的"全选"按钮，全选单元格，在"审阅"功能选项卡中单击"锁定单元格"按钮，取消表格的锁定状态，然后选择 B9:R15 单元格区域，在"审阅"功能选项卡中继续单击"锁定单元格"按钮，锁定该单元格区域，如图2-122所示。

（2）在"审阅"功能选项卡中单击"保护工作表"按钮，打开"保护工作表"对话框，在"密码（可选）"文本框中输入密码，如"123"，在"允许此工作表的所有用户进行"列表框中选中"选定未锁定单元格"复选框，完成后单击 确定 按钮，如图2-123所示。

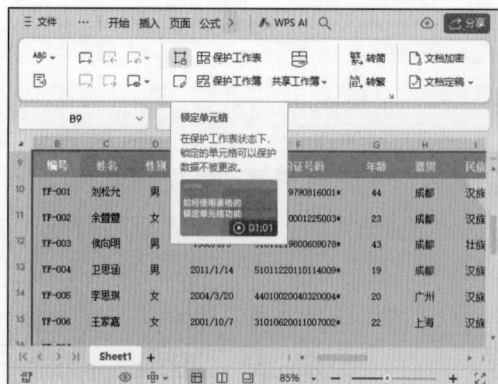

图2-122　锁定目标单元格

图2-123　输入密码并设置允许用户进行的操作

（3）打开"确认密码"对话框，在"重新输入密码"文本框中输入相同的密码，单击 确定 按钮，完成保护单元格和工作表的操作。此时，被锁定的单元格区域将无法被选择。

（4）在"审阅"功能选项卡中单击"保护工作簿"按钮，如图 2-124 所示。

（5）打开"保护工作簿"对话框，在"密码（可选）"文本框中输入密码，如"123"，单击 确定 按钮，如图 2-125 所示。

图2-124　单击"保护工作簿"按钮

图2-125　输入保护密码

（6）打开"确认密码"对话框，输入相同的密码后，单击 确定 按钮，完成工作簿的保护设置。返回工作表后，在任意工作表标签上单击鼠标右键，在弹出的快捷菜单中将禁用新建、删除、移动、复制、重命名等命令。

（四）共享工作簿

如果需要将工作簿分享给他人，并邀请其继续在表格中添加信息，则可以将工作簿分享到网络上，实现多人在线同时编辑同一个电子表格的操作。下面将工作簿以二维码的形式分享给其他用户，让其他用户通过扫描二维码的方式加入协作，具体操作如下。

微课
共享工作簿

（1）在 WPS 表格操作界面的右上角单击 分享 按钮，此时 WPS 表格会要求用户进行登录并绑定手机号码。

（2）完成登录和手机号码的绑定后，打开"协作"对话框，单击"和他人一起查看/编辑"右侧的 按钮，启用该功能，打开"上传至云空间"对话框，单击 立即上传 按钮，如图 2-126 所示，将工作簿上传至云空间。

（3）上传成功后，WPS 表格将进入协作模式，打开"分享"对话框，选择"添加协作者"选项，如图 2-127 所示。

图2-126　上传工作簿至云空间

图2-127　选择"添加协作者"选项

（4）在打开的面板中选择协作者，然后单击 确定 按钮，如图 2-128 所示，将表格分享给选择的协作者。

（5）返回"分享"对话框，在其中单击 按钮，生成二维码，如图2-129所示，然后单击 下载二维码 按钮，以下载二维码，将其分享给协作者，邀请协作者共同编辑该表格。

图2-128　选择协作者

图2-129　生成二维码

学思启示

现代办公环境中的协同办公与数字化

　　协同办公在现代工作环境中的应用频率非常高，无论是在社团群体中填写资料、在办公室中记录项目完成情况，还是多人合作编辑制作表格，都会使用到协同办公。协同办公本质上是通过网络、计算机和其他信息化工具促进多人之间的沟通、资源共享和协同工作，以提高办公效率、降低成本，它允许多个用户同时编辑同一份文档或电子表格，从而减少了文件传输和版本控制等问题，加强了团队成员之间的分工合作与互动沟通，同时支持远程办公、及时更新等功能，可以极大地提高工作的灵活性和效率。从最初的个人办公到如今的协同办公，其背后反映了数字化对信息化办公的重要影响。除了协同办公，即时通信、在线会议等都是数字化在办公领域的典型发展。目前，各个行业都在朝着数字化的方向转型、升级，大学生拥有新知识、新思维，应该积极了解数字化、拥抱数字化、培养数字化思维、学习数字化，在新一轮技术革命和制度变革中发挥重要作用。

（五）设置并打印工作表

　　如果要将表格打印存档，则需要先对表格内容进行打印预览，确保打印效果无误后，再设置打印参数，如设置纸张方向、页边距、打印范围等，然后进行打印，具体操作如下。

　　（1）选择"文件"/"打印"/"打印预览"命令，进入"打印设置"界面，预览工作表的打印效果后，在"份数"数值框中输入"1"，在"纸张信息"栏右侧单击"横向"按钮 。

　　（2）在"页码范围"数值框中输入打印页码，在"页边距"下拉列表中选择"窄"选项，然后单击 打印 (Enter) 按钮，如图2-130所示，完成电子表格的打印。

微课

设置并打印
工作表

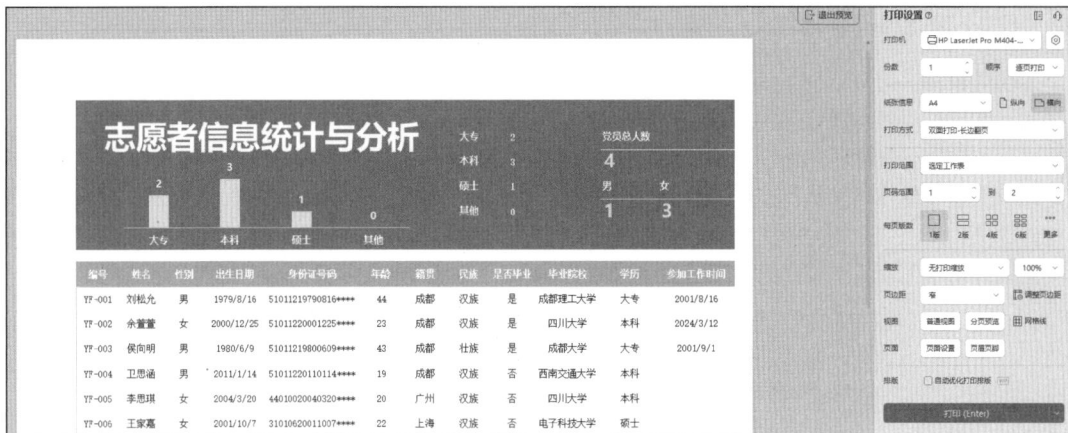

图2-130　设置打印参数

六、能力拓展

（一）新建表格样式

WPS表格提供了多种不同类型的表格样式，如果用户对内置的表格样式不满意，则可以根据实际需求新建表格样式，其方法如下：选择要应用样式的工作表，在"开始"功能选项卡中单击"表格样式"按钮，在打开的下拉列表中选择"新建表格样式"选项，打开"新建表样式"对话框，在"名称"文本框中输入新样式的名称，如"市场分析"，在"表元素"列表框中选择需要设置样式的对象，如"最后一列""第一列""标题行"等，如图2-131所示，然后单击 格式(F) 按钮，打开"单元格格式"对话框，在"字体""边框""图案"选项卡中分别设置表元素的字体格式、边框样式和填充效果。设置完成后，返回工作表，再次单击"表格样式"按钮，在打开的下拉列表中单击"自定义"选项卡，在其中选择新建的表格样式并应用到工作表中，如图2-132所示。

图2-131　新建表样式

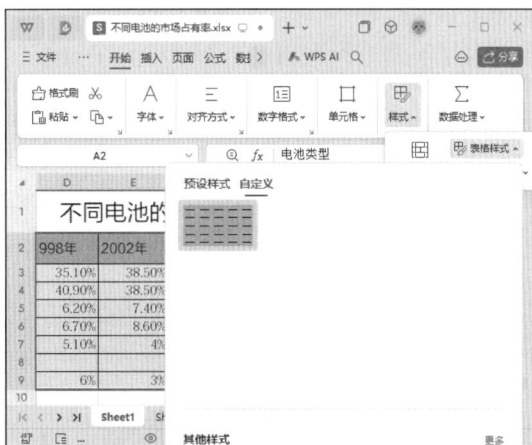

图2-132　查看自定义的表格样式

（二）清除单元格格式

在对表格进行美化时，有时只需要去掉单元格格式，保留单元格中的数据。此时，如果直接按"Delete"键，则会将单元格中的内容全部删除，无法达到保留数据的目的。要想在清除单元格格式的同时保留数据，就需要利用"开始"功能选项卡中的"清除"按钮◇，其方法如下：选择需要清除样式的单元格或单元格区域，在"开始"功能选项卡中单击"清除"按钮◇，在打开的下拉列表中选择相应的选项。WPS 表格提供了多个清除单元格格式的选项，如图 2-133 所示，不同的选项具有不同的作用，常用选项的作用介绍如下。

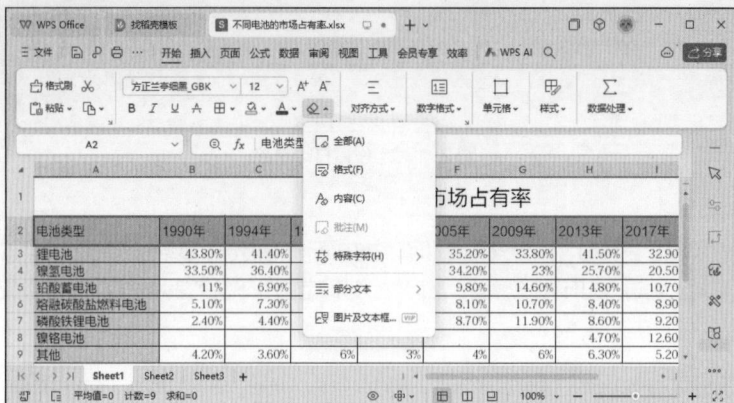

图 2-133　清除单元格格式的选项

选择"全部"选项，所选单元格或单元格区域中的数据将全部删除，包括格式和内容；选择"格式"选项，所选单元格或单元格区域中的格式将全部删除，但保留内容；选择"内容"选项，所选单元格或单元格区域中的内容将全部删除，但保留应用的格式；选择"批注"选项，所选单元格或单元格区域中的批注将全部删除，但保留内容和应用的格式；选择"特殊字符"选项，可在打开的子列表中选择清除的某种特殊字符。

课后练习

一、填空题

1. 如果用户想在关闭工作簿的同时退出 WPS Office，则应在打开的工作簿中单击标题栏右侧的"＿＿＿＿＿＿"按钮。

2. 选择第 1 张工作表后，按住"＿＿＿＿＿＿"键，继续单击其他工作表标签，可同时选择多张不相邻的工作表。

3. WPS 表格中的公式是对工作表中的数据进行计算的等式，它以＿＿＿＿＿＿符号开始，通过各种运算符将常量、单元格地址等组合起来，从而得到公式表达式。

4. 在工作表中输入文字时，默认的对齐方式是＿＿＿＿＿＿对齐。

5. WPS 表格中有＿＿＿＿＿＿、＿＿＿＿＿＿和＿＿＿＿＿＿3 种单元格引用方式。

6. 如果周老师要统计班级学生期末考试成绩的总分，则可运用 WPS 表格中的＿＿＿＿＿＿函数。

7. 在 WPS 表格中，单击编辑栏中的 fx 按钮，可在当前单元格中插入＿＿＿＿＿＿。

二、单选题

1. 在 WPS 表格中，默认的工作表有（　　）张。

A. 2　　　　　　　　B. 3　　　　　　　　C. 1　　　　　　　　D. 4

2. 在默认情况下，在 WPS 表格中的某单元格中输入数据后，按“Enter”键将执行的操作是（　　）。

A. 换行　　B. 不执行操作

C. 自动选择右边的单元格　　D. 自动选择下一个单元格

3. 对 WPS 表格中的工作表标签进行重命名操作后，下列说法正确的是（　　）。

A. 只改变工作表的名称

B. 只改变工作簿的名称

C. 只改变工作表的内容

D. 既改变工作表的名称，又改变工作表的内容

4. 如果要对工作表中的行高和列宽进行调整，那么应在“开始”功能选项卡中单击（　　）按钮。

A. “填充”　　B. “行和列”　　C. “单元格”　　D. “表格工具”

5. 在 WPS 表格中，对数据进行分类汇总之前，要先对工作表进行（　　）处理。

A. 筛选　　B. 设置格式　　C. 排序　　D. 计算

6. 如果要在 WPS 表格中找出学生成绩表中所有数学成绩在 95 分以上（包括 95 分）的学生，则适合使用（　　）功能。

A. 查找　　B. 分类汇总　　C. 定位　　D. 筛选

7. 在 WPS 表格中，公式“=AVERAGE(D6:D8)”等同于下面的（　　）公式。

A. =(D6+D7+D8)*3　　B. =D6+D7+D8/3

C. =D6+D7+D8　　D. =(D6+D7+D8)/3

8. 在 WPS 表格中，如果需要表达不同类别占总类别的百分比，那么适合使用（　　）图表类型。

A. 条形图　　B. 柱形图　　C. 折线图　　D. 饼图

9. 下列关于工作簿、工作表、单元格的表述中，正确的是（　　）。

A. 工作簿保护是指用户不能插入、删除、隐藏、重命名、复制或移动工作表

B. 保护工作表后不可以增加新的工作表

C. 仅进行单元格的保护也有实际意义

D. 工作簿的保护是限制其他用户对工作表进行操作，同时受保护的工作表中的单元格内容不可以修改

10. 在 WPS 表格中建立数据透视表时，默认的字段汇总方式是（　　）。

A. 最小值　　B. 平均值　　C. 求和　　D. 最大值

三、操作题

1. 启动 WPS 表格，按照下列要求对电子表格进行操作，参考效果如图 2-134 所示。

个人记账表													
	1月	2月	3月	4月	5月	6月	7月	8月	9月	10月	11月	12月	年
总支出													
现金不足/盈余													
收入：													
类别	1月	2月	3月	4月	5月	6月	7月	8月	9月	10月	11月	12月	年
收入													
兼职													
杂项													
汇总													
支出：													
类别	1月	2月	3月	4月	5月	6月	7月	8月	9月	10月	11月	12月	年
生活													
学习													
杂项													
汇总													

图 2-134 “个人记账表”参考效果

（1）新建工作簿，将其另存为“个人记账表”工作簿（配套资源：\素材\模块二\个人记账表.xlsx）。

（2）在表格中输入文本、数字等内容，然后设置标题文本的字体格式为“华文中宋，24，白色，背景 1”，设置其余文本的字体格式为“华文中宋，12”。

（3）合并且居中第 1、5、11 行单元格，调整其行高，然后为部分单元格设置底纹。

（4）对整个工作簿进行加密保护，密码为“111”（配套资源：\效果\模块二\个人记账表.xlsx）。

2. 打开“员工每月固定奖金表.et”工作簿（配套资源：\素材\模块二\员工每月固定奖金表.et），按照下列要求对表格进行操作，参考效果如图 2-135 所示。

（1）调整表格的列宽和行高，并设置表格的格式，包括单元格边框、填充颜色、数字格式等。

（2）利用 SUM 函数计算员工奖金的总计数。

（3）利用 RANK.EQ 函数分析员工奖金的排名情况。在对该函数中的 ref 参数进行设置时，所引用的单元格为绝对引用。

（4）对 E 列单元格中的数据进行降序排列（配套资源：\效果\模块二\员工每月固定奖金表.et）。

3. 打开“产品销量记录表.et”工作簿（配套资源：\素材\模块二\产品销量记录表.et），按照下列要求对表格进行操作，参考效果如图 2-136 所示。

（1）对“Sheet1”工作表中的数据进行自定义排序，排序方式为“空调，电视机，冰箱，洗衣机”。

（2）复制排序后的“Sheet1”工作表，并将复制后的工作表重命名为“高级筛选”，然后对“高级筛选”工作表中的数据按照 C23:D24 单元格区域中的条件进行高级筛选（可参考效果文件）。

（3）继续复制“Sheet1”工作表，并将其重命名为“分类汇总”，然后对“产品名称”字段进行分类汇总，其中汇总方式为“求和”，汇总项为“销售额”。

（4）在汇总方式为“求和”的基础上继续使用“最大值”汇总方式分析数据。

（5）为“分类汇总”工作表添加背景图片“01.jpg”（配套资源：\素材\模块二\01.jpg），完成后保存工作簿（配套资源：\效果\模块二\产品销量记录表.et）。

员工每月固定奖金表

姓名	固定奖金	工作年限奖金	其他津贴	总计	排名
梁爱诗	¥2,000.00	¥1,571.00	¥891.00	¥4,462.00	1
周楠	¥2,000.00	¥1,592.00	¥870.00	¥4,462.00	1
刘帅	¥2,000.00	¥1,552.00	¥897.00	¥4,449.00	3
马玲	¥2,000.00	¥1,575.00	¥794.00	¥4,369.00	4
宁静	¥2,000.00	¥1,559.00	¥779.00	¥4,338.00	5
周萌萌	¥2,000.00	¥1,591.00	¥677.00	¥4,268.00	6
童叶庚	¥2,000.00	¥1,562.00	¥694.00	¥4,256.00	7
唐永明	¥2,000.00	¥1,576.00	¥577.00	¥4,153.00	8
彭兆荪	¥2,000.00	¥1,564.00	¥584.00	¥4,148.00	9
周文娟	¥2,000.00	¥1,554.00	¥571.00	¥4,125.00	10
孙水林	¥2,000.00	¥1,571.00	¥377.00	¥3,948.00	11
王永胜	¥2,000.00	¥1,569.00	¥362.00	¥3,931.00	12
王丹妮	¥2,000.00	¥1,587.00	¥287.00	¥3,874.00	13
李江涛	¥2,000.00	¥1,598.00	¥261.00	¥3,859.00	14
陈勋奇	¥2,000.00	¥1,557.00	¥267.00	¥3,824.00	15
严歌苓	¥2,000.00	¥1,599.00	¥174.00	¥3,773.00	16
司徒闵	¥2,000.00	¥1,599.00	¥160.00	¥3,759.00	17
郑爽	¥2,000.00	¥1,563.00	¥187.00	¥3,750.00	18

图 2-135 “员工每月固定奖金表”参考效果

产品销量记录表

日期	产品名称	单价	销售量	销售额	销售员
2025/4/11	空调	¥2,588.00	6	¥15,528.00	张顺发
2025/4/17	空调	¥5,888.00	16	¥94,208.00	张顺发
2025/4/21	空调	¥4,850.00	3	¥14,550.00	孙斌
2025/4/25	空调	¥4,599.00	8	¥36,792.00	赵涛
	空调 最大值			¥94,208.00	
	空调 汇总			¥161,078.00	
2025/4/8	电视机	¥5,888.00	5	¥29,440.00	张顺发
2025/4/12	电视机	¥4,800.00	5	¥24,000.00	孙斌
2025/4/19	电视机	¥1,280.00	10	¥12,800.00	谢小芸
2025/4/24	电视机	¥3,599.00	8	¥28,792.00	谢小芸
2025/4/26	电视机	¥5,888.00	6	¥35,328.00	谢小芸
2025/4/28	电视机	¥3,880.00	5	¥19,400.00	谢小芸
	电视机 最大值			¥35,328.00	
	电视机 汇总			¥149,760.00	
2025/4/10	冰箱	¥6,880.00	4	¥27,520.00	孙斌
2025/4/15	冰箱	¥3,880.00	5	¥19,400.00	赵涛
2025/4/18	冰箱	¥3,599.00	9	¥32,391.00	孙斌
2025/4/27	冰箱	¥4,088.00	3	¥12,264.00	赵涛
2025/4/29	冰箱	¥6,850.00	10	¥68,500.00	赵涛
	冰箱 最大值			¥68,500.00	
	冰箱 汇总			¥160,075.00	
2025/4/13	洗衣机	¥1,080.00	12	¥12,960.00	谢小芸
2025/4/20	洗衣机	¥2,880.00	8	¥23,040.00	赵涛
2025/4/30	洗衣机	¥1,280.00	6	¥7,680.00	张顺发
	洗衣机 最大值			¥23,040.00	
	洗衣机 汇总			¥43,680.00	
	总计最大值			¥94,208.00	
	总计			¥514,593.00	

图 2-136 “产品销量记录表”参考效果

模块三
演示文稿处理

03

从字、表、图到多媒体，信息表达方式的演变揭示了人类认知模式的变化规律。人的大脑对视觉信息的处理远比对纯文本的处理更为高效和直观。多媒体以其融合了文字、图像、音频、视频乃至动画等多种视觉表现形式的独特魅力，构建了一个全方位、多维度的信息展示空间，使得信息的传递不再局限于二维平面。演示文稿正是多媒体这一信息表现形式的典型代表，它不仅继承了图表、图片在直观传递信息时的优势，更通过集成视频、音频、动画等多媒体能力，将信息的呈现推向了一个全新的高度，成为现代社会中不可或缺的信息交流与展示工具。无论是在教育领域制作课件，还是在商业领域制作工作报告、项目提案、创业计划书、产品演示等，一份制作精良的演示文稿都能以其直观、生动的表现形式快速吸引观众的注意力，清晰地传达核心信息，有效地促进信息沟通与信息传达。因此，掌握演示文稿的制作技巧，不仅是个人职业能力提升的体现，更是适应信息时代发展需求、实现高效沟通与展示的关键。

本模块将基于 WPS 演示这一演示文稿处理软件，制作千年水利工程、荒漠化防治、传统文化、网络空间安全等演示文稿，详细介绍演示文稿的制作和编辑方法。

课堂学习目标

- **知识目标**：掌握演示文稿和幻灯片的基本操作，如文本操作、各种对象的插入与编辑、演示文稿的美化、动画的添加、演示文稿的放映等。

- **技能目标**：能够熟练应用 WPS 演示制作和编辑演示文稿。

- **素质目标**：培养逻辑思维能力和整体布局能力，提高对美的认识，培养良好的视觉艺术感。

任务一　创建"千年水利工程"演示文稿

一、任务描述

在古代，通过修建水利工程，如水库、渠道等，可以有效调节和控制水资源的分布和利用，从而解决农业生产中的灌溉问题。同时，水利工程的修建往往伴随着交通运输的改善，对推动社会经济发展也发挥着巨大的作用。我国古代修建了许多著名的水利工程，其中，一些重要的水利工程设施至今仍在为人类社会创造着巨大的综合效益。古代水利工程的修建是劳动人民智慧和创造力的结晶，它们承载着丰富的历史文化信息，是中华民族悠久历史和灿烂文化的见证，通过认识、保护和传承这些水利工程，我们可以更好地了解中华民族深厚的文化底蕴和劳动精神。本任务将创建"千年水利工程"演示文稿，通过创建该演示文稿来介绍运用 AI 工具快速生成演示文稿、编辑演示文稿、编辑幻灯片母版、编辑文本框等操作。

二、任务准备

要完成使用 WPS 演示创建和制作"千年水利工程"演示文稿的任务，首先需要了解演示文稿的基础知识，包括演示文稿的应用场景、WPS 演示的操作界面、演示文稿的制作流程、快速生成演示文稿的 AI 工具、幻灯片母版等。

（一）了解演示文稿的应用场景

演示文稿具有将静态信息表现为动态信息的特点，能给观众留下非常深刻的印象，因此其应用场景也越来越多，常见的应用场景如下。

（1）总结汇报。当需要对某项工作或事务进行总结或汇报时，演示文稿是一种非常有效的沟通工具，它不仅能够配合演讲者的总结和汇报内容展示信息，还能将一些枯燥乏味的内容变得生动有趣，从而让观众更容易理解和接受这些内容。

（2）宣传推广。无论是企业宣传还是产品推广，演示文稿都可以借助多媒体呈现出更好的宣传推广效果，使需要介绍的内容清晰地展现在观众眼前。

（3）培训或教学。无论是企业培训还是课堂教学，演示文稿的交互功能都可以很好地辅助培训人员或老师完成各种培训或教学任务。

（二）WPS 演示的操作界面

WPS 演示的操作原理与 WPS Office 的其他组件大致相似，文件的打开、新建和保存方法，以及功能选项卡的使用方法等，都与 WPS 文字、WPS 表格相同，但界面略有不同。选择"开始"/"WPS Office"命令，或双击计算机磁盘中保存的演示文稿（其扩展名为.dps 或.pptx），将启动 WPS Office 并打开该软件的操作界面，如图 3-1 所示。

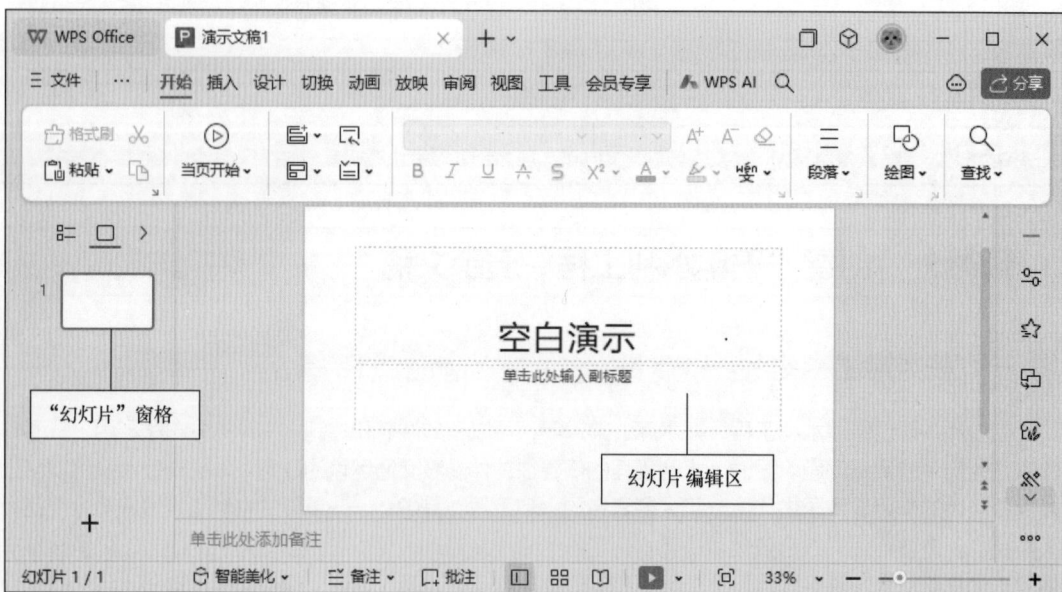

图 3-1　WPS 演示的操作界面

WPS 演示的操作界面特有的组成部分是幻灯片编辑区和"幻灯片"窗格，其他组成部分的作用和使用方法与文档及电子表格操作界面中对应组成部分的作用和使用方法相似。

- 幻灯片编辑区。幻灯片编辑区用于显示和编辑幻灯片的内容。在默认情况下，标题幻灯片包含一个主标题占位符和一个副标题占位符，内容幻灯片包含一个标题占位符和一个内容占位符。
- "幻灯片"窗格。"幻灯片"窗格位于幻灯片编辑区的左侧，用于显示当前演示文稿中所有幻灯片的缩略图。单击某张幻灯片的缩略图，可跳转到该幻灯片并在右侧的幻灯片编辑区中显示该幻灯片的内容。

技能提升 演示文稿是由一系列幻灯片组成的整体，每一张幻灯片都是演示文稿中的一个独立页面，每张幻灯片上都可以包含文字、图片、图表、动画等多媒体元素，可以用于传达特定的信息或观点。将演示文稿中的幻灯片按照一定的顺序排列，就形成了演示文稿的结构框架，而演示文稿的框架决定了信息传达的顺序和逻辑。总之，因为演示文稿与幻灯片之间的共同协作，才使得演示文稿能够成为一种强大而灵活的信息传达工具。

（三）演示文稿的制作流程

演示文稿作为一种强大而灵活的信息传达工具，具有多媒体编辑软件的特点，它集成了文本、图像、音频、视频和动画等多种功能，还可以实现交互、共享等。如果要充分发挥演示文稿编辑软件的作用，就需要全面了解和使用其功能，并梳理演示文稿的基本制作流程。通常来说，演示文稿的制作流程并没有硬性规定，用户可根据自己的操作习惯来决定，也可以参考以下制作流程，并结合自身的操作习惯确定具体的演示文稿制作流程。

1. 创建基本内容

制作演示文稿时，需要先创建演示文稿和幻灯片，并在幻灯片中输入内容，这些内容主要是指文本内容，其目的是搭建整个演示文稿的内容框架。

2. 统一演示文稿

所谓统一演示文稿，主要是指统一演示文稿的背景、主题及对象格式等。该环节一方面可以提高制作演示文稿的效率，另一方面可以使演示文稿具备统一的风格，从而使其显得更加美观和专业。

3. 丰富演示文稿

创建好内容框架后，用户可以根据演示文稿的内容特点和信息传达需要来调整演示文稿，如将文本调整为表格、图表、图示等，或在幻灯片中插入图片、音频、视频等多媒体对象，以丰富演示文稿的内容。

4. 添加动画

动画是演示文稿的特色功能，在确定演示文稿的风格并完善其内容后，可以为幻灯片及幻灯片中的各个对象添加合适的动画，以进一步提升演示文稿的交互性和趣味性。

5. 放映并发布演示文稿

完成上述所有环节后，需要通过放映演示文稿来检查其内容是否完整。只有通过放映不断地检查和调整，才能得到内容完整、演示效果良好的演示文稿，才可以根据需要将其发布到相关平台。

（四）演示文稿的快速生成与常用的 AI 工具

由于演示文稿中的对象较多，制作比较烦琐，除了搭建内容框架，版面设计、字体设计等往往也需要花费大量的时间，因此用户可以借助一些插件或 AI 工具来提高演示文稿的制作效率和设计美观度。

目前，一些常用的演示文稿插件中都提供了大量主题模板、色彩方案、字体方案、图片素材等资源，支持快速更换演示文稿中的字体、色彩、主题、背景等元素，同时可以根据文字内容实现快速排版。此外，部分演示文稿插件还支持 AI 设计功能，可以一键生成演示文稿，如 iSlide、搞定 PPT、MotionGo 等，这些插件大多需要下载并安装到计算机中。安装完成后，演示文稿操作界面中将新增该插件的功能选项卡，在该功能选项卡中便可进行统一字体、统一段落、统一色彩、统一布局、统一动画等操作。除了插件，使用一些专门的 AI 工具也可以快速生成演示文稿，如讯飞星火认知大模型、百度文库等都提供了 AI 一键生成演示文稿的功能。图 3-2 所示为讯飞星火认知大模型的演示文稿生成页面，图 3-3 所示为百度文库的演示文稿生成页面。目前主流的一键生成演示文稿 AI 工具都以提问式生成为主，也就是用户提出自己对演示文稿主题、内容等方面的需求，然后让 AI 工具根据该需求自动生成大纲或演示文稿。完成演示文稿的生成后，用户也可以根据实际需求对其内容进行修改，包括调整语言风格、扩写或重写、更换图片、更换模板等。

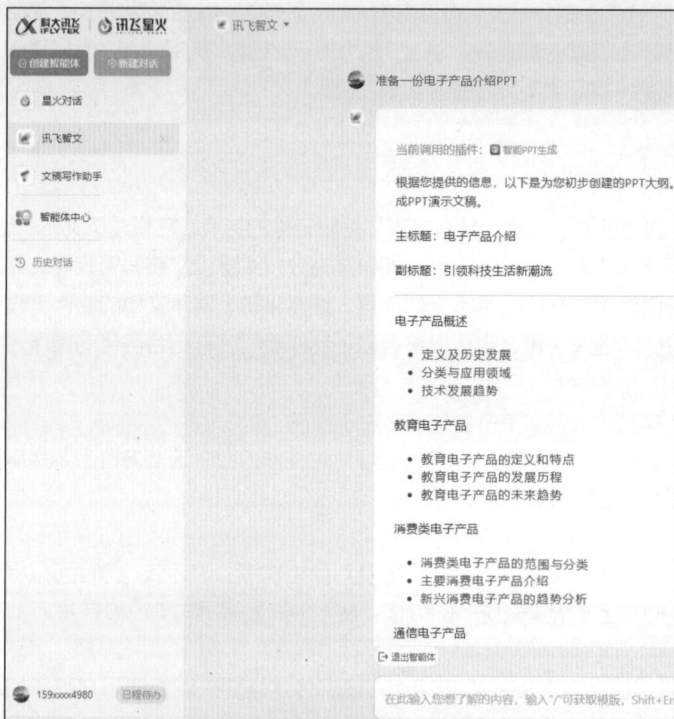

图3-2 讯飞星火认知大模型的演示文稿生成页面　　　图3-3 百度文库的演示文稿生成页面

（五）认识母版

在 WPS 演示中，母版可以统一设计元素、简化编辑流程，从而提高演示文稿的制作效率和一致性。例如，在母版状态下，用户可以统一修改所有幻灯片中的字体、颜色和背景等元素，确保整个演示文稿的视觉风格一致。此外，在母版中进行的修改会自动应用到所有基于该母版创建的幻灯片上，因此在母版中进行修改，可以避免逐一修改幻灯片内容的烦琐过程。

WPS 演示提供了 3 种母版，分别是幻灯片母版、讲义母版和备注母版，在"视图"功能选项卡中单击相应的按钮可进入对应的母版，不同的母版视图具有不同的功能。

- 幻灯片母版。在幻灯片母版中可以统一设置幻灯片中的内容、字体、颜色和背景等元素。WPS 演示的幻灯片母版中提供了多种版式，如果只对某个母版版式进行设置，则只有应用了该母版版式的幻灯片才会同步显示对应的效果。当然，用户也可以在幻灯片母版中对所有幻灯片的格式和内容进行统一设置。

- 讲义母版。讲义是指在演讲时打印出来使用的文件。讲义母版的主要作用是在将幻灯片打印为讲义时设置其内容显示方向（即纸张方向）、幻灯片大小、每页讲义包含的幻灯片数量、页眉与页脚的内容等，也可设置幻灯片的主题样式和背景效果。

- 备注母版。备注是幻灯片放映和演讲者演讲时查阅的附加内容（在幻灯片编辑区下方有一个"单击此处添加备注"的区域，在其中单击，定位插入点，可插入备注内容），其作用是提醒演讲者在放映该幻灯片或介绍该幻灯片内容时需要注意的事项。备注母版的作用与讲义母版相似，同样可以设置幻灯片备注页的内容显示方向、幻灯片大小、页眉与页脚的内容，以及幻灯片的主题样式和背景效果等。

三、制作思路

创建"千年水利工程"演示文稿，主要涉及 AI 工具的使用和母版的使用两个操作，思路整理如下。

（1）使用 AI 工具生成演示文稿的大纲和初稿。

（2）使用 AI 工具对演示文稿的内容进行改写、扩写等，并导出演示文稿。

（3）使用 WPS 演示对演示文稿中的幻灯片进行复制、移动等基础编辑，使幻灯片的顺序更加符合信息传达的需求。

（4）使用 AI 工具生成演示文稿的配色方案，作为演示文稿视觉效果设计的参考。

（5）根据配色方案，在 WPS 演示的母版视图下对演示文稿的颜色、背景等进行统一设置。

（6）根据演示文稿的编辑需求在幻灯片中添加文本，并调整其版式。

四、效果展示

"千年水利工程"演示文稿制作完成后的部分参考效果如图 3-4 所示。

图 3-4 "千年水利工程"演示文稿制作完成后的部分参考效果

五、任务实现

（一）使用讯飞星火认知大模型生成演示文稿大纲

在制作演示文稿之前，首先需要基于演示需求确定演示文稿的整体框架，也就是演示文稿的大纲。例如，在制作"环境保护宣传"演示文稿时，可先将演示文稿的大纲搭建为"问题引入""水源保护""土壤保护""动植物保护""垃圾分类""发起倡议"6 个部分，然后依次对各个部分的内容进行细化。通常来说，演示文稿大纲的搭建需要制作者广泛搜集信息，然后对信息进行全面的整理、归纳和提炼，但借助 AI

微课

使用讯飞星火认知大模型生成演示文稿大纲

131

工具，可以缩短信息搜集和归纳的过程，快速完成演示文稿大纲的搭建。下面使用讯飞星火认知大模型快速搭建"千年水利工程"演示文稿的大纲，具体操作如下。

（1）搜索讯飞星火认知大模型，进入其官方页面，选择"开始对话"选项，在打开的页面中选择"讯飞智文"选项，如图3-5所示。

图3-5　选择"讯飞智文"选项

（2）在打开的"讯飞智文"内容生成页面中输入问题"请以'千年水利工程'为主题生成演示文稿的大纲，包括导入部分、我国古代著名的三大水利工程、古老的运河——灵渠、一粒沙里见世界——都江堰、南北大动脉——京杭大运河、现代水利工程设施、思考与总结7个部分"，按"Enter"键后，讯飞智文将基于该问题生成PPT大纲，如图3-6所示。

（3）查看讯飞智文生成的PPT大纲内容是否符合自己的需求，若需要调整，则单击生成结果下方的 编辑 按钮，打开"PPT大纲编辑调整"面板，在其中选择需要调整的内容后，进入编辑状态，也可拖动标题调整PPT大纲的顺序，调整完成后单击 一键生成PPT 按钮，如图3-7所示。此时，讯飞智文将基于该大纲生成演示文稿。

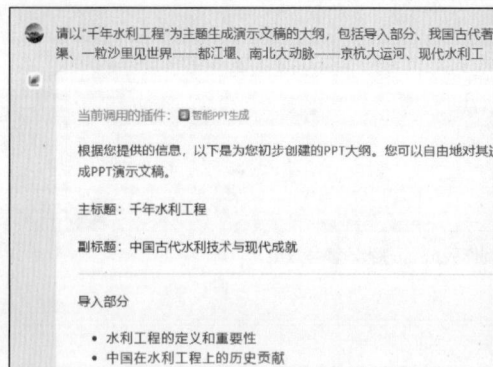

图3-6　生成PPT大纲

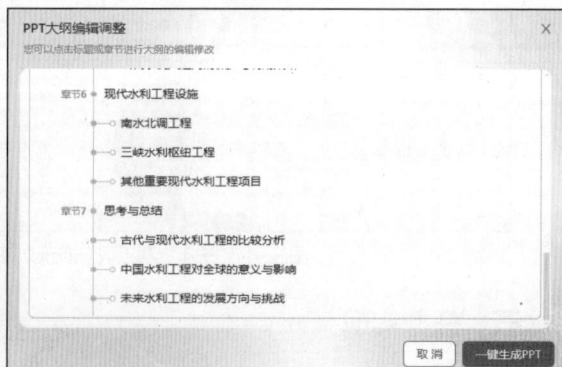

图3-7　修改大纲

┃ **行业动态** ┃

水利工程的建设对人类社会的发展至关重要

水利工程是保障人们生活、促进社会生产发展的一种重要设施。一方面，水利工程的建设可以保障水资源供应，解决人们饮水、用水和农业灌溉的需求，确保粮食安全和人民生活需要；另一方面，水利工程的建设有助于防洪减灾，如通过水库、堤坝等工程有效控制洪水，减少自然灾害对生态环境与人类居住区的威胁等。此外，部分大型水利工程还能改善航运、发电、旅游等多个方面，带动地区经济的繁荣。从古至今，人们建造了无数利国利民的水利工程设施，不仅提高了人类对自然灾害的防御能力，在推动经济和社会的可持续发展方面也发挥了巨大作用。

（二）使用讯飞星火认知大模型生成演示文稿初稿

与演示文稿大纲的搭建一样，编辑演示文稿的内容以形成初稿也需要制作者基于大纲广泛地搜集和整理信息，然后将信息依次编辑到对应的幻灯片中，但借助 AI 工具，可以实现演示文稿内容的快速生成。下面使用讯飞星火认知大模型基于"千年水利工程"演示文稿的大纲生成初稿，并对初稿的内容进行适当的编辑和修改，具体操作如下。

微课

使用讯飞星火
认知大模型生成
演示文稿初稿

（1）使用讯飞智文生成演示文稿的大纲并单击 一键生成PPT 按钮后，讯飞智文将基于大纲内容生成演示文稿，如图3-8 所示。

图3-8　生成的演示文稿

（2）检查生成的演示文稿，如果发现其中有些内容与自己的需求不符，就需要对其进行重新编辑。这里在页面左侧的"幻灯片"窗格中选择第3张幻灯片，然后将插入点定位于幻灯片编辑区中，删除"导入部分"文本中的"部分"二字，然后单击页面右侧的 AI 图标，打开"智文 AI 撰写助手"任务窗格，如图3-9 所示。

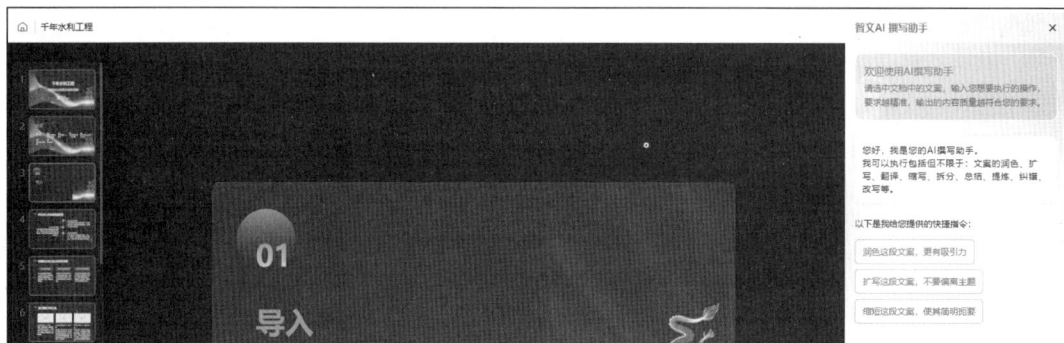

图3-9　打开"智文 AI 撰写助手"任务窗格

（3）选择第 5 张幻灯片中需要修改的文本，然后在右侧的任务窗格中选择"润色这段文案，更有吸引力"指令，如图 3-10 所示。此时，讯飞智文将自动对该文本内容进行改写润色。也可以选择文本后，在右侧任务窗格下方的文本框中输入指令，并要求讯飞智文基于具体的指令修改文本内容。

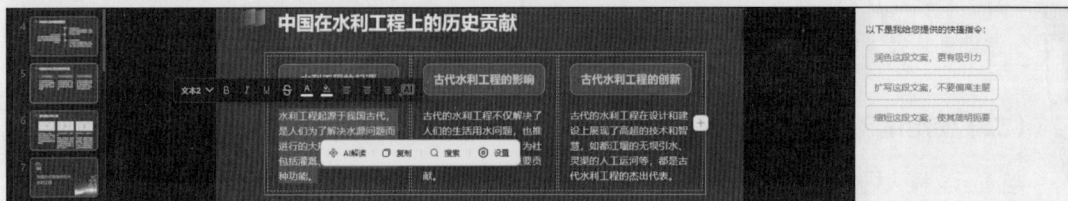

图 3-10　润色文案

> **技能提升**　在讯飞智文生成的演示文稿中，将鼠标指针移动到幻灯片上，此时该幻灯片右上方将出现一个快捷工具栏，在该工具栏中单击相应的按钮可以对幻灯片执行上移、下移、删除、更改布局等操作。在幻灯片中选择文本后，也会弹出一个快捷工具栏，在该工具栏中可以对文本的字体、字号、颜色、对齐方式等进行设置。

（4）按照步骤（3）的操作继续对其他幻灯片中的内容进行编辑和修改。修改完成后，在页面右上方单击"模板"按钮，在打开的"模板切换"任务窗格中选择一种模板样式，如图 3-11 所示。

图 3-11　选择一种模板样式

（5）在页面右上方单击导出按钮，在打开的下拉列表中选择"下载到本地"选项，打开"下载到本地"对话框，在其中选择"PPT 文件"选项后，单击确定按钮，如图 3-12 所示。

（6）此时，讯飞智文将对 PPT 文件进行导出，并打开导出后的页面，然后在页面右上角单击"下载"超链接，打开"新建下载任务"对话框，在其中设置 PPT 文件的保存位置并单击下载按钮，如图 3-13 所示，将该 PPT 文件保存到本地计算机中。

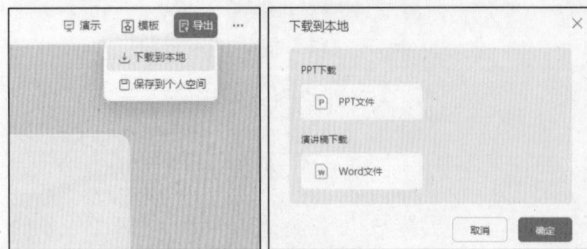

图 3-12　下载 PPT 文件　　　　图 3-13　下载设置

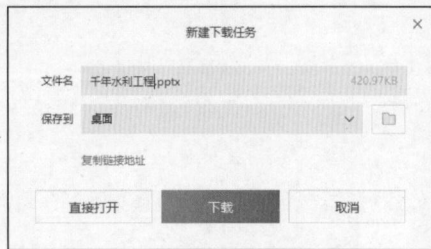

（三）复制与移动幻灯片

使用讯飞智文生成和导出演示文稿后，可以使用 WPS 演示对演示文稿进行进一步的编辑。下面检查讯飞智文生成的演示文稿，并根据信息展示需求对演示文稿中的幻灯片顺序进行调整，具体操作如下。

（1）打开"千年水利工程.pptx"演示文稿（配套资源：\素材\模块三\千年水利工程.pptx），在"幻灯片"窗格中选择第 3 张幻灯片，然后依次按"Ctrl+C"组合键和"Ctrl+V"组合键完成幻灯片的复制和粘贴操作，如图 3-14 所示。

（2）在"幻灯片"窗格中选择第 2 张幻灯片，按"Ctrl+X"组合键剪切该幻灯片，然后在"幻灯片"窗格中的第 3 张幻灯片下方单击以定位插入点，并按"Ctrl+V"组合键粘贴该幻灯片，如图 3-15 所示。此时，第 2 张幻灯片将移至第 3 张幻灯片（原第 4 张幻灯片）的下方。

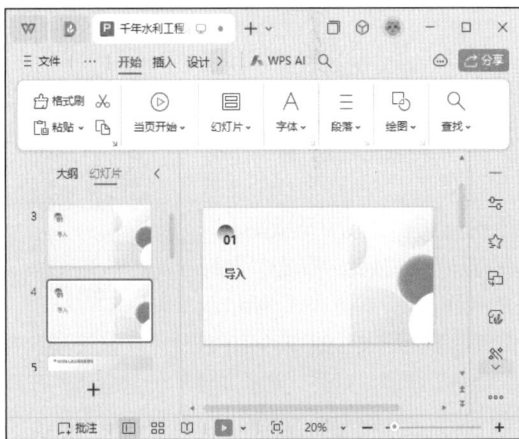

图 3-14　复制幻灯片　　　　　图 3-15　移动幻灯片

（3）选择第 2 张幻灯片中的文本框，按"Delete"键将其删除。继续检查其他幻灯片，删除不需要的文本或文本框，最后按"Ctrl+S"组合键保存该演示文稿。

（四）使用通义生成演示文稿的配色方案

演示文稿是一种具有多媒体特点的文件，从信息传达效果上来看，人们对其视觉表现力往往有较高的要求，而配色则是影响演示文稿视觉表现力的关键。恰当的配色可以强化内容的表达，提升信息的可读性，进而吸引并维持观众的注意力。下面使用通义生成"千年水利工程"演示文稿的配色方案，便于后续对该演示文稿的配色进行设计，具体操作如下。

（1）搜索"通义"，进入其官方页面，在下方的文本框中输入需求"我需要制作一个'千年水利工程'演示文稿，主要介绍我国古代著名的水利工程设施，请你为该演示文稿设计几个配色方案，如主色为蓝色（其 RGB 值为 72，116，203），辅助色为黄色（其 RGB 值为 243，196，86），点缀色为橙色（其 RGB 值为 238，130，47）"，按"Enter"键后，通义将根据该问题提供相应的配色方案，并说明各配色方案的选择理由，如图 3-16 所示。

（2）根据演示文稿的信息传达需求选择一种合适的配色方案，如这里可以选择第一种配色方案，考虑到该演示文稿主要用于教学，因而优先选择既鲜亮又不刺眼的色彩搭配，便于学生观看。

135

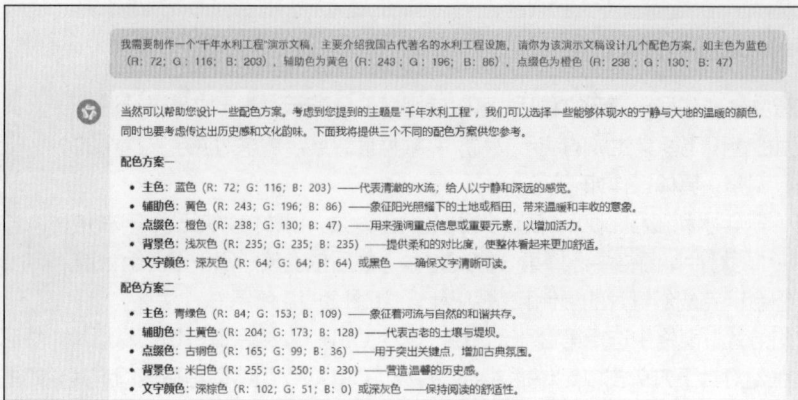

图 3-16　生成配色方案

（五）在母版中统一幻灯片的背景与颜色

直接使用 AI 工具生成的演示文稿，如果其模板、配色和背景等不符合演示文稿的风格，则可以使用 WPS 演示对演示文稿进行编辑美化，包括应用主题、更改背景、更改颜色、编辑并应用版式等。下面对"千年水利工程"演示文稿的主题、背景和配色等进行编辑，具体操作如下。

（1）在"视图"功能选项卡中单击"幻灯片母版"按钮，进入幻灯片母版视图。在"设计"功能选项卡中单击主题列表框右侧的按钮，在打开的下拉列表中单击"更多主题"超链接，打开"主题方案"面板，在其中选择合适的主题方案，如图 3-17 所示。

（2）返回幻灯片编辑区后，可以看到主题、字体和背景等均已发生改变。在"设计"功能选项卡中单击"背景"按钮，在打开的下拉列表中选择"背景填充"选项，打开"对象属性"任务窗格，在其中选中"纯色填充"单选按钮，并在"颜色"下拉列表中选择"更多颜色"选项，如图 3-18 所示。

图 3-17　选择合适的主题方案

图 3-18　选择"更多颜色"选项

（3）打开"颜色"对话框，单击"自定义"选项卡，在下方的数值框中分别输入"235""235""235"，单击确定按钮，如图 3-19 所示。

（4）在左侧的"幻灯片"窗格中选择标题幻灯片，再选择该幻灯片左上方的形状，在"图形工具"功能选项卡中单击"填充"按钮下方的下拉按钮，在打开的下拉列表中选择"其他填充颜色"选项，打开"颜色"对话框，在下方的数值框中分别输入"72""116""203"，完成后单击 确定 按钮，如图 3-20 所示。

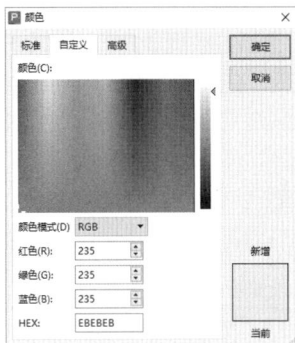

图 3-19　设置背景颜色参数

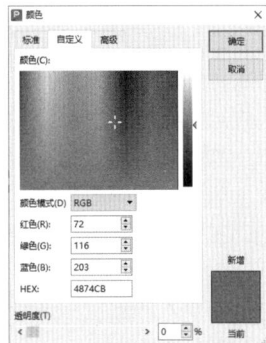

图 3-20　设置形状填充颜色参数

（5）按照该方法将标题幻灯片中的另一形状填充颜色参数设置为"243""196""86"。选择署名占位符，在"绘图工具"功能选项卡中单击"轮廓"按钮下方的下拉按钮，在打开的下拉列表中选择"其他边框颜色"选项，打开"颜色"对话框，在下方的数值框中分别输入"238""130""47"。选择幻灯片中的直线，将其轮廓颜色参数也设置为"238""130""47"。返回幻灯片编辑区后，标题幻灯片配色后的效果如图 3-21 所示。

（6）在左侧的"幻灯片"窗格中选择第 1 张幻灯片，对其中形状、直线的颜色进行设置，如图 3-22 所示，设置后所有应用该版式的幻灯片的配色也将随之变化。

（7）按照该方法，继续设置其他幻灯片的配色。

图 3-21　设置标题幻灯片配色后的效果

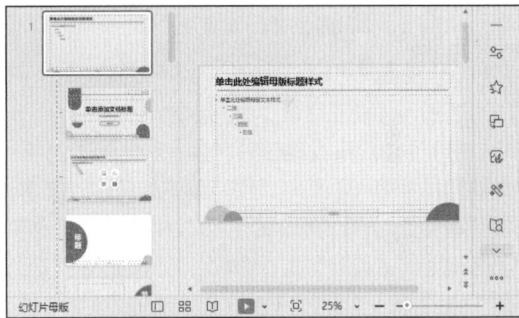

图 3-22　设置第 1 张幻灯片的配色

技能提升　在 WPS 演示中，用户可以在母版视图模式下创建多套母版样式，其方法如下：在左侧"幻灯片"窗格中的某张幻灯片上单击鼠标右键，在弹出的快捷菜单中选择"新建幻灯片母版"命令，便可新建一个新的幻灯片母版样式。如果要删除母版中的某一个版式，则可以在其上单击鼠标右键，在弹出的快捷菜单中选择"删除版式"命令。

（8）在"幻灯片母版"功能选项卡中单击"关闭"按钮，退出母版视图。此时可以看到，演示文稿中的部分幻灯片已经应用了母版中设置的主题样式和配色方案，但有部分幻灯片仍旧是原有样式。选择未应用母版样式的幻灯片，这里选择第 2 张幻灯片，在"开始"功能选项卡中单击"版式"按钮，在打开的下拉列表中选择"节标题"选项，如图 3-23 所示，重新为该幻灯片应用幻灯片版式。

（9）在"幻灯片"窗格中选择第 2 张幻灯片，在右侧的幻灯片编辑区中单击鼠标右键，在弹出的快捷菜单中选择"设置背景格式"命令，打开"对象属性"任务窗格，选中"纯色填充"单选按钮，在"颜色"下拉列表中选择"更多颜色"选项，打开"颜色"对话框，在其中将颜色参数设置为"240""245"
"250"。按照该方法为第3、8、12、16、20、24、28张幻灯片设置相同的背景。设置第4张幻灯片的
背景为"无"。

（10）选择第6张幻灯片，在"对象属性"窗格中选中"图片或纹理填充"单选按钮，在"图片填充"
下拉列表中选择"本地文件"选项，打开"选择纹理"对话框，在其中双击"背景图片.png"，将该背景
图片设置为当前幻灯片的背景。按照该方法为第7、9、10、11、13、14、15、17、18、19、21、22、
23、25、26、27、29、30、31张幻灯片设置相同的背景。

（11）删除第2张幻灯片中多余的形状和图片，然后按照步骤（8）的方法依次为第3、8、12、
16、20、24、28、32张幻灯片应用合适的幻灯片版式，并对其中的文本框位置、序号等进行调整，
如图3-24所示。

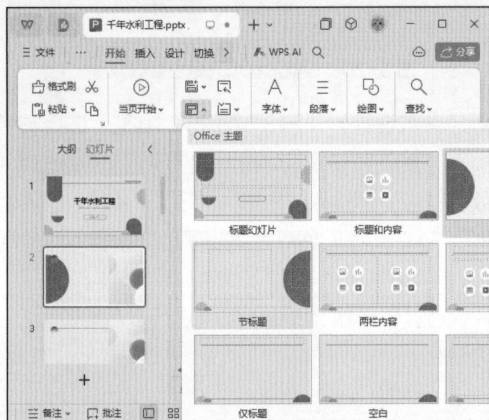

图3-23　选择版式

图3-24　应用版式并编辑文本框和序号

（12）检查每张幻灯片中的内容和图形对象，并依次调整其位置、格式等，使其在视觉上更加美观。
图3-25所示为调整目录页后的效果。

（13）通过观察发现部分字体、形状的颜色与幻灯片整体的配色方案不太相符，因而需要调整其颜
色。这里选择第1张幻灯片中标题占位符中的文本，在"文本工具"功能选项卡中单击"填充"按钮▲下
方的下拉按钮，在打开的下拉列表中选择"其他字体颜色"选项，打开"颜色"对话框，在其中将颜色
参数设置为"238""130""47"，效果如图3-26所示。

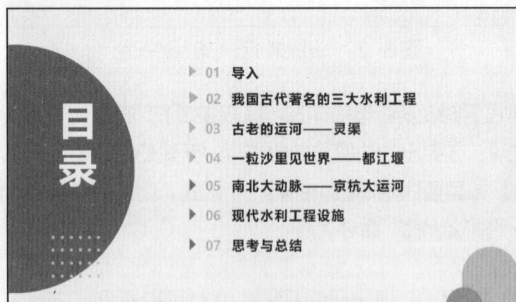

图3-25　调整目录页后的效果

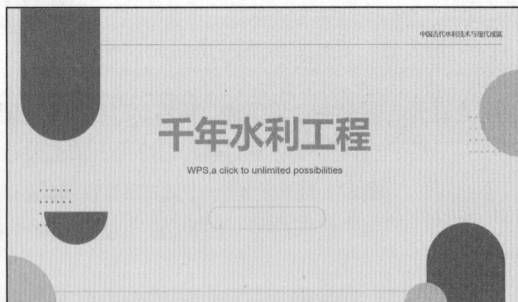

图3-26　设置标题文本颜色后的效果

（14）选择第6张幻灯片中的圆角矩形，在"绘图工具"功能选项卡中单击"填充"按钮下方的下
拉按钮，在打开的下拉列表中选择"其他填充颜色"选项，打开"颜色"对话框，在其中将颜色参数设
置为"238""130""47"，然后单击"轮廓"按钮下方的下拉按钮，在打开的下拉列表中选择"无边
框颜色"选项，如图3-27所示。

（15）选择圆角矩形中的文本，将其字体颜色设置为"白色，背景1"。

（16）按照上述方法依次设置其他圆角矩形的填充颜色、边框颜色及文本颜色，效果如图3-28所示。

（17）按照上述方法依次调整其他幻灯片中的文本颜色、形状颜色，完成该演示文稿整体配色方案的统一。

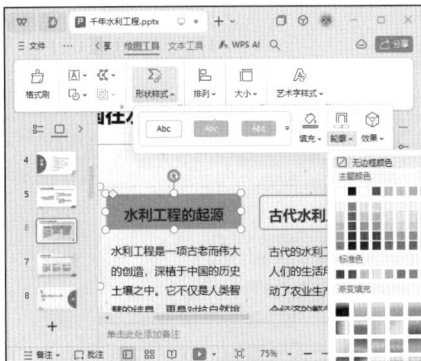

图3-27　选择"无边框颜色"选项

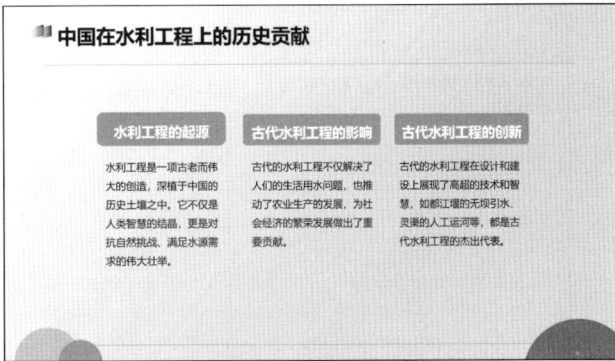

图3-28　设置其他圆角矩形的填充颜色、边框颜色及文本颜色后的效果

（六）插入文本框并排版文本内容

在WPS演示中，文本内容主要是通过文本框来输入的，幻灯片的文本排版效果也主要通过文本框来实现。新建幻灯片后，幻灯片中将添加默认的文本框，用户可以直接在该文本框中输入文本，也可以重新插入文本框以输入文本。下面在"千年水利工程"演示文稿中输入文本、插入文本框，并通过文本框对幻灯片进行排版，具体操作如下。

微课

插入文本框并
排版文本内容

（1）选择第1张幻灯片，单击"千年水利工程"文本下方的文本框，将插入点定位到其中，然后输入"大道至简，润泽千秋——探秘千年水利工程的智慧"文本，如图3-29所示。

（2）选择输入的文本，在"开始"功能选项卡中设置其字体为"华文细黑"，字号为"24"。

（3）在"插入"功能选项卡中单击"文本框"按钮A，在幻灯片编辑区中按住鼠标左键进行拖动，以绘制一个文本框，如图3-30所示。

图3-29　在文本框中输入文本

图3-30　绘制一个文本框

（4）在文本框中输入"人文素养课堂"文本，并在"开始"功能选项卡中设置其字体格式为"华康简综艺，26，黑色，文本1，浅色35%"。设置完成后，选择文本框，在其上单击鼠标右键，在弹出的快捷菜单中选择"字体"命令，打开"字体"对话框，单击"字符间距"选项卡，在"间距"下

拉列表中选择"加宽"选项，单击 确定 按钮，如图 3-31 所示，加大文字之间的间距，使其在视觉上更加松弛、舒适。

（5）将鼠标指针移动到文本框边框的控制点上，拖动鼠标调整文本框的大小。将鼠标指针移动到文本框的边框上，通过拖动鼠标指针来调整文本框的位置，使其居于圆角矩形的正中，如图 3-32 所示。

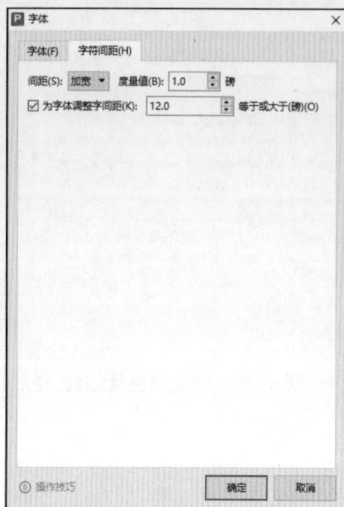

图 3-31 调整字符间距

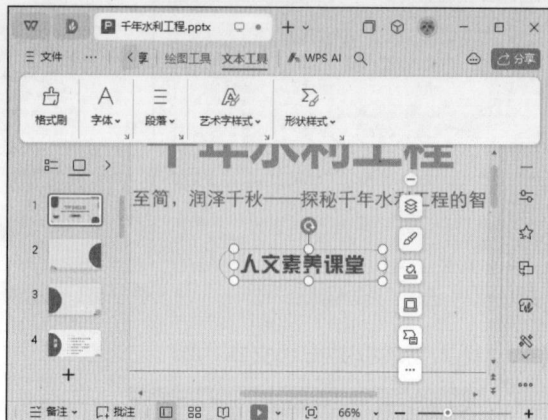

图 3-32 调整文本框的大小和位置

（6）选择第 2 张幻灯片，在右侧的文本框中输入"思考"文本，然后在幻灯片中插入一个文本框，在其中输入"你知道哪些千年水利工程？"文本后，设置其文本格式为"方正正大黑简体，44"，并适当调整文本框的位置。

（7）按照该方法编辑第 3 张幻灯片，然后检查整个演示文稿的效果，删除多余的对象（如图片占位符），并按"Ctrl+S"组合键进行保存（配套资源：\效果\模块三\千年水利工程.pptx）。

六、能力拓展

（一）演示文稿的全文美化

在编辑演示文稿时，用户通常可以通过应用主题、设置统一的配色、设置统一的字体等方式来统一演示文稿的整体视觉效果。此外，也可以使用 WPS 演示提供的全文美化功能快速统一整个演示文稿的主题、配色和字体，其方法如下：在"设计"功能选项卡中单击"全文美化"按钮 ，打开"全文美化"对话框，在其中选择需要的主题后预览，满足需求后单击 应用美化（32） 按钮。

> **技能提升** WPS 演示文稿的整体视觉设计主要是通过"设计"功能选项卡来实现的。该功能选项卡不仅提供了主题应用、配色方案设置、统一字体等功能，还提供了便捷的单页美化和全文美化功能。此外，用户可以在该功能选项卡中对幻灯片的背景、母版和版式等进行设置。

（二）母版的设计技巧

进入母版视图后，可以发现母版视图下的"幻灯片"窗格与普通视图下的"幻灯片"窗格存在差别。在母版视图中，"幻灯片"窗格中的第 1 张幻灯片称为"母版"，其他幻灯片则称为"版式"，二者之间存在非常明显的区别。在"母版"幻灯片中进行编辑后，如插入形状、设置背景等，设置效果将应用到所有幻灯片版式中。在"母版"幻灯片中设置背景,如图 3-33 所示;而在"版式"幻灯片中进行编辑后,如插入形状、设置背景等,设置效果只在当前版式中生效。在"版式"幻灯片中插入图片,如图 3-34 所示。

图 3-33　在"母版"幻灯片中设置背景

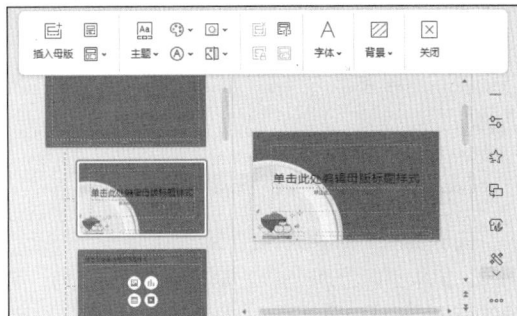

图 3-34　在"版式"幻灯片中插入图片

借助母版的这一特性,用户可以更有效地编辑幻灯片的视觉效果。例如,当需要为所有幻灯片应用同一种背景效果时,可以通过"母版"幻灯片进行设置;当需要设置某一张或某几张幻灯片的独特视觉效果时,只需要设置"版式"幻灯片的效果,然后退出母版视图,为相应的幻灯片应用该版式效果。

任务二　丰富"荒漠化防治"演示文稿

一、任务描述

在现代社会中,生态保护是全人类都在关注的重点课题。近年来,我国采取了一系列措施,以推进环境治理和保护,促进人类社会的可持续发展。荒漠化防治是生态系统治理中的重要一环,荒漠化是土地退化的极端表现,通过荒漠化防治,不仅可以有效遏制土壤侵蚀、水源枯竭、生物多样性减少等一系列生态问题,还能促进农业的可持续发展。本任务通过丰富"荒漠化防治"演示文稿来强调荒漠化防治工作的重要性,提升人们保护生态的意识。

二、任务准备

要完成使用 WPS 演示丰富"荒漠化防治"演示文稿的任务,首先需要了解一些丰富演示文稿的相关知识,如演示文稿中的常用对象、幻灯片中各个对象的布局原则等。

(一)了解演示文稿中的常用对象

演示文稿是一种多媒体文件,图片、图形、图示、表格、音频、视频等多媒体元素在演示文稿中的运用非常常见。其中,图片、图形、图示、表格等对象的使用及其作用与 WPS 文字、WPS 表格中相应对象的使用及其作用类似,而视频、音频则是 WPS 演示中的特殊对象。

在演示文稿中,音频可以用于营造特定的演示氛围,使观众更容易沉浸在演示的主题中。背景音乐或旁白可以辅助文字或图片传达信息,使演示文稿更加生动有趣。此外,部分音效还可以作为互动元素,在演示中引导观众参与或思考。通常来说,在制作教学类演示文稿时,可插入讲解声音、背景音乐等,帮助学生更好地理解课程内容,提高学习兴趣;在商务类演示文稿中,也可以插入背景音乐、音效、旁白等营造演示氛围,或辅助产品、方案等进行讲解。

视频是演示文稿中传达信息的重要载体,它能够以动态、直观的方式展示信息,迅速吸引观众的注意力,使观众更容易理解和接受演示内容。通过在幻灯片中嵌入视频,演讲者也可以与观众进行更深入的互动，如提问、讨论等。通常来说，在制作教学类演示文稿时，可以通过插入视频来演示操作步骤、实验过程等，使学生更直观地理解和掌握相关知识点；在制作商务类演示文稿时，可以通过插入视频来介绍企业、宣传产品等，增加演示的视觉效果，渲染氛围。

在 WPS 演示中，音频和视频主要通过在"插入"功能选项卡中单击相应的按钮来插入，插入音频或视频后，将激活"音频工具"功能选项卡和"视频工具"功能选项卡，在其中可以对音频和视频进行编辑。

（二）幻灯片对象的布局原则

由于演示文稿中使用的对象类型较多，一张幻灯片中除了有文本，往往还包含图片、形状、表格等对象。如果不能合理安排这些对象的布局排列，则会让幻灯片的内容看上去杂乱无章，从而影响演示文稿的整体表现力和可阅读性。因此，在排列幻灯片中的各个对象时，应遵循一定的布局原则。

- 画面平衡。布局幻灯片时，应尽量保持幻灯片的画面平衡，使整个幻灯片画面协调，避免出现左重右轻、右重左轻及头重脚轻的情况。
- 布局简单。虽然一张幻灯片是由多种对象组合而成的，但一张幻灯片中的对象不宜过多，否则幻灯片会显得很拥挤，不利于传达信息。
- 统一协调。同一演示文稿中各张幻灯片标题文本的位置，文本采用的字体、字号、颜色和页边距等应尽量统一，不能随意设置，以免破坏幻灯片的整体效果。
- 强调主题。为了让观众快速对幻灯片中表达的内容产生共鸣，可通过颜色、字体及样式等强调幻灯片中要表达的核心内容。
- 内容简练。幻灯片只是辅助演讲者传达信息的一种方式，观众在短时间内可接收并记住的信息并不多，因此在一张幻灯片中只需列出要点或核心内容。

三、制作思路

丰富"荒漠化防治"演示文稿主要涉及各种对象的应用，思路整理如下。

（1）使用形状设计幻灯片版式。

（2）使用 AI 工具生成图片并将其插入幻灯片。

（3）使用艺术字设计标题文本的视觉效果。

（4）使用流程图、表格和图表实现文本及数据信息的可视化。

（5）使用 AI 工具生成音频，并在 WPS 演示中编辑音频。

（6）使用 AI 工具生成视频，并在 WPS 演示中编辑视频。

> **▌行业动态▐**
>
> ### 经济社会发展的绿色化、低碳化
>
> 经济社会发展的绿色化、低碳化是当前全球发展的重要趋势。所谓绿色化，是指在经济社会发展的过程中，通过采取资源节约、环境友好等方式实现经济增长与环境保护的和谐统一；低碳化旨在减少温室气体（主要是二氧化碳）的排放，通过技术创新、产业结构调整等手段推动经济社会向低碳、环保、可持续的方向发展。不可再生资源和能源容量有限且紧张，绿色发展是目前实现高质量发展的内在要求，也是当今时代科技革命和产业变革的前进方向，孕育着经济增长的新空间。我国在风电、光伏等绿色产业方面已取得显著成就，绿色转型正在重构传统生产函数，推动产业的高端化、智能化、绿色化。

四、效果展示

"荒漠化防治"演示文稿制作完成的部分参考效果如图3-35所示。

图3-35　"荒漠化防治"演示文稿制作完成的部分参考效果

五、任务实现

（一）插入形状，美化演示文稿

丰富多样的形状可以让幻灯片变得更加生动有趣。在幻灯片的背景、版式等视觉效果设计中，甚至是图示的制作中，往往需要使用形状。下面使用形状设计幻灯片的版式，具体操作如下。

（1）新建一个空白演示文稿，将其以"荒漠化防治"为名进行保存。进入幻灯片母版视图，选择标题幻灯片版式，删除其中的文本框，并在"插入"功能选项卡中单击"形状"按钮，在打开的下拉列表中选择"矩形"栏中的"矩形"选项，如图3-36所示。

（2）在幻灯片中单击以插入矩形，然后选择矩形，拖动矩形四角的控制点以调整其大小，使其铺满整张幻灯片。在"绘图工具"功能选项卡中单击"轮廓"按钮右侧的下拉按钮，在打开的下拉列表中选择"无边框颜色"选项，再单击"填充"按钮右侧的下拉按钮，在打开的下拉列表中选择"其他填充颜色"选项，在打开的"颜色"对话框中将其填充颜色参数自定义为"63""169""150"，效果如图3-37所示。

图3-36　选择"矩形"选项

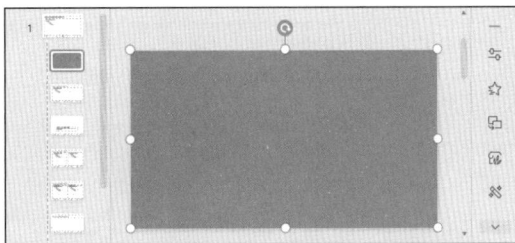

图3-37　设置矩形轮廓与填充颜色后的效果

143

（3）继续绘制一个矩形，将其边框颜色设置为"无边框颜色"，将填充颜色设置为"246""211""126"。选择该形状，在"绘图工具"功能选项卡中单击"编辑形状"按钮，在打开的下拉列表中选择"编辑顶点"选项，此时，形状四角将出现黑色的顶点。拖动黑色顶点，可调整顶点的位置；选择黑色顶点，该顶点两侧将出现两个白色的控制点，拖动该控制点，可以调整线条的弧度，如图 3-38 所示。

（4）在形状边框上单击鼠标右键，在弹出的快捷菜单中选择"添加顶点"命令，如图 3-39 所示。此时可以为该形状添加一个黑色顶点，并通过该顶点来继续调整形状的边框。

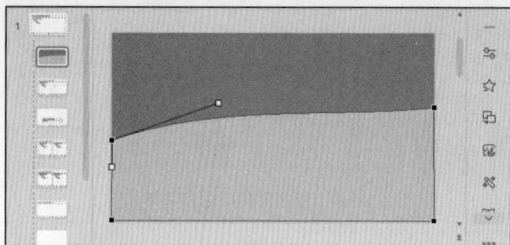

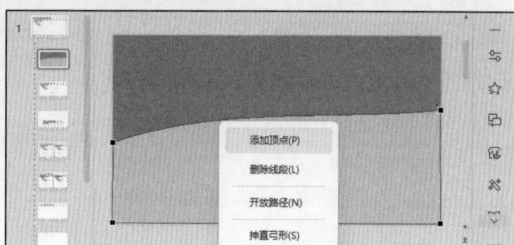

图 3-38　编辑顶点　　　　　　　　　　　图 3-39　选择"添加顶点"命令

（5）按照该方法依次调整每个顶点的弧度，以绘制自定义形状，然后依次在母版视图下的其他幻灯片版式中绘制并调整形状，所有形状的轮廓颜色均设置为"无边框颜色"，将形状填充颜色分别设置为"63，169，150""246，211，126""231，230，230"，效果如图 3-40 所示。

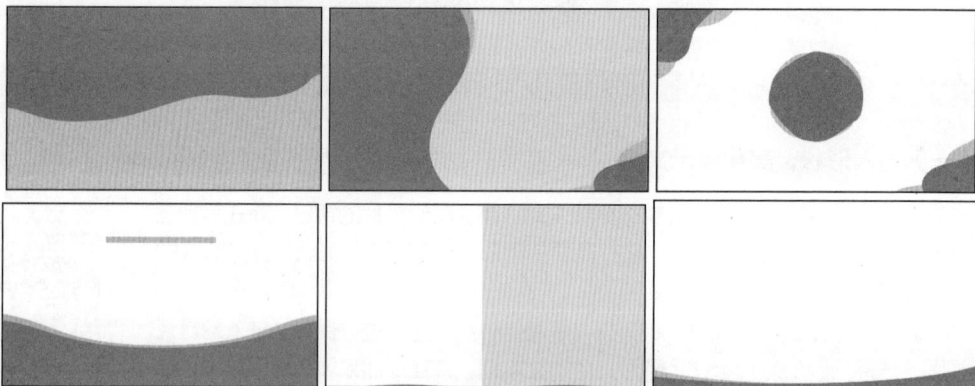

图 3-40　绘制其他形状并设置颜色后的效果

技能提升　在绘制以上形状时，需要灵活运用添加顶点、删除顶点（操作与添加顶点类似）等操作。例如，在绘制弧线比较复杂、弧线段较多的形状时，往往需要添加多个顶点；而在绘制弧线比较简单的形状时，需要删除多余的顶点。

（6）退出幻灯片母版视图，在"开始"功能选项卡中单击"新建幻灯片"按钮下方的下拉按钮，在打开的下拉列表中单击"版式"选项卡，在其中选择幻灯片版式，如图 3-41 所示。

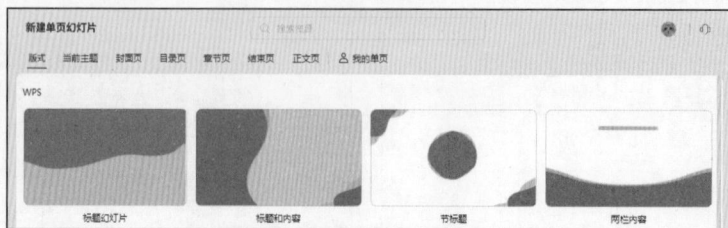

图 3-41　选择幻灯片版式

（二）根据演示文稿风格插入图标和艺术字

在 WPS 演示中，艺术字同时具有文本和形状的属性，非常适合在需要突出内容、强调重点时使用。下面在"荒漠化防治"演示文稿中插入艺术字，具体操作如下。

（1）选择第 1 张幻灯片，在其中插入文本框，并在文本框中输入文本和设置文本格式，上方文本框中文本的字体格式为"微软雅黑，18，倾斜，文字阴影，白色，背景 1"，下方文本框中文本的字体格式为"方正正粗黑简体，加粗，80，白色，背景 1（或"243""196""86"）"，效果如图 3-42 所示。

（2）绘制一个圆角矩形和一个正圆（按住"Shift"键可绘制正圆），取消这两个形状的边框颜色，然后将圆角矩形的填充颜色设置为"白色，背景 1"，将正圆的填充颜色设置为"63""169""150"，最后将正圆叠放于圆角矩形的左侧，效果如图 3-43 所示。

图 3-42　输入文本并设置字体格式后的效果　　图 3-43　绘制形状并设置形状格式后的效果

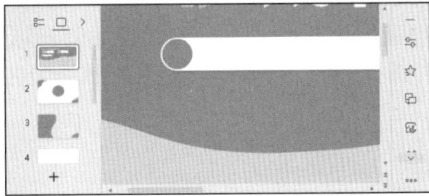

（3）在"插入"功能选项卡中单击"图标"按钮，在打开的"图库"面板中选择"动植物"选项，如图 3-44 所示，然后选择一个图标将其插入幻灯片。

（4）调整图标的大小，将其叠放于正圆之上，然后将其填充颜色设置为"白色，背景 1"，效果如图 3-45 所示。设置完成后，继续插入文本框并编辑文本格式。

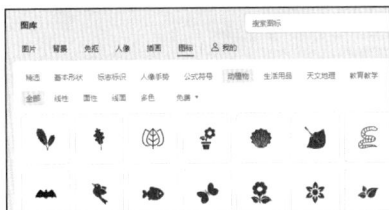

图 3-44　选择"动植物"选项　　　　　图 3-45　编辑图标后的效果

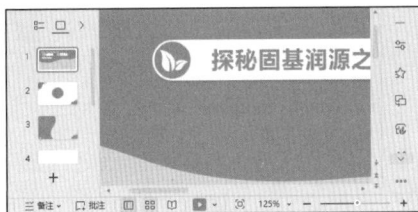

（5）选择第 3 张幻灯片，在"插入"功能选项卡中单击"艺术字"按钮，在打开的下拉列表中选择图 3-46 所示的选项，然后在插入的艺术字文本框中输入"目录"文本。

（6）选择"目录"文本，将其字号设置为"66"，然后选择"目录"文本框，在"文本工具"功能选项卡中单击"填充"按钮右侧的下拉按钮，在打开的下拉列表中选择"渐变填充"栏中的最后一个选项，如图 3-47 所示。

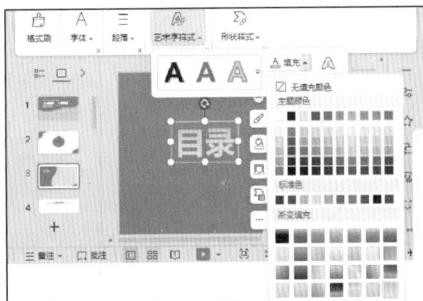

图 3-46　插入艺术字　　　　　　图 3-47　设置艺术字的渐变填充效果

（7）依次在其他幻灯片中插入文本框并输入文本，然后设置文本的格式。

（三）使用通义万相生成组图并插入演示文稿

在幻灯片中合理使用图片，不仅能丰富幻灯片的内容，还能通过更加形象的方式向观众展示需要表达的内容。通常来说，用户在制作演示文稿时，需要提前准备好相应的图片素材。此外，也可以使用 AI 工具生成图片，并将其应用到幻灯片中。下面使用通义万相生成图片，并将图片插入"荒漠化防治"演示文稿中，具体操作如下。

（1）搜索并进入"通义万相"官方页面，选择"文字作画"选项，在文本框中输入"请生成一幅土地荒漠化的图片"文本，在"创意模板"栏中将画作的风格设置为"水彩人像"，在"参考图"栏中上传参考图，让通义万相基于该参考图完成图片的生成，这里选择"荒漠化.png"图片（配套资源：\素材\模块三\荒漠化.png）作为参考图进行上传，在"比例"栏中设置图片比例为"9：16"，然后单击 生成画作 按钮，如图 3-48 所示。

（2）此时，通义万相将根据设置的条件自动生成图片，并显示生成结果，如图 3-49 所示。

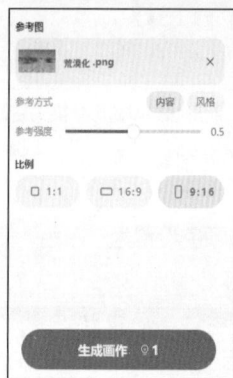

图 3-48　设置图片参数

图 3-49　生成结果

（3）从通义万相的生成结果中选择一张合适的图片，单击可打开该图片，单击相应的"下载"按钮可下载该图片。

（4）按照该方法依次上传"石质荒漠化.png""盐渍化.png"图片（配套资源：\素材\模块三\石质荒漠化.png、盐渍化.png），然后输入文本并设置相关参数，以生成需要的图片。

（5）选择"荒漠化防治"演示文稿中的第 4 张幻灯片，在"插入"功能选项卡中单击"图片"按钮，在打开的下拉列表中选择"本地图片"选项，打开"插入图片"对话框，选择"生成图片 1.png"图片（配套资源：\素材\模块三\生成图片 1.png），单击 打开(Q) 按钮，如图 3-50 所示。

（6）拖动图片四角的控制点，适当缩小图片尺寸，然后将其拖动到幻灯片左侧。选择图片，在"图片工具"功能选项卡中单击"裁剪"按钮，图片四周将出现黑色的控制点，将鼠标指针移动到控制点上，按住鼠标左键进行拖动，对图片进行裁剪，如图 3-51 所示。

（7）按照该方法依次插入其他图片，调整图片的大小和位置，并对其进行裁剪。

（8）选择左侧第 1 张图片，在"图片工具"功能选项卡中单击"边框"按钮下方的下拉按钮，在打开的下拉列表中选择"最近使用颜色"栏中的"绿色"选项，再次单击"边框"按钮下方的下拉按钮，在打开的下拉列表中选择"线型"/"1.5 磅"选项，设置图片边框，如图 3-52 所示。

（9）按照该方法继续为其他图片添加边框。在母版视图的幻灯片标题版式中选择黄色形状，按"Ctrl+C"组合键复制，退出母版视图，选择第 1 张幻灯片，按"Ctrl+V"组合键粘贴。最后将鼠标指针移动到形状上方的控制点上，按住鼠标左键向下拖动，如图 3-53 所示，适当调整该形状的大小。

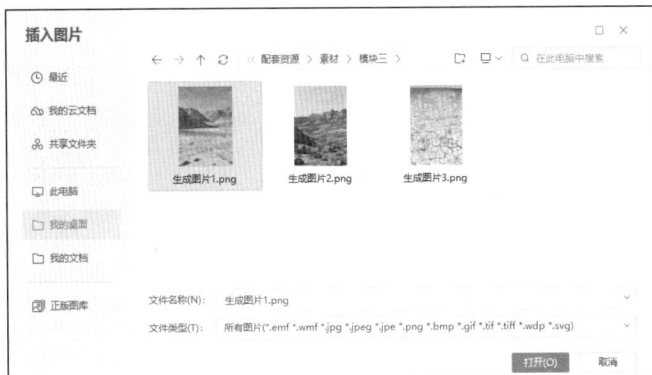

图 3-50　插入图片

图 3-51　裁剪图片

图 3-52　设置图片边框

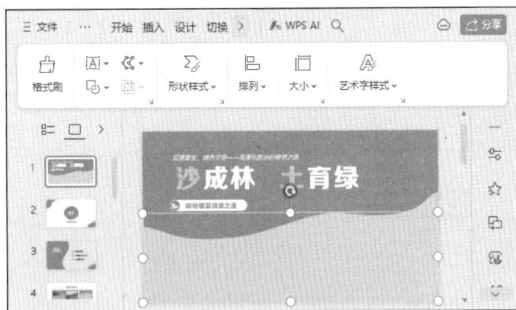

图 3-53　复制并调整形状

（10）在复制的形状上单击鼠标右键，在弹出的快捷菜单中单击"填充"按钮下方的下拉按钮，在打开的下拉列表中选择"图片或纹理"/"本地图片"选项，如图 3-54 所示。

（11）打开"选择纹理"对话框，在其中选择"荒漠化.png"图片，将其填充到形状中，效果如图 3-55 所示。按照该方法设置最后一张幻灯片的图片效果，填充图片为"绿林.png"（配套资源：\素材\模块三\绿林.png）。

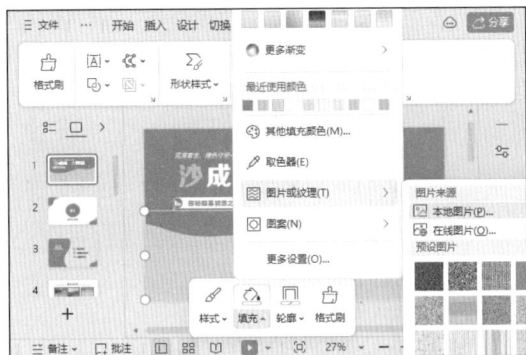

图 3-54　选择"图片或纹理"/"本地图片"选项

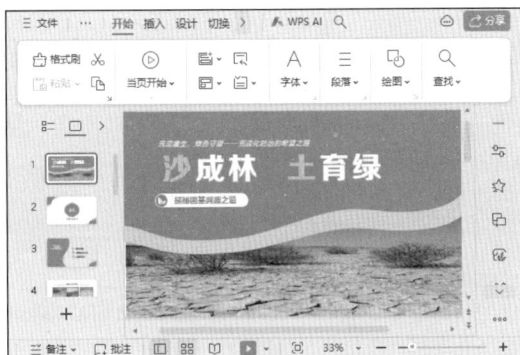

图 3-55　填充后的效果

技能提升　在幻灯片中插入图片后，选择图片，在"图片工具"功能选项卡中可以对图片进行各种编辑和美化操作，包括设置图片效果、边框、颜色、亮度和对比度等，其设置方法与在 WPS 文字中设置图片效果的方法相同。

（四）使用智能图形展示荒漠化的演变过程

WPS 演示中提供了各种各样的智能图形，包括并列、总分、循环、流程等类型。智能图形具有层次分明、条理清晰、信息表现力强等诸多优点，非常适合展示文字少、层次较明显的文本。下面在"荒漠化防治"演示文稿中插入智能图形，以展示荒漠化的演变过程，具体操作如下。

（1）选择第 8 张幻灯片，在"插入"功能选项卡中单击"智能图形"按钮，打开"智能图形"对话框，在其中选择需要的智能图形，如图 3-56 所示。

（2）将智能图形插入幻灯片，选择智能图形中的文本框，在其中输入文本，并删除多余的文本框，如图 3-57 所示。

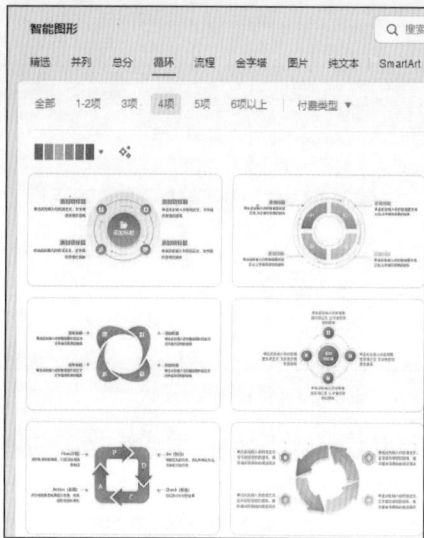

微课

使用智能图形
展示荒漠化的
演变过程

图 3-56　选择智能图形

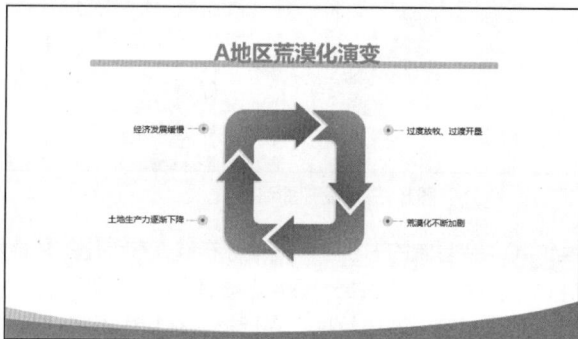

图 3-57　插入智能图形并输入文本

（3）选择文本框，设置其字号为"18"。分别选择智能图形中的单个形状，在"绘图工具"功能选项卡中单击"填充"按钮下方的下拉按钮，在打开的下拉列表中设置其填充颜色，使其与主题颜色相匹配。按照该方法在第 9、13 张幻灯片中插入智能图形，并对其进行编辑，效果如图 3-58 所示。

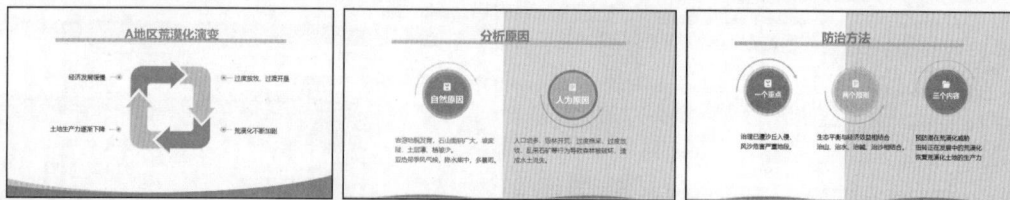

图 3-58　插入智能图形并进行编辑后的效果

（五）使用表格和图表实现荒漠化分析数据的可视化

表格主要用于对比、汇总数据信息，使枯燥的内容变得简单易懂。图表是展示数据的有效工具。无论是对比数据，还是查看数据占比、分析数据变化趋势等，利用图表都能更直观地展示结果。下面在"荒漠化防治"演示文稿中插入表格和图表，具体操作如下。

（1）选择第 10 张幻灯片，在"插入"功能选项卡中单击"表格"按钮，将鼠

微课

使用表格和图表
实现荒漠化分析
数据的可视化

标指针定位到打开的下拉列表中表示"2行*5列表格"的位置处并单击，以插入一个2行5列的表格，如图3-59所示。

（2）在表格中单击以定位插入点，然后在单元格中输入文本，并将鼠标指针移动到表格的行线、列线上，适当拖动鼠标以调整表格的行高和列宽，效果如图3-60所示。

图3-59 插入表格

图3-60 调整行高和列宽后的效果

（3）选择表格，在"表格样式"功能选项卡的"样式"列表框中选择图3-61所示的表格样式。

（4）选择第11张幻灯片，在"插入"功能选项卡中单击"图表"按钮，打开"图表"对话框，在左侧导航栏中选择"饼图"选项，在右侧单击饼图对应的选项卡，在下方的列表框中选择第一个饼图样式，如图3-62所示。

图3-61 选择表格样式

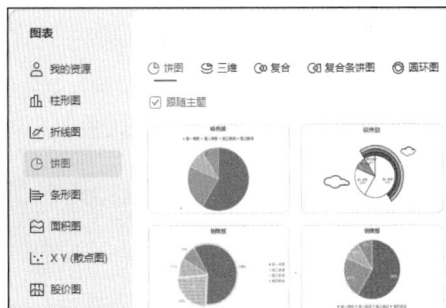

图3-62 选择饼图样式

（5）插入饼图后，在"图表工具"功能选项卡中单击"编辑数据"按钮，打开WPS电子表格的操作界面，在其中根据幻灯片的内容编辑表格中的数据，如图3-63所示。编辑完成后保存数据，并关闭WPS电子表格的操作界面。

（6）拖动图表边框上的控制点，调整图表的大小，然后选择图标，在"图表工具"功能选项卡的"样式"列表框中选择"样式3"选项，如图3-64所示。

图3-63 编辑数据

图3-64 选择图表样式

（六）使用网易天音生成背景音频并将音频插入演示文稿

用户可以在演示文稿中根据需要插入背景音乐、音效、旁白等音频，以实现不同的放映效果。其中，背景音乐、音效等音频可以从网站上下载，也可以使用 AI 工具来制作。下面使用网易天音生成背景音乐，并将其插入"荒漠化防治"演示文稿，具体操作如下。

（1）搜索并进入"网易天音"官方页面，选择"AI 编曲"选项，如图 3-65 所示。

（2）打开"新建编曲"对话框，选择"基于曲谱创作"选项，如图 3-66 所示。

图 3-65　选择"AI 编曲"选项

图 3-66　选择"基于曲谱创作"选项

（3）在打开的面板中选择一首曲子，这里选择"想去海边"选项，然后单击 开始编曲 按钮，进入编曲页面。在该页面上方的"编曲风格"下拉列表中设置编曲风格，这里选择"寒木春华"选项，完成后单击 ▶ 试听 按钮，试听音乐效果，如图 3-67 所示。

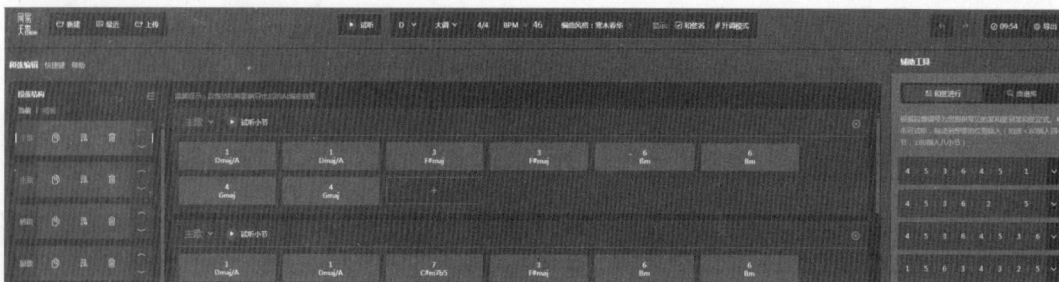

图 3-67　设置编曲风格并试听音乐效果

（4）根据试听效果调整编曲内容。在页面左侧可复制、删除曲子的段落结构或调整其顺序；在页面中间可以分别对每个段落的根音、底音进行修改与替换；在页面右侧可以选择和弦并将其拖入段落结构。编曲完成后，单击页面右上角的 导出 按钮，将文件导出。

（5）选择第 1 张幻灯片，在"插入"功能选项卡中单击"音频"按钮 🔊，在打开的下拉列表中选择"嵌入音频"选项，打开"插入音频"对话框，选择"寒木春华.mp3"文件（配套资源：\素材\模块三\寒木春华.mp3），单击 打开(O) 按钮，将该音频文件插入幻灯片，如图 3-68 所示。

（6）拖动"音频"标记 ◀ 调整其位置，在"音频工具"功能选项卡的"开始"下拉列表中选择"自动"选项，依次选中"跨幻灯片播放：至 14　　　页停止"单选按钮和"循环播放，直至停止"复选框，如图 3-69 所示，将音频设置为放映幻灯片时自动播放。

图 3-68　插入音频文件

图 3-69　设置音频参数

（七）使用 Vidu 生成视频并将视频插入演示文稿

与音频文件一样，在演示文稿中插入视频时，用户可以自行录制或下载视频，也可以借助 AI 工具来生成视频。下面使用 Vidu 生成视频，并将其插入"荒漠化防治"演示文稿中，具体操作如下。

（1）搜索并进入"Vidu"官方页面，单击"立即体验"按钮（需登录），在打开的页面中选择"文生视频"选项，如图 3-70 所示，进入创作页面。

（2）在文本框中输入"一片绿色的原野，原野上有人类和牛羊，这片原野慢慢变成了荒漠"文本。在下方的"设置"栏中设置风格为"写实"，时长为"4 秒"，清晰度为"极速"，运动幅度为"自动"，宽高比为"16：9"，如图 3-71 所示。

微课

使用 Vidu 生成
视频并将视频
插入演示文稿

图 3-70　选择"文生视频"选项

图 3-71　设置参数

（3）在页面下方单击 创作 ⊙ 按钮，开始生成视频。视频生成完成后，可以预览视频效果，单击"下载"按钮，如图 3-72 所示，可以将视频下载到本地计算机中。

图 3-72　生成视频

（4）选择第 6 张幻灯片，在"插入"功能选项卡中单击"视频"按钮▷，在打开的下拉列表中选择"嵌入视频"选项，打开"插入视频"对话框，选择"荒漠化演变.mp4"文件（配套资源：\素材\模块三\荒漠化演变.mp4），单击 打开(Q) 按钮，将视频文件插入该幻灯片中，如图 3-73 所示。

（5）调整视频窗口的大小和位置，然后单击视频下方控制条上的"播放"按钮◉，播放视频，再单击"音量"按钮◀，调整视频的音量，如图 3-74 所示。

图 3-73　插入视频

图 3-74　播放视频

（6）按"Ctrl+S"组合键保存演示文稿（配套资源：\效果\模块三\荒漠化防治.pptx）。

六、能力拓展

（一）将图片裁剪为指定形状

在对 WPS 演示中插入的图片进行裁剪操作时，除了可以通过拖动裁剪框上的控制点进行裁剪，如果想得到更加丰富、有趣的图片效果，还可以利用按形状裁剪功能将图片裁剪为各种形状，其方法如下：选择需要裁剪的图片，在"图片工具"功能选项卡中单击"裁剪"按钮☑下方的下拉按钮▾，在打开的下拉列表中选择"裁剪"选项，在打开的子列表中单击"按形状裁剪"选项卡，在其中选择所需要的裁剪形状。

（二）三维立体效果的设置

在 WPS 演示中，用户可以根据需要为图片、形状、艺术字等对象设置三维立体效果，其方法如下：选择图片、形状、艺术字等对象后，在相应的"图片工具""绘图工具"等功能选项卡中单击"效果"按钮⬡，在打开的下拉列表中选择阴影、倒影、发光、三维旋转等子列表中的选项，使图片、形状、艺术字等对象在视觉上呈现出三维立体效果。

任务三　设置"传统文化"演示文稿的动画

一、任务描述

中国传统文化是中华民族在数千年的历史中观察、记录、总结和传承下来的文化瑰宝，它是一个多元而复杂的体系，包含了哲学思想、文学艺术、节日习俗、物质文化等多个方面的内容，并且孕育了各种具有浓厚文化意蕴的传统风格、经典元素。学习中国传统文化，可以滋养个人的品格，提高个人的审美能力，丰富个人的精神生活。本任务将设置"传统文化"演示文稿的动画，以此表现毛笔、鹤、云等具有文化象征与韵味的意象，以呼应"传统文化"演示文稿的整体风格。

二、任务准备

要完成使用 WPS 演示设置"传统文化"演示文稿的动画的任务，需要提前了解其相关知识，包括演示文稿中常见的动画类型及动画设置的基本原则等。

（一）WPS 演示中的动画类型

WPS 演示中的动画是一种可以增强演示文稿视觉效果和吸引力的工具，通过为幻灯片中的文本、图片、形状等元素添加动画效果，可以使演示过程变得更加生动有趣。WPS 演示主要提供了"强调""进入""退出""动作路径"4 种动画类型，每一种动画类型都有不同的动画表现，多种动画组合使用还可以设计出复杂的动画效果。

- "强调"动画。"强调"动画用于突出显示幻灯片中的某个对象，如使对象变色、闪烁、旋转或放大等。无论动画是在放映前、放映中，还是在放映后，应用了"强调"动画的对象始终是显示在幻灯片中的。
- "进入"动画。"进入"动画是指对象出现在幻灯片中的动画效果，其特点是从无到有，即在放映幻灯片时，并不会直接出现应用了"进入"动画的对象，而是在特定的时间或特定的操作下，如显示了指定的内容或进行单击后，才会在幻灯片中以动画的方式显示该对象。
- "退出"动画。"退出"动画是指对象从幻灯片中消失的动画效果，其特点与"进入"动画的特点刚好相反，即通过动画使幻灯片中的某个对象消失。
- "动作路径"动画。"动作路径"动画是指使对象沿着预设的路径移动的动画效果，其特点是使对象在动画放映时产生位置变化。

（二）动画设置的基本原则

WPS 演示中的动画包括幻灯片切换动画和对象动画两大类。其中，幻灯片切换动画是幻灯片与幻灯片之间的动画，而对象动画是在幻灯片中为各种对象所应用的动画。对象动画有进入、强调、退出和动作路径动画之分，其设置方法灵活且幻灯片中的对象较多，动画组合往往既可简单，又可复杂。为了确保演示文稿的动画效果适宜、巧妙，在设置对象动画时应遵循以下原则。

- 宁缺毋滥。所谓"宁缺毋滥"，就是不滥用动画，特别是一些教学类、商业类演示文稿，太过复杂的动画效果反而会扰乱观众的注意力，此时可以使用简单的动画。
- 繁而不乱。有的幻灯片中运用了上百个动画效果，但仍能相得益彰、繁而不乱，在视觉上给人一种舒适、精美之感；而有的幻灯片中虽然只应用了少量动画，但呈现出的动画效果杂乱无章。究其原因，就是乱用动画。无论应用多少动画，都要秉承统一、自然、适当的理念，并且动画之间要连续、互有承接，符合演示和放映需求。
- 突出重点。动画的作用不仅是让演示文稿生动形象，更重要的是让观众顺利接收到重点内容。因此，在设计动画时，一定要遵循"突出重点"这个原则，有目的地让动画效果为内容服务，而不单是为了愉悦观众。例如，要强调销售额突破新高时，可以在最高数值处添加强调动画，从而引导观众明白这个数据的重要性和具有的意义。
- 适当创新。在 WPS 演示中，要想设计出让人耳目一新的动画效果，就需要借助各种动画进行创新。例如，巧妙地组合"进入"动画、"退出"动画、"强调"动画和"动作路径"动画，并通过触发器、计时等功能创造出更具交互性的动画等。

三、制作思路

"传统文化"演示文稿的动画设置主要涉及动画的应用操作，思路整理如下。

（1）使用 AI 工具生成适合演示文稿风格的动画设计方案。

（2）根据动画设计方案添加对象动画和幻灯片切换动画。

（3）使用超链接和动作按钮设计动画交互效果。

四、效果展示

"传统文化"演示文稿动画制作完成后的部分放映参考效果如图 3-75 所示。

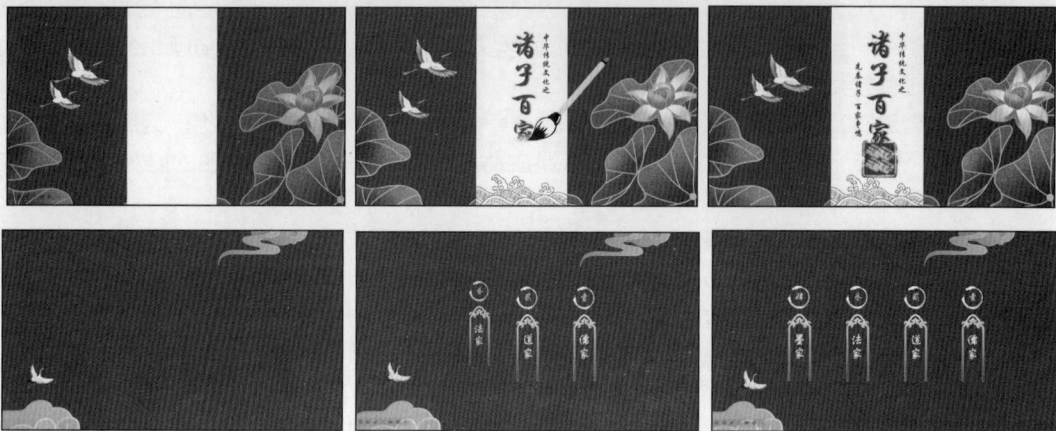

图 3-75 "传统文化"演示文稿动画制作完成后的部分放映参考效果

五、任务实现

（一）使用文心一言生成"传统文化"演示文稿的动画设计方案

为了美化演示效果，用户通常需要为不同风格的演示文稿设置不同的动画效果。演示文稿的动画设计方案一般要与演示文稿的整体风格相匹配，通过 AI 工具可以快速生成演示文稿的动画设计方案，为用户设计演示文稿动画效果提供参考。下面使用文心一言生成"传统文化"演示文稿的动画设计方案，具体操作如下。

（1）搜索并进入"文心一言"官方页面，在下方的文本框中输入需求，如图 3-76 所示。

图 3-76 输入需求

（2）此时，文心一言会根据用户需求生成相应的动画设计方案。如果用户对生成结果不满意，则可以要求其继续生成或重新生成内容，如图 3-77 所示。

当然，我们可以继续深化"传统文化"演示文稿的动画设计，特别是在幻灯片中间部分，通过更丰富的动画效果来展现传统文化的魅力和深度。

幻灯片中间动画设计方案（续）

主题："传统艺术瑰宝——国画与书法"

动画效果设计：

1. 画卷展开：
   - 使用"卷轴展开"动画效果，模拟一幅国画从右向左缓缓展开的过程。开始时，画面上只显示卷轴的一端，随着动画的进行，画卷逐渐展开，露出精心绘制的山水、花鸟或人物画，并配以悠扬的古筝音乐，营造出浓厚的艺术氛围。

2. 笔墨舞动：
   - 在展示书法内容时，可以设计一段"笔墨动画"。屏幕上先出现一张空白的宣纸，随后，一支毛笔从屏幕一侧"飞入"，并在宣纸上开始书写。笔迹随着书写者的动作逐渐显现，可以是行书、草书或楷书，展现书法艺术的流畅与韵味。书写完成后，毛笔缓缓"飞走"，留下精美的书法作品供观众欣赏。

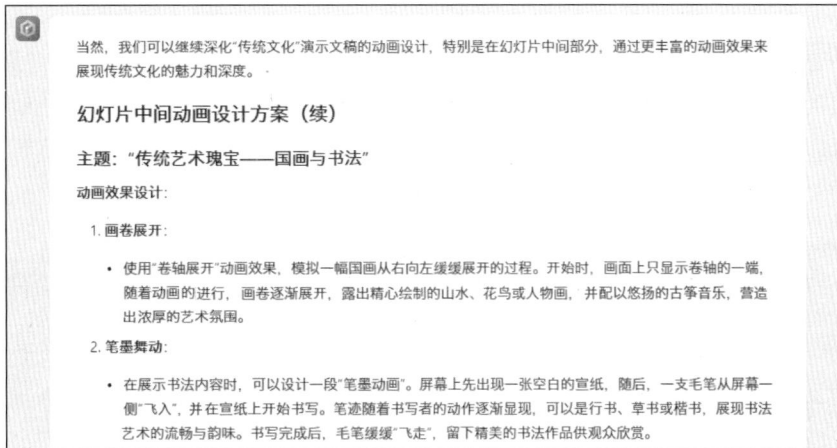

图 3-77　生成内容

（3）基于文心一言生成的内容来设计"传统文化"演示文稿的动画方案。例如，可以通过设计笔墨书写的动画来展示演示文稿的主题；通过云、鹤的动画来突出演示文稿的主题，呼应演示文稿的内容。

（二）根据方案设置幻灯片中各对象的动画效果

在设置幻灯片对象的动画效果时，可以为其添加一个动画，也可以为其添加多个动画，以实现复杂的动画效果。下面为幻灯片中的对象添加动画效果，并通过对象动画之间的相互衔接使整个幻灯片的演示效果自然、流畅，具体操作如下。

（1）打开"传统文化.pptx"演示文稿（配套资源：\素材\模块三\传统文化.pptx），选择第 1 张幻灯片中的荷花图片，在"动画"功能选项卡的"样式"下拉列表中单击"进入"栏右侧的"展开"按钮，在打开的子列表中选择"温和型"栏中的"上升"选项，如图 3-78 所示。

微课

根据方案设置幻灯片中各对象的动画效果

（2）保持荷花图片的选择状态不变，在"动画"功能选项卡的"开始"下拉列表中选择"在上一动画之后"选项，设置动画开始方式，如图 3-79 所示。

（3）选择页面左侧的第 2 张鹤图片，为其应用"飞入"动画，在"开始"下拉列表中选择"与上一动画同时"选项，在"持续"数值框中输入"0.75"，在"动画工具"下拉列表中选择"动画窗格"选项，如图 3-80 所示，打开"动画窗格"任务窗格。

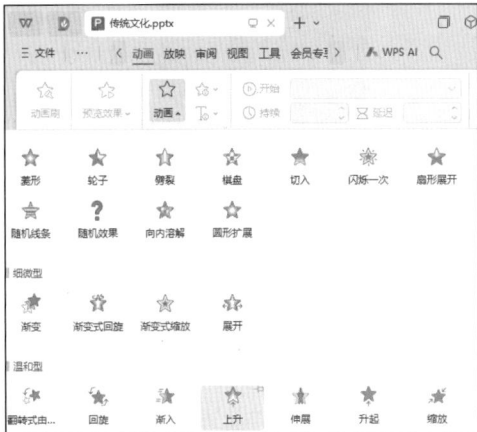

图 3-78　选择"上升"选项

图 3-79　设置动画开始方式

（4）"动画窗格"任务窗格中将显示已设置的对象动画，在其中选择鹤图片的动画，单击 添加效果 按钮，在打开的下拉列表中单击"动作路径"栏右侧的"展开"按钮，在打开的子列表中选择"直线和曲线"栏中的"向上"选项，如图 3-81 所示。在鹤图片原有的进入动画的基础上再为其添加一个动作路径动画。

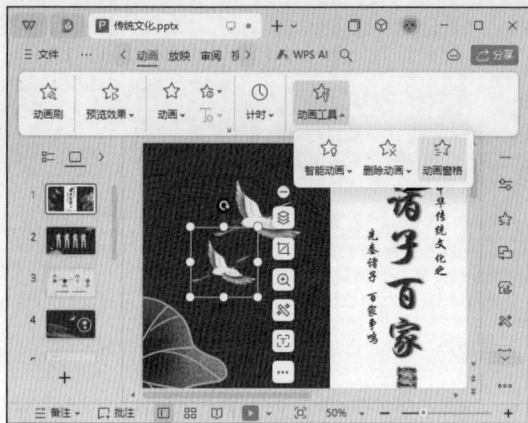

图 3-80　选择"动画窗格"选项

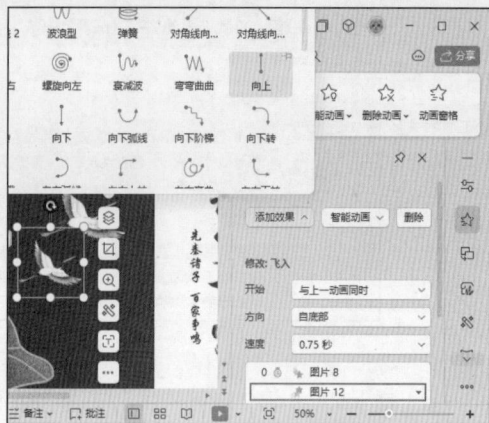

图 3-81　选择"向上"选项

（5）在"动画窗格"任务窗格中选择"向上"动作路径动画，在其上单击鼠标右键，在弹出的快捷菜单中选择"计时"选项，打开"向上"对话框，单击"计时"选项卡，在"开始"下拉列表中选择"与上一动画同时"选项，在"速度"下拉列表中选择"中速(2 秒)"选项，在"重复"下拉列表中选择"直到幻灯片末尾"选项，如图 3-82 所示，将该动作路径动画设置为一直播放。

（6）单击"效果"选项卡，在其中选中"自动翻转"复选框，单击 确定 按钮，如图 3-83 所示，将该动作路径的动画效果设置为运动到目标位置后自动返回。

（7）按照该方法设置另一张鹤图片的动画效果。

（8）添加了动作路径动画后，在幻灯片编辑区中可以看到具体的路径位置和路径方向，绿色箭头代表路径起点，红色箭头代表路径终点。拖动红色箭头，可以对路径的方向和长度进行调整。将鼠标指针移动到路径上，按住鼠标左键进行拖动，可以调整动作路径动画的路径，如图 3-84 所示。

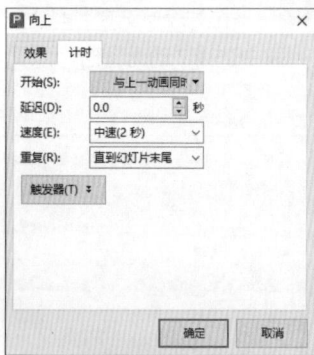

图 3-82　设置计时

图 3-83　设置效果

图 3-84　调整动作路径动画的路径

（9）选择白色矩形底纹，为其添加"飞入"动画，并将其"开始"设置为"与上一动画同时"，然后在"动画"功能选项卡中单击"动画属性"按钮，在打开的下拉列表中选择"自顶部"选项，如图 3-85所示，将白色矩形底纹的动画效果设置为自顶部飞入。

（10）选择水纹图片，为其添加"擦除"动画，并将其"开始"设置为"与上一动画同时"，然后单击"动画属性"按钮，在打开的下拉列表中选择"自顶部"选项。选择"中华传统文化之"文本框，将其动画效果设置为"擦除，自顶部，在上一动画之后"，然后将其"持续"设置为"01.00"；选择"诸子百家"文本框，将其动画效果设置为"擦除，自顶部，在上一动画之后"，然后将其"持续"设置为"02.00"。

（11）选择毛笔图片，先为其应用"出现"动画，并设置其"开始"为"与上一动画同时"，然后在"动画窗格"任务窗格中单击 添加效果 按钮，在打开的下拉列表中选择"绘制自定义路径"栏中的"自由曲线"选项，此时鼠标指针将变为 形状，按住鼠标左键，沿着"诸子百家"的笔画顺序进行拖动，绘制毛笔的运动路径，如图 3-86 所示。这样，毛笔图片将沿着"诸子百家"文字的书写路径移动，从而呈现出书写文字的效果。

图 3-85　选择"自顶部"选项

图 3-86　绘制毛笔的运动路径

（12）保持毛笔图片的选择状态不变，在"动画窗格"任务窗格中单击 添加效果 按钮，在打开的下拉列表中选择"消失"选项，再将其"开始"设置为"在上一动画之后"。

（13）选择"先秦诸子　百家争鸣"文本，将其动画效果设置为"擦除，自顶部，在上一动画之后"；选择印章图片，将其动画效果设置为"缩放，外，在上一动画之后"。

（14）设置完成后，在"动画窗格"任务窗格中单击 播放 按钮，预览整张幻灯片的动画效果。

（15）选择第 2 张幻灯片，分别为其中的云、鹤图片应用"向左""向右""向上"反复运动的动画效果，其设置方法同第 1 张幻灯片中鹤图片动画效果的设置。

（16）选择第 2 张幻灯片中的 4 个组合图形，在"动画"功能选项卡的"样式"下拉列表中单击"智能推荐"栏中的"查看更多"超链接，在打开的面板中选择"依次缩放、飞入"选项，如图 3-87 所示，快速为多个对象应用动画效果。

（17）选择第 3 张幻灯片中的箭头形状，将其动画效果设置为"擦除，自左侧，单击时"，再将其"持续"设置为"08.00"，使其呈现出箭头形状缓慢向右延伸的效果；选择左起第 1 个圆形，将其动画效果设置为"渐变，与上一动画同时"，再将其"延迟"设置为"01.00"，也就是圆形与箭头形状同时动作，但圆形延迟 1s 后再出现动画。

（18）按照该方法依次将其他圆形、文本框的动画效果设置为"渐变，与上一动画同时"，但延迟时间依次增加（同一组圆形和文本框的延迟时间可以一致）。这样，就可以设计出形状和文本随着箭头向右延伸而渐次出现的效果，其动画设计顺序如图 3-88 所示。

技能提升　"动画窗格"任务窗格是管理动画的有效工具，通过其中的编号、排列顺序等可以直观地了解幻灯片中动画的播放顺序和效果。另外，在其中选择某个动画选项后，单击下方的"上移"按钮 或"下移"按钮 ，可调整动画的播放顺序，也可以通过直接拖动动画选项的方式来调整动画的播放顺序。若单击 播放 按钮，则会放映当前幻灯片，以检查幻灯片中的动画设置是否正确。

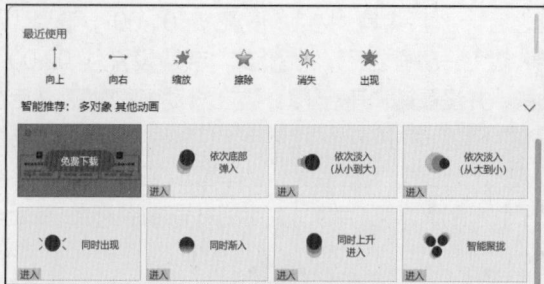

图 3-87 应用智能推荐动画

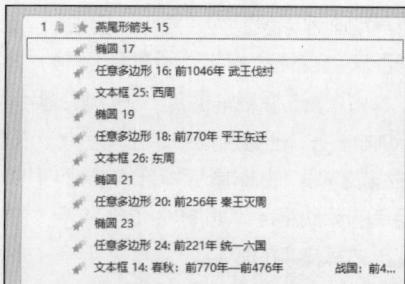

图 3-88 动画设计顺序

（19）按照前面介绍的方法依次设置其他幻灯片中各对象的动画效果，包括动画类型、动画属性、动画开始方式、动画持续时间、动画延迟时间、是否循环重复等。

（三）根据演示文稿的风格设置幻灯片切换动画

幻灯片切换动画即放映演示文稿时，当一张幻灯片的内容播放完成后，进入下一张幻灯片时的动画效果。为演示文稿添加幻灯片切换动画，可以使幻灯片切换时更加自然和生动。下面为"传统文化"演示文稿中的所有幻灯片添加"页面卷曲"切换效果，然后设置切换声音为"风铃"，具体操作如下。

（1）选择第1张幻灯片，在"切换"功能选项卡的"切换"下拉列表中选择"页面卷曲"选项，如图3-89所示。

（2）在"切换"功能选项卡的"声音"下拉列表中选择"风铃"选项，选中"单击鼠标时换片"复选框，然后单击"应用到全部"按钮，如图3-90所示，为所有幻灯片应用该切换效果。

微课

根据演示文稿的风格设置幻灯片切换动画

图 3-89 选择"页面卷曲"选项

图 3-90 设置并应用切换动画

（四）根据放映需求插入超链接

超链接的作用是在放映演示文稿时，通过单击对应的超链接跳转到指定的幻灯片，从而达到自主控制演示文稿放映过程的目的。在放映演示文稿时，超链接是一种十分常用的交互方式。下面为"传统文化"演示文稿中的目录页幻灯片设置超链接，具体操作如下。

微课

根据放映需求插入超链接

（1）选择第2张幻灯片中的"儒家"文本框，在"插入"功能选项卡中选择"链接"/"超链接"选项，如图3-91所示。

（2）打开"插入超链接"对话框，在"链接到"栏中选择"本文档中的位置"选项，在"请选择文档中的位置"列表框中选择"4.幻灯片4"选项，单击 确定 按钮，如图3-92所示。此后，在放映演示文稿时，将鼠标指针移动到"儒家"文本框上，当其变为 形状时单击，将跳转至第4张幻灯片。

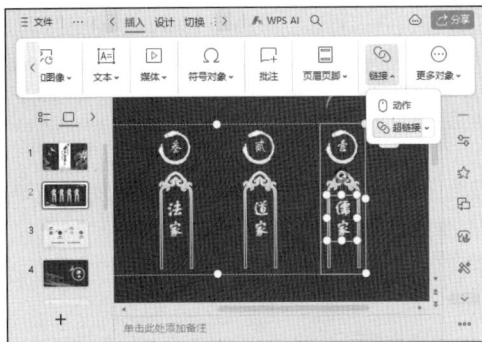

图 3-91 选择"超链接"选项

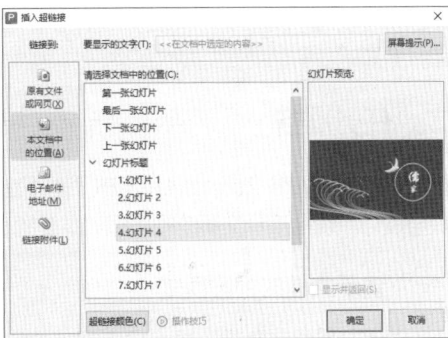

图 3-92 "插入超链接"对话框

（3）按照该方法将"道家"文本框链接到第 7 张幻灯片。

技能提升 在 WPS 演示中，"动作按钮"也具备超链接功能。在放映演示文稿时，单击动作按钮，同样可以跳转到指定的幻灯片，其方法如下：在"插入"功能选项卡中单击"形状"按钮，在打开的下拉列表中选择"动作按钮"栏中的任一选项，然后在幻灯片中通过拖动鼠标绘制动作按钮。不同的动作按钮具有不同的功能，绘制完动作按钮后，将打开"动作设置"对话框，在该对话框中可以对动作按钮的链接位置进行设置。

六、能力拓展

（一）触发器的使用

触发器是演示文稿中的一个交互动画工具，触发对象可以是图片、形状、按钮，也可以是其他对象，一旦用户在操作过程中触发了相关条件，系统将自动执行设置的行为，这个工具使演示文稿具备了交互性。添加触发器的方法如下：在"动画窗格"任务窗格中的某个动画选项上单击鼠标右键，在弹出的快捷菜单中选择"计时"命令，打开以该动画命名的对话框，在"计时"选项卡中单击 触发器(T) ▾ 按钮，选中"单击下列对象时启动效果"单选按钮，并在其右侧的下拉列表中选择某个对象，完成后单击 确定 按钮。此后，若所选对象想显示动画，则需要单击设置的触发对象。

（二）动画刷的使用

如果要为多个对象设置同一个动画效果，则依次设置十分耗时费力，此时可以通过动画刷功能来快速复制和应用动画效果，其方法如下：选择应用了动画效果的对象，在"动画"功能选项卡中双击"动画刷"按钮，当鼠标指针变为形状时，单击需要应用动画效果的对象，将已设置的动画效果快速复制给当前对象。

任务四 放映并发布"网络空间安全"演示文稿

一、任务描述

网络不仅是人们生活、工作、学习中的重要工具，也是国家的重要基础设施，牵涉国计民生的方方面面，网络空间的安全事关社会稳定和经济发展，因而人们需要深刻认识到网络空间安全的重要性。本任务将放映并发布"网络空间安全"演示文稿，通过放映、打印和输出该演示文稿介绍网络空间安全的建设和维护知识。

二、任务准备

要完成使用 WPS 演示放映并发布"网络空间安全"演示文稿的任务，需要了解放映演示文稿的相关知识与技巧，包括演示文稿的视图模式、幻灯片的放映类型、幻灯片的输出格式等。

（一）演示文稿的视图模式

WPS 演示提供了普通视图、幻灯片浏览视图、备注页视图、阅读视图和幻灯片放映视图这 5 种视图模式。熟悉各种视图模式的作用和特点，有利于用户管理演示文稿。在"视图"功能选项卡中单击相应的按钮便可进入相应的视图模式。各视图模式的功能如下。

- 普通视图模式。该视图模式是 WPS 演示默认的视图模式，用户在其中可以对幻灯片的总体结构进行调整，也可以对单张幻灯片进行编辑。
- 幻灯片浏览视图模式。在该视图模式中，用户可以浏览演示文稿中所有幻灯片的整体效果，并对幻灯片的结构进行调整，如调整演示文稿的背景、移动或复制幻灯片等，但是不能编辑幻灯片中的内容。
- 备注页视图模式。在该视图模式下，"备注"窗格中的内容会同时显示在操作界面中，以便用户更好地编辑幻灯片的备注内容。
- 阅读视图模式。在该视图模式中，用户可以在无须切换到全屏的状态下放映演示文稿中的内容，此时，通过滚动鼠标滚轮可以控制演示文稿的放映进程。按"Esc"键可退出该视图模式。
- 幻灯片放映视图模式。在该视图模式中，幻灯片将按放映设置进行全屏放映。在幻灯片放映视图模式中，用户可以浏览每张幻灯片放映时的内容展示情况、动画效果等，以测试幻灯片放映效果是否流畅，并控制放映过程（必须在"放映"功能选项卡中单击相应按钮才能进入该视图模式）。

（二）幻灯片的放映类型

WPS 演示提供了两种放映类型，设置放映类型的方法如下：在"放映"功能选项卡中单击"放映设置"按钮，打开"设置放映方式"对话框，在"放映类型"栏中选中不同的单选按钮以设置不同的放映类型。各放映类型的作用和特点如下。

- 演讲者放映（全屏幕）。这是 WPS 演示默认的放映类型，此放映类型将以全屏的状态放映演示文稿。在演示文稿的放映过程中，演讲者具有完全的控制权，可以手动切换幻灯片和动画效果，也可以将演示文稿放映暂停或为演示文稿添加细节等，甚至可以在放映过程中录制旁白。
- 展台自动循环放映（全屏幕）。此放映类型不需要人为控制，系统将自动全屏循环放映演示文稿。使用这种放映类型放映演示文稿时，不能通过单击来切换幻灯片，但可以通过单击幻灯片中的超链接和动作按钮来切换幻灯片，按"Esc"键可结束放映。

（三）幻灯片的输出格式

为了更加充分地利用演示文稿资源，用户可以将演示文稿中的幻灯片输出为不同格式的文件，其方法如下：选择"文件"/"另存为"命令，打开"另存为"对话框，在其中选择文件的保存位置后，在"文件类型"下拉列表中选择需要的格式选项，完成操作后单击 保存(S) 按钮。下面介绍两种常见的幻灯片输出格式。

- 图片。选择"JPEG 文件交换格式（*.jpg）""PNG 可移植网络图形格式（*.png）""TIFF Tag 图像文件格式（*.tif）"等文件类型，可将当前演示文稿中的幻灯片保存为一张对应格式的图片。如果要在其他软件中使用，那么还可以将这些图片插入对应的软件。
- 视频。选择"WEBM 视频（*.webm）"文件类型，可将当前演示文稿保存为视频。如果在演示文稿中排练了所有幻灯片，则保存的视频将自动播放这些幻灯片。

三、制作思路

放映并发布"网络空间安全"演示文稿，主要涉及演示文稿的放映与输出操作，思路整理如下。

（1）使用 AI 工具了解演示文稿的放映技巧，以便做好预演，控制放映节奏。

（2）使用排练计时进行放映预演。

（3）放映幻灯片，并对重点内容进行标记，最后对幻灯片进行输出。

四、效果展示

放映并发布"网络空间安全"演示文稿的部分参考效果如图 3-93 所示。

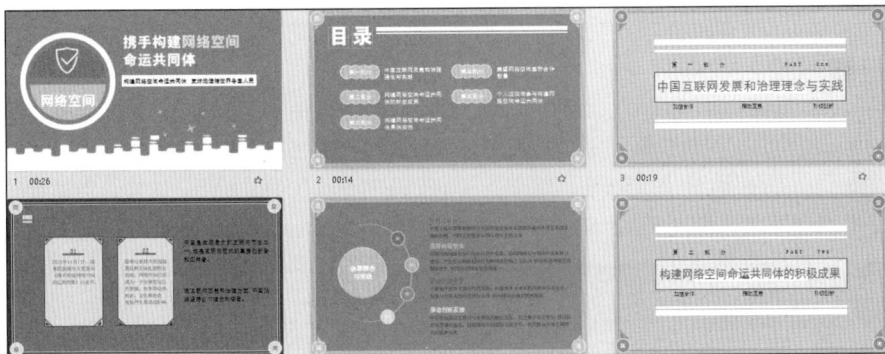

图 3-93　放映并发布"网络空间安全"演示文稿的部分参考效果

五、任务实现

（一）使用文心一言搜索演讲技巧

演示文稿主要通过放映来展示内容，但由于在制作演示文稿时讲究精简，因此仅靠放映难以准确、全面地传达信息，这时就需要演示者进行讲解，并根据演讲目的使用相应的演讲技巧，从而控制演示节奏，提高信息传达的效率。下面使用文心一言了解演示文稿的演讲技巧，具体操作如下。

微课

使用文心一言
搜索演讲技巧

（1）搜索并进入"文心一言"官方页面，在下方的文本框中输入问题，文心一言将根据问题生成答案，如图 3-94 所示。

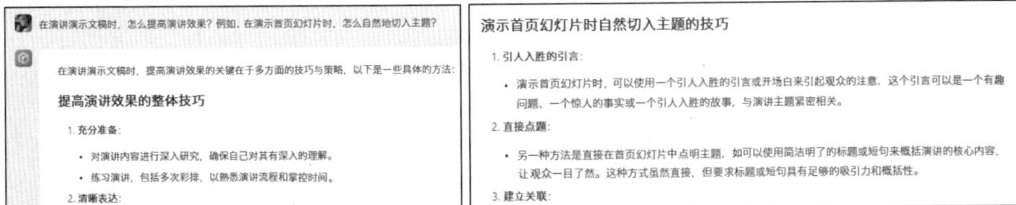

图 3-94　输入问题

（2）根据文心一言生成的内容总结演讲技巧。例如，在放映"网络空间安全"演示文稿的首页幻灯片时，可以用一个有趣的问题来切入演讲主题；在放映中间的内容幻灯片时，尽量使用简单明了的语言进行演讲，同时要注意语速和语调的变化，以强调关键信息。

（二）使用排练计时进行预演

排练计时是指将演示文稿中的每一张幻灯片及幻灯片中各个对象的放映时间保存下来，在正式放映时让其自动放映，此时，演讲者便可专心进行演讲，而不用执行幻灯片的切换操作。此外，通过排练计时，演讲者还可以进行预演，了解自己的演讲节奏。下面在"网络空间安全"演示文稿中进行排练计时设置，具体操作如下。

（1）打开"网络空间安全.pptx"演示文稿（配套资源：\素材\模块三\网络空间安全.pptx），在"放映"功能选项卡中单击"排练计时"按钮🖳，进入排练计时状态，同时打开"预演"工具栏自动为该幻灯片的放映计时，如图 3-95 所示。

（2）通过单击或按"Enter"键控制幻灯片中下一个动画出现的时间。

（3）一张幻灯片播放完成后，通过单击可切换到下一张幻灯片，此时，"预演"工具栏将从头开始为该幻灯片的放映计时。

（4）放映结束后，系统将自动打开提示对话框，提示排练时间，并询问是否保留新的幻灯片排练时间，单击 是(Y) 按钮。

（5）进入幻灯片浏览视图模式，此时，排练后的幻灯片左下角将显示该幻灯片的播放时间。在"放映"功能选项卡中单击"放映设置"按钮🖳，打开"设置放映方式"对话框，选中"换片方式"栏中的"如果存在排练时间，则使用它"单选按钮，单击 确定 按钮，如图 3-96 所示。这样，当演示文稿中存在排练计时的相关信息时，放映该演示文稿时就可以根据排练计时的记录自动放映了。

图 3-95　放映计时

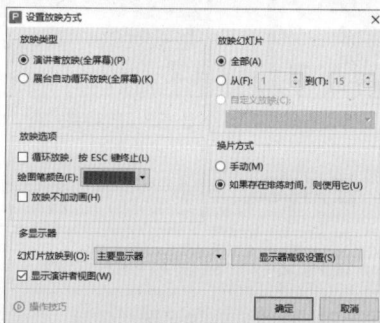

图 3-96　设置换片方式

（三）放映幻灯片

排练计时可以帮助演讲者提前了解自己的演讲节奏，但在正式演讲的过程中，演讲者大多会使用放映模式，即根据自己的演讲节奏来控制演示文稿的放映进度。下面放映"网络空间安全"演示文稿，具体操作如下。

（1）在"放映"功能选项卡中单击"从头开始"按钮🖳或按"F5"键，进入幻灯片放映视图模式，此时将放映该演示文稿中的第 1 张幻灯片，如图 3-97 所示。幻灯片中的对象将按照设置的动画效果依次展现出来。

（2）当当前幻灯片中的内容播放完成后，将切换到下一张幻灯片，并显示切换动画。将鼠标指针移动到添加了超链接的幻灯片对象上，此时鼠标指针将变为🖑，通过单击超链接可切换到相应的幻灯片，如图 3-98 所示。

图 3-97 放映第 1 张幻灯片

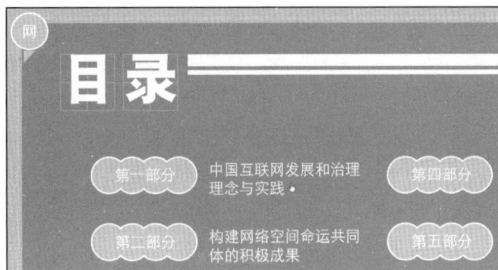

图 3-98 通过单击超链接切换到相应的幻灯片

（3）在幻灯片上单击鼠标右键，在弹出的快捷菜单中选择"下一页""上一页""第一页""最后一页"命令，可以切换至相应的幻灯片；选择"放大"命令，可放大幻灯片；选择"墨迹画笔"命令，可在打开的子菜单中选择画笔样式，并设置画笔颜色，如图 3-99 所示。

（4）设置了画笔后，按住鼠标左键在幻灯片中拖动，可对重点内容进行标记，如图 3-100 所示。

（5）当放映完所有幻灯片后，将显示黑屏，并提示放映结束，此时只需单击便可结束放映。如果对幻灯片进行了标记，则放映完毕后将打开提示框，提示是否保留标记，此时可根据需求选择保留或放弃。

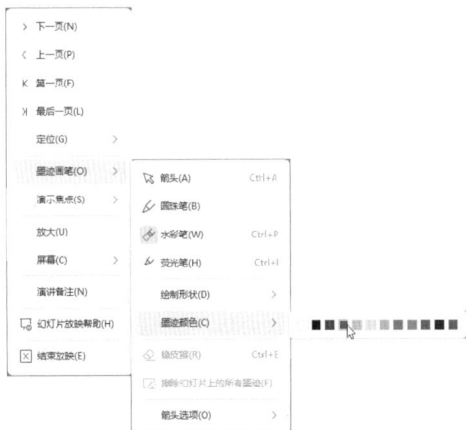

图 3-99 设置墨迹画笔

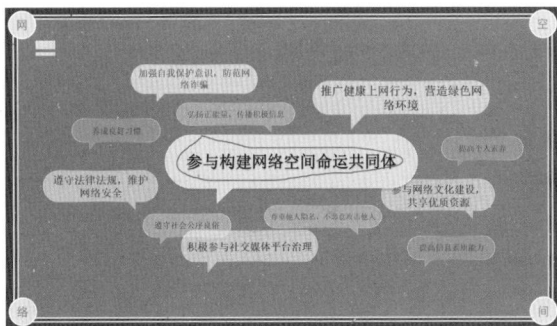

图 3-100 对重点内容进行标记

技能提升 在放映演示文稿时，可以将暂时不需要放映的幻灯片隐藏起来，其方法如下：选择需要隐藏的幻灯片，在"放映"功能选项卡中单击"隐藏幻灯片"按钮。再次执行该操作，可以重新显示隐藏的幻灯片。

（四）打印与输出演示文稿

可以将演示文稿打印出来供人们查看，也可以将其输出为其他格式，以供不同场合使用。下面打印"网络空间安全"演示文稿，并将其输出为 PDF 文件，具体操作如下。

（1）选择"文件"/"打印"命令，打开"打印"对话框，在"打印份数"数值框中可设置打印份数，如输入"2"时表示打印 2 份。在"名称"下拉列表中可选择已与计算机相连接的打印机；在"打印内容"下拉列表中可设置打印的幻灯片内容，这里选择"讲义"选项，此时将激活"讲义"栏，在"每页幻灯片数"下拉列表中可

微课

打印与输出演示文稿

设置每一页打印的幻灯片数量，这里将其设置为"2"，并可根据需要选中"幻灯片加框"和"打印隐藏幻灯片"复选框，打印时系统将根据这些设置来执行操作，完成后单击 确定 按钮，如图 3-101 所示，开始打印幻灯片。

（2）选择"文件"/"输出为 PDF"命令，打开"输出为 PDF"对话框，在"保存位置"栏中设置文件的保存位置，单击 开始输出 按钮，如图 3-102 所示，将演示文稿输出为 PDF 文件。

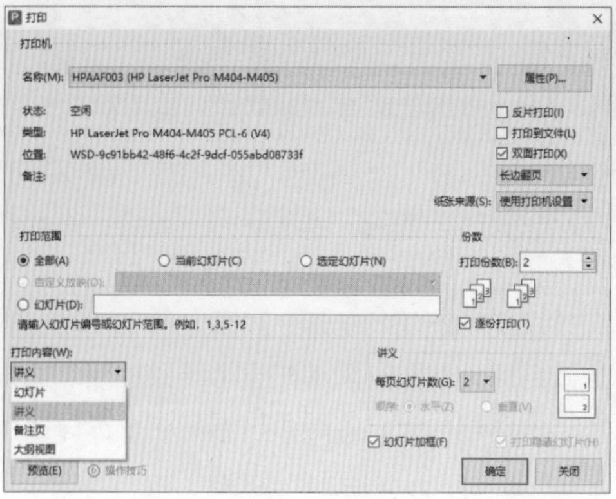

图 3-101 打印设置 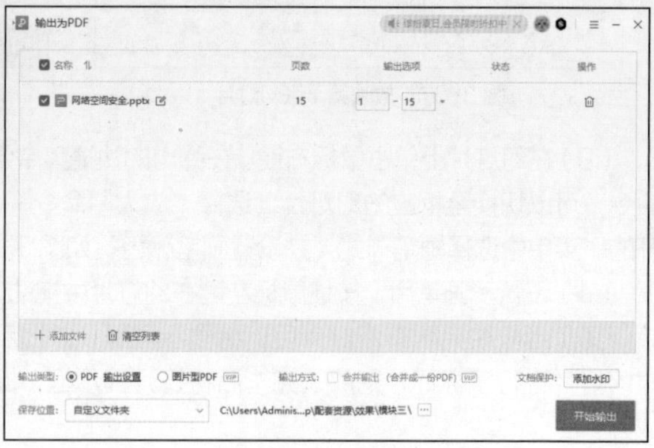   图 3-102 输出设置

六、能力拓展

（一）自定义放映幻灯片

自定义放映演示文稿，即根据放映需求放映指定的幻灯片，其方法如下：在"放映"功能选项卡中单击"自定义放映"按钮，打开"自定义放映"对话框，单击 新建(N) 按钮，打开"定义自定义放映"对话框，在"幻灯片放映名称"文本框中输入自定义放映的名称，在"在演示文稿中的幻灯片"列表框中选择需要放映的幻灯片对应的选项（可利用"Ctrl"键同时选择多个选项），然后依次单击 添加(A) >> 按钮和 确定 按钮。返回幻灯片编辑界面，在"放映"功能选项卡中单击"放映设置"按钮，打开"设置放映方式"对话框，在"放映幻灯片"栏中选中"自定义放映"单选按钮，并在其下方的下拉列表中选择前面设置的自定义放映方案，完成后单击 确定 按钮。此时，按"F5"键，演示文稿将按创建的自定义放映方式进行放映。

（二）打包演示文稿

制作好演示文稿后，有时需要在其他计算机上放映，若想一次性传输演示文稿及相关的音频、视频等文件，避免出现设备更换后演示文稿无法正常放映的问题，可将制作好的演示文稿打包，其方法如下：选择"文件"/"文件打包"/"将演示文档打包成文件夹"命令，打开"演示文件打包"对话框，在"文件夹名称"文本框中设置文件名称，单击 浏览(B)... 按钮选择打包后的文件保存位置，单击 确定 按钮，对演示文稿进行打包操作。

课后练习

一、填空题

1. 在"幻灯片"窗格中新建幻灯片时，可以按_____键。
2. 集颜色、字体、效果、背景样式等属性于一体的对象称为_____。

3. 在幻灯片中插入音频文件后，会显示一个"音频"标记◀，该标记的作用是_____。

4. WPS 演示提供了多种动画类型供用户选择，具体包括_____动画、_____动画、_____动画和_____动画。

5. 若需要从当前所选幻灯片处开始放映演示文稿，则可以按_____键实现此目的。

二、单选题

1. 下列关于 WPS 演示基本操作的说法中，不正确的是（　　）。

    A. 按"Ctrl+N"组合键可以新建带模板的演示文稿

    B. 按"Ctrl+S"组合键可以保存演示文稿

    C. 按"Alt+F4"组合键可以关闭演示文稿

    D. 按"Ctrl+O"组合键可以打开演示文稿

2. 若想统一设置幻灯片及其中对象的内容和格式，则应该选择的母版是（　　）。

    A. 讲义母版　　　　　B. 备注母版　　　　　C. 幻灯片母版　　　　　D. 以上选项都可以

3. 下列选项中，不能在演示文稿中设置其填充颜色的对象是（　　）。

    A. 艺术字　　　　　　B. 形状　　　　　　　C. 图片　　　　　　　D. 文本框

4. 为幻灯片中的对象添加了动画效果后，下列操作无法实现的是（　　）。

    A. 更改动画效果　　　　　　　　　　　B. 设置动画开始时间

    C. 任意指定动画的播放次数　　　　　　D. 调整动画放映时的显示时间

三、操作题

1. 启动 WPS 演示，按照下列要求对演示文稿进行操作，部分参考效果如图 3-103 所示。

图 3-103　"公司简介"演示文稿的部分参考效果

（1）新建"公司简介.pptx"演示文稿，为其应用"红色三角形商务风主题"主题效果，并在标题幻灯片中输入标题，然后删除其他占位符。

（2）新建 6 张幻灯片，将最后一张幻灯片的版式更改为"末尾幻灯片"，并在标题占位符中输入"谢谢大家"文本，然后删除副标题占位符。

（3）依次在第 2、4、5、6 张幻灯片中输入相应的文本内容。其中，第 5 张幻灯片的版式需调整为"两栏内容"，并在其右侧插入一个 4 行 3 列的表格，对表格应用"浅色系"选项卡中的"浅色 样式 1-强调 1"样式后，将表格移至与左侧文本对齐的位置。

（4）在第 3 张幻灯片中删除内容占位符，然后插入流程图，显示企业的组织结构。

（5）在第 6 张幻灯片中插入"企业.png"图片（配套资源：\素材\模块三\企业.png），并调整其大小和位置。

（6）为所有幻灯片应用"百叶窗"切换效果，然后按"F5"键放映制作好的幻灯片，查看其放映效果（配套资源：\效果\模块三\公司简介.dps）。

2. 打开"调查报告.pptx"演示文稿（配套资源：素材\模块三\调查报告.pptx），按照下列要求对演示文稿进行操作，部分参考效果如图 3-104 所示。

（1）为第 2 张幻灯片中的文本框添加超链接。

（2）为幻灯片添加统一的"抽出"切换效果，并将切换效果的持续时间调整为"01.00"。

（3）为标题幻灯片中的文本添加"上升"动画。

（4）为其他幻灯片应用"依次缩放 飞入"智能动画。

（5）对幻灯片进行打包操作（配套资源：效果\模块三\调查报告.pptx、"调查报告"文件夹）。

图 3-104 "调查报告"演示文稿的部分参考效果

模块四
信息检索

04

　　人类检索的历史经历了手工检索和信息检索两个重要阶段。在手工检索时代，人们主要依靠翻阅厚重的纸质文献来寻觅知识的碎片，这一过程效率低下且范围受限，信息的获取与利用难度很大。随着科技的不断进步，现代信息检索技术逐渐发展起来。现代信息检索依托于先进的计算机技术和智能算法，可以根据用户的信息需求完成信息的罗列与查找，从而实现信息的精准匹配与高效呈现，将用户所需的知识精准送达眼前。搜索引擎是现代信息检索的重要工具，它可以通过关键词理解用户的查询意图，为用户提供更加精准的检索结果。而现在，随着大数据与 AI 技术的深度融合，信息检索的边界被不断拓宽，从文本扩展到图像、视频、音频等多模态信息，为用户构建了一个全方位、立体化的信息获取环境。目前，信息检索技术正向着更加智能化、个性化的方向发展，信息检索与 AI 技术的相互融合，不仅推动了信息服务的智能化升级，也让知识的获取与利用变得更加轻松、高效。本任务将从信息检索的基础概念出发，结合信息检索的实际操作，讲解从互联网中获取信息的方法。

课堂学习目标

- **知识目标**：了解信息检索的基本知识，掌握使用搜索引擎进行信息检索的操作，并能够检索专业平台中的相关信息。

- **技能目标**：能够运用各种检索工具在互联网中快速检索自己所需的信息。

- **素质目标**：通过现代信息检索技术与手段探索问题、解决问题，培养严谨客观的工作作风和孜孜以求的探究精神，提升个人的信息素养。

任务一　认识信息检索

一、任务描述

　　在如今这个高度信息化的社会中，人们每天各项活动的顺利开展，如工作、学习、生活等，都离不开信息的支持。信息是互联网时代的重要资源，它不仅在社会生产中占据着非常重要的作用，还是衡量国家竞争力的重要标志之一。人们要培养信息检索的能力，破除信息茧房，全面获取信息，从而提高自己在信息时代的适应力和竞争力。本任务将对信息检索的基础知识进行介绍，包括信息检索的概念、分类与流程等。

二、任务准备

　　认识信息检索，一方面要了解信息检索的基础知识，筑牢学习信息检索的基石；另一方面应熟悉信息检索的流程，提升信息检索能力，培养信息素养。

（一）信息检索的概念

"信息检索"一词出现于 20 世纪 50 年代，是指将信息按照一定的方式组织和存储起来，并根据用户的需要找出相关信息的过程。

- 狭义的信息检索。在互联网中，用户经常通过搜索引擎来搜索各种信息，像这种从一定的信息集合中找出所需信息的过程就是狭义的信息检索，也就是我们常说的信息查询（Information Search 或 Information Seek）。

- 广义的信息检索。广义的信息检索包括信息存储和信息获取两个过程。其中，信息存储是指通过对大量无序信息进行选择、收集、著录、标引后，组建成各种信息检索工具或系统，使无序信息转换为有序信息集合的过程；而信息获取是根据用户特定的需求，运用已组织好的信息检索系统将特定的信息查找出来的过程。

（二）信息检索的分类

信息检索的划分方式有很多种，通常按检索对象、检索手段、检索途径这 3 种方式来划分。

1. 按检索对象划分

根据检索对象的不同，信息检索可以分为以下 3 种类型。

- 文献检索。文献检索以特定的文献为检索对象，包括全文、文摘、题录等。文献检索是一种相关性检索，它不会直接给出用户所提出问题的答案，而是只提供相关的文献以供参考。

- 数据检索。数据检索以特定的数据为检索对象，包括统计数字、工程数据、图表、计算公式等。数据检索是一种确定性检索，它能够返回确切的数据，直接回答用户提出的问题。

- 事实检索。事实检索以特定的事实为检索对象，如有关某一事件的发生时间与地点、人物和过程等。事实检索是一种确定性检索，一般能够直接为用户提供所需且确定的事实。

2. 按检索手段划分

根据检索手段的不同，信息检索可以分为以下 3 种类型。

- 手工检索。手工检索是一种传统的信息检索方法，它是指利用工具书（包括图书、期刊、目录卡片等）进行信息检索的一种手段。手工检索不需要特殊的设备，用户可根据要检索的对象，利用相关的检索工具进行检索。手工检索的缺点是既费时又费力，尤其是在进行专题检索时，用户要翻阅大量工具书和使用大量的检索工具进行反复查询。此外，手工检索还很容易造成误检和漏检。

- 机械检索。机械检索是指利用计算机检索数据库的过程，其优点是速度快，缺点是回溯性不好且有时间限制。

- 计算机检索。计算机检索是指在计算机或者计算机检索网络终端上，使用特定的检索策略、检索指令、检索词，从计算机检索系统的数据库中检索出所需信息后，再由终端设备显示、下载和打印相应信息的过程。计算机检索具有检索方便快捷、获得信息类型多、检索范围广泛等特点。

3. 按检索途径划分

根据检索途径的不同，信息检索可以分为以下两种类型。

- 直接检索。直接检索是指用户通过直接阅读，浏览一次或三次文献，从而获得所需资料的过程。

- 间接检索。间接检索是指用户利用二次文献或借助检索工具查找所需资料的过程。

（三）信息检索的流程

信息检索是用户获取知识的一种快捷方式，一般来说，信息检索流程包括分析问题、选择检索工具、确定检索词、构建检索提问式、调整检索策略、输出检索结果 6 个步骤。

- 分析问题。分析要检索内容的特点和类型（如文献类型、出版类型），以及所涉及的学科范围、主题要求等。
- 选择检索工具。根据检索要求得到信息类型、时间范围、检索经费等信息后，经过综合考虑，选择合适的检索工具。正确选择检索工具是保证检索成功的基础。
- 确定检索词。检索词是计算机检索系统中进行信息匹配的基本单元，可直接影响最终的检索结果。常用的确定检索词的方法有选用专业术语、选用同义词与相关词等。
- 构建检索提问式。检索提问式是指在计算机信息检索中用来表达用户检索提问的逻辑表达式，由检索词和各种布尔逻辑算符、截词符、位置算符组成。检索提问式将直接影响信息检索的查全率和查准率。

> **技能提升** 布尔逻辑算符用来表示两个检索词之间的逻辑关系，常用的布尔逻辑算符有 3 种，分别是逻辑与（AND）、逻辑或（OR）、逻辑非（NOT）。截词符是用于截断一个检索词的符号，它是预防漏检、提高查全率的一种常用检索技术。不同的检索系统使用的截词符有所不同，通常有"*""?""#""$"等。位置算符用来规定符号两边的词出现在文献中的位置，它主要用于表示词与词之间的相互关系和前后次序，常见的位置算符有 W 算符、N 算符、S 算符等。

- 调整检索策略。检索时，用户要及时分析检索结果，若发现检索结果与检索要求不一致，则要根据检索结果对检索提问式做出相应的修改和调整，直至得到满意的检索结果为止。
- 输出检索结果。根据检索系统提供的检索结果输出格式，用户可以选择需要的记录及相应的字段，将检索结果存储到磁盘中或直接打印输出。至此，完成整个信息检索操作。

三、任务实现

你在互联网上进行过信息检索操作吗？你检索过哪些类型的数据？使用的是什么检索工具呢？请将具体内容填入表 4-1。

表 4-1　检索对象与工具整理

检索对象	检索工具
概念、术语	使用"百度百科"或"MBA 智库"等工具进行检索
书籍	
热点视频	
时事新闻	
音乐	
网络课程	
……	

任务二　搜索引擎的使用

一、任务描述

网络信息检索是人们日常生活、工作和学习中常用的检索形式之一，通常以搜索引擎为主要检索工具。通过搜索引擎，用户可以便捷地在海量信息中获取有用的信息。但网络信息十分庞杂，信息质量良莠不齐，因此在检索网络信息时，用户必须提高对信息的辨识能力，懂得从信息海洋中筛选和获取有价值的信息。本任务将通过搜索引擎检索生成式人工智能的相关信息，一方面可以学习信息检索的方法，另一方面可以关注科技前沿，了解其发展规律和趋势，同时获取新知识、掌握新技能，从而培养用户的创新思维和问题解决能力。

二、任务准备

要想熟练使用传统检索工具和 AI 检索工具准确检索"生成式人工智能"的相关信息，必须了解传统搜索引擎的类型、主流的搜索引擎工具等相关知识，同时需要认识常用的 AI 检索工具及检索提问方法，以提高检索效率。

（一）搜索引擎的类型

搜索引擎是根据一定的策略、运用特定的计算机程序从互联网上采集信息，并对信息进行组织和处理后，为用户提供检索服务的一个系统。使用搜索引擎是目前进行信息检索的常用方式。随着搜索引擎技术的不断发展，搜索引擎的种类也越来越多，主要包括全文搜索引擎、目录索引、元搜索引擎 3 种类型。

1. 全文搜索引擎

全文搜索引擎（Full Text Search Engine）是目前广泛应用的搜索引擎之一，国外比较有代表性的全文搜索引擎是 Google，国内则是百度和 360 搜索。这些全文搜索引擎从互联网中提取出各个网站的信息（以网页文字为主），并建立起数据库。用户在使用它们进行信息检索时，这些全文搜索引擎便可以在数据库中检索出与用户查询条件相匹配的记录，并按一定的排列顺序将结果返回给用户。

根据搜索结果来源的不同，全文搜索引擎又可以分为两类：一类是拥有自己的蜘蛛程序的搜索引擎，它能够建立起自己的网页、数据库，也能够直接从其数据库中调用搜索结果，如 Google、百度和 360 搜索等；另一类则是租用其他搜索引擎的数据库，然后按照自己的规则和格式来排列和显示搜索结果的搜索引擎，如 Lycos。

2. 目录索引

目录索引（Search Index/Directory）也称为分类检索，它主要通过搜集和整理互联网中的资源，并根据搜索到的网页内容，将其网址分配到相关分类主题目录不同层次的类目之下，从而形成像图书馆目录一样的分类树形结构。

用户在目录索引中查找网站时，可以使用关键词进行查询，也可以按照相关目录逐级查询。但需要注意的是，使用目录索引进行信息检索时，只能按照网站的名称、网址、简介等内容进行查询，所以目录索引的查询结果只是网站的统一资源定位符（Uniform Resource Locator，URL），而不是具体的网站页面。国内的搜狐、hao123，以及国外的 Dmoz 等都是目录索引。

3. 元搜索引擎

元搜索引擎（Meta Search Engine）在接收用户查询请求后会同时在多个搜索引擎上进行搜索，并将结果返回给用户。著名的元搜索引擎有 InfoSpace、Dogpile、Vivisimo 等。在搜索结果排列方面，有的元搜索引擎将直接按来源排列搜索结果，如 Dogpile；而有的元搜索引擎则按自定的规则重新排列组合搜索结果，如 Vivisimo。

（二）常见的搜索引擎

目前，国内的搜索引擎主要有百度、360 搜索、搜狗搜索等，国外的搜索引擎主要有 Bing 等。

1. 百度

2000 年 1 月，百度公司于北京中关村成立，致力于向人们提供"简单、可依赖"的信息获取方式。"百度"二字源于我国宋朝词人辛弃疾《青玉案》中的"众里寻他千百度"，象征着百度公司对中文信息检索技术的执着追求。百度的服务器分布在全国各地，能直接从最近的服务器上把搜索信息返回给当地用户，使用户享受到极快的搜索传输速度。百度每天可处理来自 100 多个国家和地区的多达数亿次的搜索请求。通过百度，用户可以搜索到世界各地新兴、全面的中文信息。

2. 360 搜索

360 搜索属于全文搜索引擎，是目前的主流搜索引擎之一，其包含新闻、影视等搜索类别，旨在为用户提供安全、可靠的搜索服务。360 搜索不但采用了通用搜索技术，而且独创了 PeopleRank 算法、拇指计划等新技术。目前，360 搜索已建立由数百名工程师组成的核心搜索技术团队，拥有上万台服务器，拥有庞大的蜘蛛爬虫系统，并且每日抓取网页高达 10 亿个，收录的优质网页达数百亿个，网页搜索速度和质量都处于领先地位。

3. 搜狗搜索

搜狗搜索是国内领先的中文搜索引擎之一，其致力于中文互联网信息的深度挖掘，旨在帮助互联网用户更加快速地获取信息，为用户创造价值。在搜狗搜索中，音乐搜索具有低于 2% 的死链率，图片搜索具有独特的组图浏览功能，新闻搜索具有能够及时反映互联网热点事件的"看热闹"功能，地图搜索具有全国无缝漫游的功能。这些功能极大地满足了用户的日常需求，用户可以更加便利地畅游在互联网的海洋中。

4. Bing

Bing（必应）是微软公司于 2009 年推出的搜索引擎，它集成了搜索首页图片设计、崭新的搜索结果导航模式、创新的分类搜索和相关搜索用户体验模式、视频搜索结果无须单击便可直接预览播放、图片搜索结果无须翻页等功能。

（三）常见的 AI 搜索工具

在信息爆炸的时代，搜索引擎作为连接用户与知识海洋的桥梁，已成为人们获取信息、学习知识的重要工具。如今，随着人工智能技术的崛起，信息检索领域正经历一场颠覆性革新，AI 搜索工具正以前所未有之势重塑信息搜索的新格局。

AI 搜索在传统搜索引擎的基础上融入了人工智能技术的新型搜索工具。不同于传统搜索引擎以关键词匹配为核心的搜索方式，AI 搜索能够深入洞察用户的查询意图，运用先进的语义分析技术和知识图谱构建能力，为用户呈现更加贴合需求、详尽且精准的搜索结果。这种转变不仅极大地提升了信息检索的效率与质量，更使搜索过程充满了智能化与人性化的色彩。

目前，AI 搜索的发展百花齐放，常用的 AI 搜索工具有 360 AI 搜索、秘塔 AI 搜索、Miku AI 搜索、天工 AI 搜索等。

（1）360 AI 搜索。360 AI 搜索是一款智能 AI 搜索工具，基于"我搜你看，你问我答"的定位，将大模型与搜索相结合，支持语义理解和生成，可自动提炼、整合、重组信息，也可进行逻辑推理和记忆，从而为用户提供所需的答案。

（2）秘塔 AI 搜索。秘塔 AI 搜索是一款功能强大的智能搜索引擎，具备全网搜索、学术搜索、智能推荐等功能，其通过智能算法和机器学习技术，可以为用户提供高效、准确的搜索结果。

（3）Miku AI 搜索。Miku AI 搜索可以通过理解用户意图，提供精准和个性化回答，支持输入关键词、选择分类等多种方式进行信息搜索，不仅可以搜索到新闻、文章等文字信息，还可以搜索到图片、视频等其他形式的信息。

（4）天工 AI 搜索。天工 AI 搜索通过整合互联网信息，为用户提供智能、高效、快速的搜索体验，不仅能够找资料、查信息、搜答案、搜文件，还可以对海量搜索结果进行 AI 智能聚合。

各种 AI 搜索工具的使用方法基本类似，都是通过输入问题来进行信息检索并获得结果的。图 4-1 所示为在秘塔 AI 搜索中检索信息的结果。通过该 AI 搜索工具，用户不用在众多检索结果中再次进行筛选，而是可以直接获得检索结果，同时可以根据"来源"对检索信息进行溯源，从而继续深入获取信息。

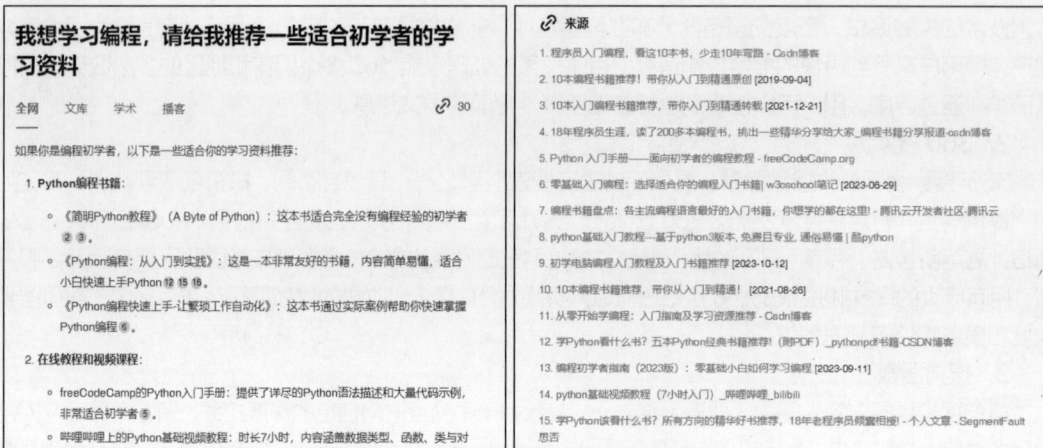

图 4-1　在秘塔 AI 搜索中检索信息的结果

（四）AI 检索与有效提问

AI 搜索为信息检索带来了便捷，但同时存在一些问题，其中较为显著的便是语义理解的精准度与全面性问题。尽管人工智能技术在近年来取得了显著的进步，但在复杂多变的自然语言理解与推理方面仍存在一定的局限性，也就是 AI 搜索工具无法准确、全面地通过用户的提问了解其真实需求，这也直接关系到搜索结果的准确性。因而，为了尽量降低 AI 搜索在语义理解方面的影响，用户在使用 AI 搜索工具时，一定要进行有效提问，灵活运用提问技巧获得自己所需的检索结果。

1. 明确问题

使用 AI 搜索工具搜索问题时，首先需要明确问题，也就是梳理自己的问题核心，然后用简洁、清晰的语言将问题描述出来，避免问题过于宽泛和语义含糊不清。

示例：

"如何学好外语？"（问题宽泛）

"我想学习德语，请你给我一些学习建议或者帮我推荐一些适合初学者的在线学习资料。"（提问示例）

2. 简明扼要

使用 AI 搜索工具搜索问题时，用户需要清晰地描述自己的问题，但不建议使用过于冗长和复杂的句子结构来描述问题。相比来说，简洁、准确、清晰的句子更利于 AI 搜索工具的理解，也可以在更大程度上降低 AI 搜索工具在语义理解方面的影响。

示例：

"我想去一个可以看海的地方旅游，需要订购酒店，你能推荐一些吗？最好交通比较便利，住宿比较方便且能够提供早晚餐。"（问题冗长复杂）

"请推荐一个附近可以看海的酒店，最好交通便利，提供早晚餐。"（提问示例）

3. 避免歧义

如果用户提出的问题模棱两可、存在歧义，那么 AI 搜索工具可能无法准确理解用户的需求，从而只能根据字面意思做出回答，这样用户就无法获得满意的结果，因而在提出问题时，用户要先检查句子是否存在歧义，若有，则及时修改或更换问题。

示例：

"给我推荐一下笔记本。"（存在歧义）

"请给我推荐 3~5 个笔记本电脑的品牌，并分析一下它们的优点。"（提问示例）

4. 避免绝对

AI 搜索工具可以为用户的信息检索提供帮助，但这并不代表它可以解决用户所提出的任何问题，因此用户要避免提出绝对化问题，如最好、最新、最适合等。

示例：

"请介绍最适合 5 月去旅游的城市。"（问题绝对）

"请给我推荐适合 5 月旅游的热门城市，并介绍其著名景点。"（提问示例）

5. 活用引导词

活用引导词就是在提问时，通过引导词让 AI 搜索工具更好地理解用户的意图，如使用"如何""为什么"等引导词，让 AI 搜索工具可以更好地理解问题的背景、用户的需求，并提供更有针对性、更详细的回答。例如，对于"如何学习编程语言"这个问题，AI 搜索工具可以提供学习编程语言的方法、技巧和资源等信息；对于"为什么学习编程语言"这个问题，AI 搜索工具可以提供学习这一语言的意义、价值和作用等信息。

当然，不同的 AI 搜索工具在面对同一问题时，往往会提供不同的检索结果，该结果需要用户进行仔细甄别、判断甚至验证。如果 AI 搜索工具提供的检索结果不符合需求，则用户可以进一步对问题进行细化，然后再次追问，通过进一步的对话和沟通让 AI 搜索工具反复理解问题、深入解析问题，从而得到更准确的回答。

三、任务实现

（一）使用百度检索"生成式人工智能和 AIGC"

搜索引擎的检索大致可以分为基本检索和高级检索两种形式，这两种检索方式在检索结果和准确度上有一定差异，因而大多数时候，用户需要根据自己的检索需求选择合适的检索方式。

1. 使用百度进行基本检索

搜索引擎的基本检索方法是直接在搜索框中输入搜索关键词。下面在百度中搜索有关"生成式人工智能"的内容，具体操作如下。

（1）启动浏览器，在地址栏中输入百度的网址，按"Enter"键进入百度首页，然后在中间的搜索框中输入要查询的关键词"生成式人工智能"，按"Enter"键或单击 百度一下 按钮。

（2）打开搜索结果页面，单击搜索框下方的"搜索工具"按钮，如图 4-2 所示。

图 4-2　单击"搜索工具"按钮

（3）显示搜索工具栏，单击 站点内检索 按钮，在打开的搜索文本框中输入百度的网址，然后单击 确认 按钮，返回百度搜索结果页面，即设置检索站点，如图 4-3 所示。

（4）在搜索工具栏中单击 时间不限 按钮，在打开的下拉列表中选择"一年内"选项，设置时间，如图 4-4 所示。

（5）搜索结果页面中将只显示发布时间在一年内且发布于百度的信息，如图 4-5 所示。如果需要限制检索结果的文件格式，那么还可以在搜索工具栏中单击 所有网页和文件 按钮，在打开的下拉列表中选择相应的选项。

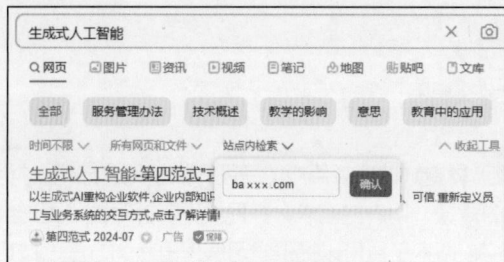

图 4-3　设置检索站点

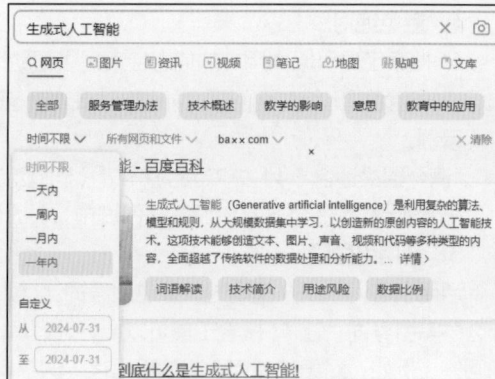

图 4-4　设置时间

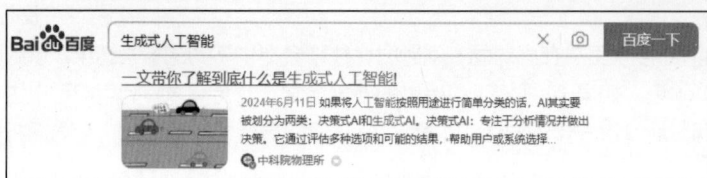

图 4-5　搜索结果页面

2. 使用百度进行高级检索

使用搜索引擎的高级查询功能可以在搜索结果时实现包含完整关键词、包含任意关键词和不包含某些关键词等搜索，从而使检索结果更加精准。下面使用百度的高级搜索功能检索关于"AIGC"的信息，具体操作如下。

微课

使用百度进行
高级检索

（1）打开百度首页，将鼠标指针移至右上角的"设置"超链接上，当其变为🖑形状时，在打开的下拉列表中选择"高级搜索"选项。

（2）打开"高级搜索"面板，在"包含全部关键词"文本框中输入"办公 设计"文本，要求检索结果中同时包含"办公"和"设计"两个关键词；在"包含完整关键词"文本框中输入"AIGC"文本，要求检索结果中包含"AIGC"完整关键词，即关键词不会被拆分；在"包含任意关键词"文本框中输入"技巧 效率"文本，要求检索结果中包含"技巧"或者"效率"关键词，如图 4-6 所示。

（3）单击 高级搜索 按钮完成检索，信息检索结果如图 4-7 所示。

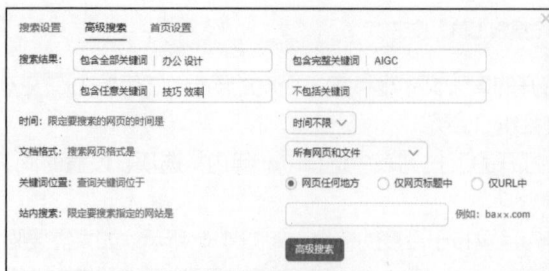

图 4-6　设置参数

图 4-7　信息检索结果

（二）使用纳米 AI 搜索检索"AIGC"

AI 搜索工具基于人工智能技术，可以帮助用户通过更加直观和便捷的方式获取信息，同时能根据用户反馈和行为数据动态调整搜索结果，在使用上更加便捷。下面使用纳米 AI 搜索检索"AIGC"的相关知识，具体操作如下。

微课

使用纳米 AI 搜索
检索"AIGC"

（1）启动浏览器，搜索"纳米 AI 搜索"，进入其首页后，在搜索框中输入问题"AIGC 工具是如何提高办公效率的？"，然后单击 按钮，如图 4-8 所示。

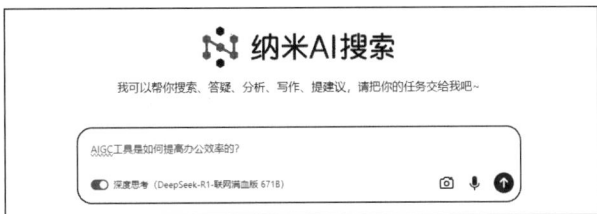

图 4-8　输入问题

（2）此时纳米 AI 搜索将深度分析该问题，生成检索结果，并将检索结果以脑图的形式总结出来，且提供该检索结果的参考资料，如图 4-9 所示。

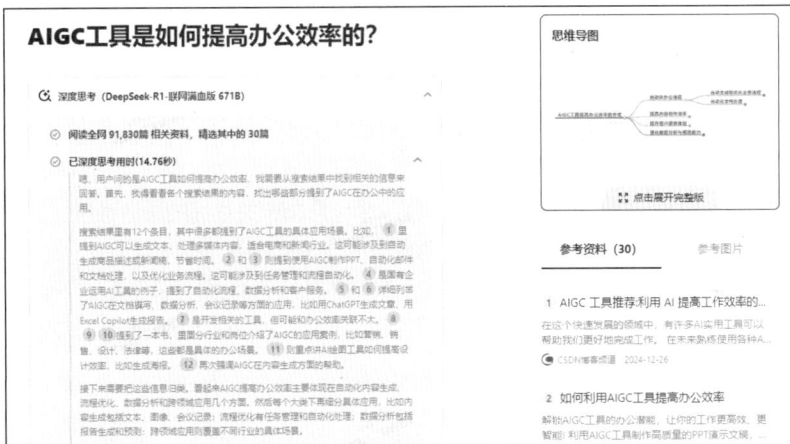

图 4-9　检索结果

（3）如果纳米 AI 搜索提供的检索结果不符合需求，则可以要求其生成更详细的回答，或对其进行追问。在"输入追问"文本框中继续输入问题"有哪些 AI 工具可以对文档进行智能写作和排版？"，按"Enter"键，如图 4-10 所示，可进一步缩小检索范围，控制检索精确度。

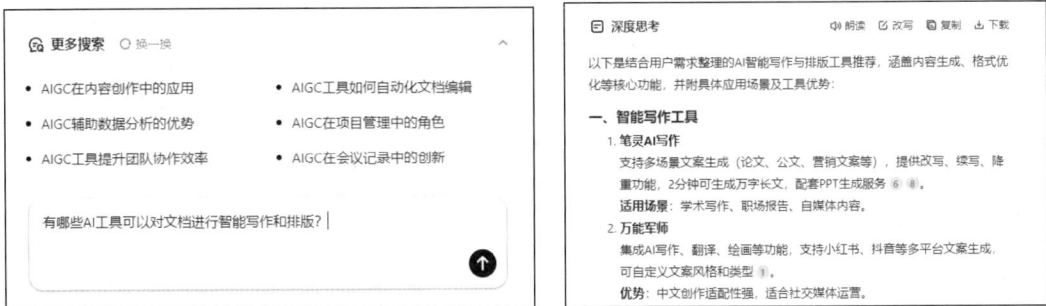

图 4-10　继续追问并获取检索结果

175

四、能力拓展

（一）使用搜索引擎指令检索信息

在使用百度等搜索引擎检索信息时，通过搜索引擎指令可以实现较多功能，如查询某个网站被搜索引擎收录的页面数量、查找 URL 中包含指定文本的页面数量、查找网页标题中包含指定关键词的页面数量等。常用的搜索引擎指令及其功能介绍如下。

1. site 指令

使用 site 指令可以查询某个域名被该搜索引擎收录的页面数量，其格式为

"site"+半角冒号":"+网站域名

例如，在百度中查询"中科院物理所"网站的收录情况，可以打开百度首页，在中间的搜索框中输入"site:iop.cas.cn"文本，然后单击 百度一下 按钮，得到检索结果，在其中可以看到该网站共有多少个页面被收录。如果需要检索包含"www"的结果，则可以输入"site:www.iop.cas.cn"。

2. inurl 指令

使用 inurl 指令可以查询 URL 中包含指定文本的页面数量，其格式为

"inurl"+半角冒号":"+指定文本

"inurl"+半角冒号":"+指定文本+空格+关键词

例如，在百度中查询所有 URL 中包含"奥运会"文本的页面，可以在百度首页的搜索框中输入"inurl:奥运会"文本，然后按"Enter"键，得到检索结果；如果要查询 URL 中包含"AIGC"文本，同时关键词为"知乎"的页面，则可以输入"inurl:AIGC 知乎"文本，然后按"Enter"键，得到检索结果。

3. intitle 指令

使用 intitle 指令可以查询在页面标题（title 标签）中包含指定关键词的页面数量，其格式为

"intitle"+半角冒号":"+关键词

例如，在百度中查询标题中包含"视频大模型"关键词的所有页面，可以输入"intitle:视频大模型"文本，然后按"Enter"键，得到检索结果，在检索结果中可以看到每个页面的标题中都包含"视频大模型"这一关键词。

> **技能提升** 使用搜索引擎指令进行信息检索实际上是一种限制检索的方法。限制检索是指通过限制检索范围来达到优化检索结果的一种方法。限制检索的方式有很多种，包括使用限制符、采用限制检索命令、进行字段检索等。例如，属于主题字段限制的有 Title、Subject、Keywords 等；属于非主题字段限制的有 Image、Text 等。

（二）使用检索符号检索信息

直接检索关键词时，搜索引擎往往会返回大量无关的信息，此时可以运用一些检索符号，并借助相关搜索技巧，筛选出更加准确的检索结果。

1. 使用"+"

在使用搜索引擎时，用户可以在关键词的前面使用加号"+"，表示搜索结果中要包含所有关键词。例如，在百度搜索引擎的搜索框中输入"+计算机+电话+传真"文本，表示检索结果必须同时包含"计算机""电话""传真"这 3 个关键词。

2. 使用"–"

使用减号"–"后，系统将搜索不包含减号后面的词的结果。使用这个指令时，减号前面必须是空格；

减号后面没有空格，紧跟着需要排除的词。目前，百度和 Google 都支持这个指令。例如，在百度搜索引擎的搜索框中输入"卫视直播　浙江卫视直播"文本，表示检索结果中包含"卫视直播"这个关键词，但不包含"浙江卫视直播"这个关键词。

3. 使用双引号

在使用搜索引擎时，用户可以给要查询的关键词添加双引号（半角状态下），以实现精确查询。这种方法要求查询结果完全匹配搜索内容，也就是说，检索结果中应包含双引号中出现的所有词，连顺序也必须完全匹配。目前，百度和 Google 都支持这个指令。例如，在百度搜索引擎的搜索框中输入"图片美化"文本，按"Enter"键后，将返回包含"图片美化"这个关键词的检索结果，而不会返回包含"美化照片""照片美化"等关键词的检索结果。

4. 使用"《》"

书名号是百度搜索引擎中特有的一个查询语法。在其他搜索引擎中，书名号可能会被忽略，但在百度搜索引擎中，书名号是可以被查询的。例如，在百度搜索引擎的搜索框中搜索关于电影《建党伟业》的相关信息，只需要为关键词加上书名号"《》"，然后按"Enter"键。在显示的搜索结果中，书名号中的内容不会被拆分。注意，这里的书名号是中文状态下的书名号。

5. 使用"*"

星号是常用的通配符，也能用在信息检索中。目前，百度搜索引擎暂不支持"*"搜索指令。例如，在 360 搜索的搜索框中输入"网店客服*话术"文本，其中"*"表示任意文字，返回的检索结果中不仅包含"网店客服"等内容，还可能包含"网店客服话术整理"等内容。

| 学思启示 |

信息素养：全球信息化时代的基本素养

信息时代是农业时代和工业时代后出现的第三次文明浪潮。在信息时代，信息已经成为一种重要的生产资源，能够熟练检索、评估和利用信息的人，在学习、工作等各方面都具有更大的竞争力。特别是在网络技术日新月异的当下，信息检索更是以势不可挡之态进入人们的学习、工作和生活中。学生通过信息检索打开知识的宝库，科研人员利用信息检索站在前人的肩膀上，以创造更多新的发明和成果。因此，信息检索在当代具有十分重要的意义，大学生需要通过不断的学习和实践来提升和完善自己的信息检索能力，并提高自己的综合信息素养。

任务三　专用平台的信息检索

一、任务描述

在日常的生活、学习和工作中，我们需要不断地从各个渠道获取不同类型的信息，如获取某个问题的答案、获取他人的建议、获取娱乐资讯、获取专业知识等。通常来说，获取不同类型的信息需要在不同的数据库或平台中使用不同的检索方法进行检索，这样才能尽可能地提高信息获取的准确率和有效性。本任务将介绍如何在各种专业的平台中进行信息检索操作，以获取学术信息、专利信息、商标信息、社交媒体信息等。

二、任务准备

要在不同的数据库或平台中检索信息，需要提前认识常见的专用信息检索系统，从而为后面的信息检索打好基础。

所谓专用信息检索系统，通常是指提供某一类专用信息检索服务的数据库或平台。例如，检索各种文献信息时，通常需要前往专业的文献数据库进行检索；检索生活、娱乐等资讯时，则适合在相关平台或网站中进行检索，如抖音、小红书、微信等，或直接使用搜索引擎、AI 搜索工具等进行检索。文献信息的专业性高且类型众多，图书、期刊、报纸、标准、专利等都是常见的文献类型，所以文献检索的平台、数据库也较多，下面介绍一些常见的文献信息检索系统。

（1）百度学术。百度学术是一个一站式学术资源搜索服务平台，它发挥了自身在资源检索技术和大数据挖掘分析方面的优势，让学术搜索更便捷。百度学术提供了海量的中英文文献检索服务，涵盖各类学术期刊、学位论文、会议论文等资源，可以通过时间筛选、标题、关键字、摘要、作者、出版物、文献类型、被引用次数等细化指标，提高检索的精准度。

（2）中国知网。中国知网的全称为中国知识基础设施工程（China National Knowledge Infrastructure，CNKI），中国知网学术文献总库涵盖了学术期刊、博硕士学位论文、会议论文、报纸、年鉴、专利、国内外标准、科技成果、经济统计数据等丰富的资源。这些资源不仅来自各个领域的学术期刊和出版物，还包含了大量具有深度和广度的研究资料，可以为科研人员提供全面且持续更新的学术资源。

（3）超星网。超星网是北京世纪超星信息技术发展有限责任公司旗下的网站，其核心服务包括超星数字图书馆、超星期刊和超星报纸等。作为一家专业的在线知识库，超星网提供了简单检索、高级检索、图书分类查找等检索功能，可以满足广大用户的学习和研究需求。

（4）万方数据知识服务平台。万方数据知识服务平台整合了数亿条全球优质知识资源，集成了期刊、学位论文、会议、科技报告、专利、标准、科技成果、法规、地方志、视频等十余种知识资源类型，覆盖自然科学、工程技术、医药卫生、农业科学、哲学政法、社会科学、科教文艺等全学科领域，支持多维度组合检索，适合不同用户群的研究需求。

（5）维普网。维普网作为综合性文献服务网站，集期刊、论文、报告等各类文献资源于一体，可以为科研人员、学生和广大读者提供便捷、高效、全面的文献获取和检索服务。

（6）国家知识产权局。国家知识产权局是一个政务服务平台，支持专利、商标的申请及申办业务，也提供专利、商标等检索服务。

（7）国家标准全文公开系统。国家标准全文公开系统主要提供各种国家标准的检索和查询服务，但标准文献具有一定的特殊性，不同的国家、地区，乃至不同的企业都有其各自的标准，因而标准文献的检索应依据具体需要而定。例如，要了解某行业的标准，通常可以在行业主管部门网站或行业协会、学会、组织等网站中进行检索，如在中华人民共和国生态环境部网站中检索生态环境标准，在中华人民共和国住房和城乡建设部网站中检索建筑标准，在中国食品工业协会网站中检索食品标准等。

（8）国家统计局。如果需要了解一些数据信息，如人口普查数据、生产资料市场价格变化数据等，就可以通过国家统计局网站进行检索。

三、任务实现

（一）学术信息检索

期刊、论文、图书等学术信息主要可以通过各种学术网站或数据库进行检索，如百度学术、万方数据知识服务平台、中国知网、超星网、维普网等，国外学术信息可以通过谷歌学术、Academic、CiteSeer 等进行检索。下面在中国知网中检索有关"智能超表面"的学术信息，具体操作如下。

（1）打开"中国知网"官方网站，在首页的搜索框中输入要检索的关键词"智能

微课

学术信息检索

超表面"，然后按"Enter"键。

（2）在打开的页面中可以查看检索结果，在每条检索结果中还可以看到论文的标题、作者、被引量等信息，如图 4-11 所示。在页面上方选择学术期刊、学位论文、会议、报纸、年鉴、图书等选项，可以筛选检索范围，如选择"学位论文"选项，则只筛选出与"智能超表面"这一主题相关的学位论文。在页面左侧选择"主题""学科"等选项，可以进一步对检索结果进行筛选。

（3）单击要查看的某篇论文的标题，在打开的页面中可以查看更详细的信息。

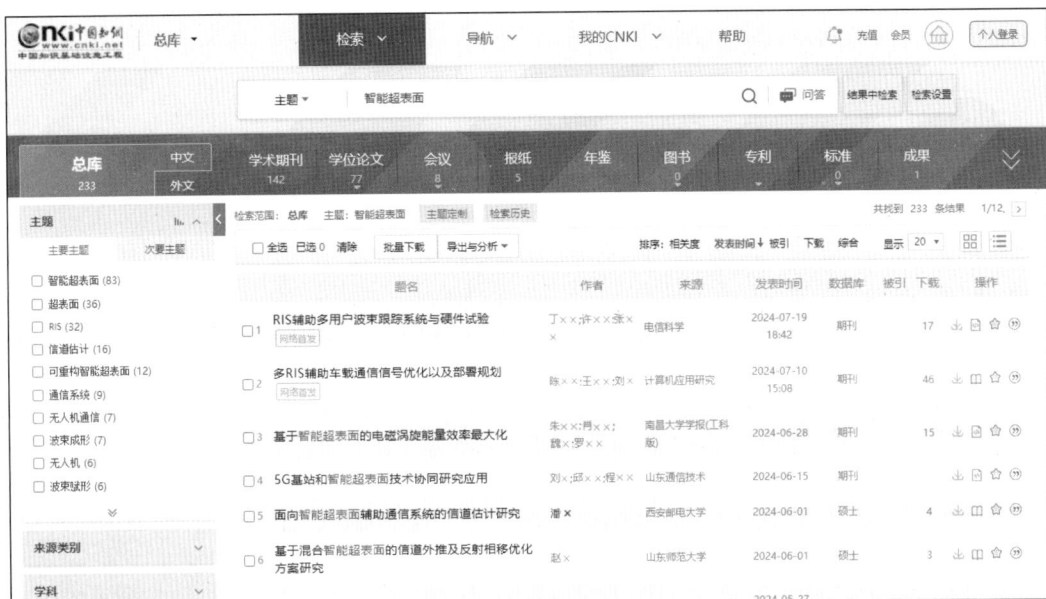

图 4-11　查看检索结果

（二）专利信息检索

专利即专有的权利和利益，为了避免侵权及对本身拥有的专利进行保护，企业需要经常对专利信息进行检索。用户可以在世界知识产权组织（World Intellectual Property Organization，WIPO）的官网、各个国家知识产权机构的官网（如我国的国家知识产权局官网、中国专利信息网）及各种提供专利信息的商业网站（如中国知网、万方数据知识服务平台等）中进行专利信息检索。下面在万方数据知识服务平台中搜索有关"高空平台基站"的专利信息，具体操作如下。

微课

专利信息检索

（1）打开万方数据知识服务平台官方网站，单击搜索框左侧的"全部"按钮，在打开的下拉列表中选择"专利"选项，然后在搜索框中输入关键词"高空平台基站"，如图 4-12 所示，完成后按"Enter"键。

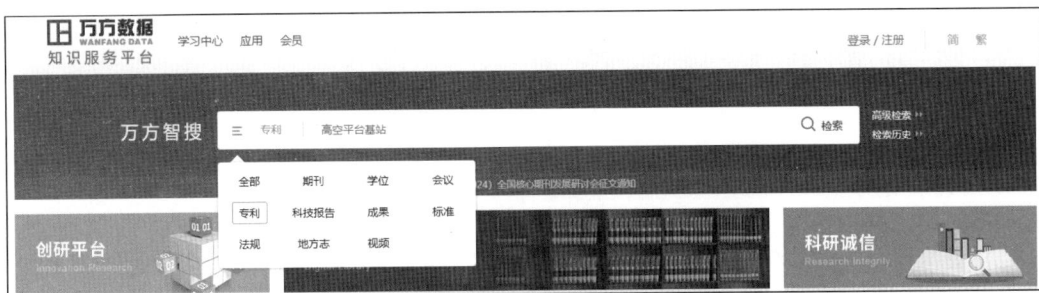

图 4-12　输入关键字后进行专利信息检索

（2）在打开的页面中可以查看检索结果，包括每条专利的名称、专利人、摘要等信息。在页面左侧可以根据获取范围、IPC 分类、专利类型等对检索结果进行进一步筛选，如图 4-13 所示。单击专利名称，在打开的页面中可以查看更详细的内容。如果需要查看该专利的完整内容，则可以单击 在线阅读 按钮、下载 按钮。

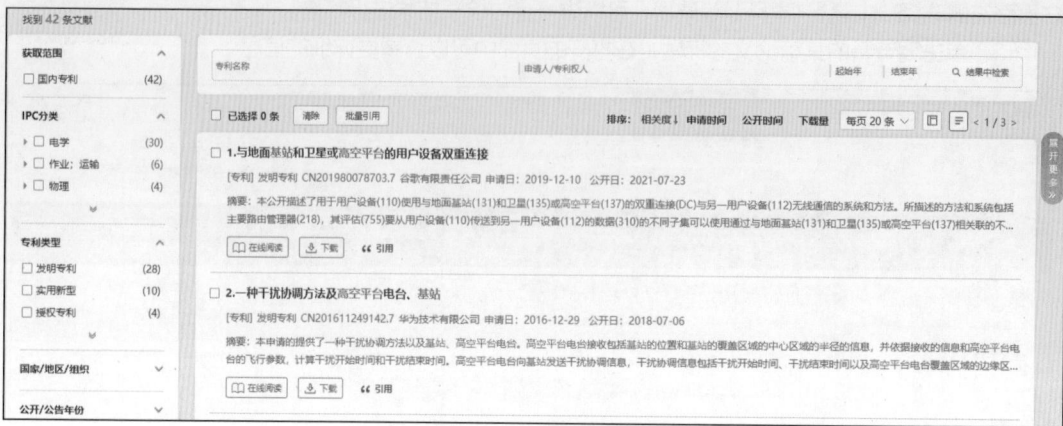

图 4-13　筛选检索结果

（三）商标信息检索

商标用于区分一个经营者和其他经营者的品牌或服务的不同之处。如果要了解商标的相关信息，则通常可以在世界知识产权组织的官网、各个国家的商标管理机构网站及各种提供商标信息的商业网站中进行检索。下面在中国商标网中查询与"大疆"类似的商标，具体操作如下。

（1）打开"国家知识产权局商标局　中国商标网"官方网站，单击网页中间的"商标网上查询"超链接，打开商标查询页面，单击 我接受 按钮后，打开"商标网上查询"页面，然后在其中单击页面左侧的"商标近似查询"按钮，如图 4-14 所示。

（2）打开"商标近似查询"页面，在"自动查询"选项卡中设置要查询商标的"国际分类""类似群""查询方式""检索要素"等信息，然后单击 查询 按钮，如图 4-15 所示。

（3）在打开的页面中可以查看检索结果，包括每个商标的"申请/注册号""申请日期""商标名称""申请人名称"等信息。单击商标名称，可在打开的页面中查看该商标的详细内容。

图 4-14　单击"商标近似查询"按钮

图 4-15　设置自动查询信息

微课

商标信息检索

（四）社交媒体信息检索

社交媒体（Social Media）是指互联网上基于用户关系的内容生产与交换平台，其传播的信息已成为人们浏览互联网的重要内容。通过社交媒体，人们可以分享意见、见解、经验等。同时，通过社交媒体，人们可以检索到生活、娱乐类实时资讯。目前，我国主流的社交媒体有抖音、哔哩哔哩、微信等。下面在抖音 App 中检索有关"奥运会夺金时刻"的视频内容，具体操作如下。

微课

社交媒体信息
检索

（1）在智能手机中下载抖音 App，然后在手机桌面上找到抖音 App 并点击，进入抖音界面后，点击右上角的"搜索"按钮🔍。

（2）进入搜索界面，在上方的搜索框中输入关键词"奥运会夺金时刻"，此时，搜索框下方将自动显示与之相关的词条，这里点击第一个选项。

（3）进入检索结果界面，其中显示了与"奥运会夺金时刻"相关的所有内容，包括"汇总""中国""解说"等，如图 4-16 所示。

（4）点击 解说 按钮，筛选出关于奥运会夺金时刻"解说"的检索结果，然后继续在搜索结果界面中点击右上角的"筛选"按钮▼，在打开的面板中点击 一周内 按钮，如图 4-17 所示。此时，平台将自动筛选出满足条件的检索结果，如图 4-18 所示。

图 4-16　检索结果界面

图 4-17　筛选检索结果

图 4-18　满足条件的检索结果

┃ 行业动态 ┃

文献检索走入 AI 模式

在现代社会，信息检索是一项专业能力，检索者的信息检索能力越强，获取知识的效率就越高。但对于学生、教师、科研人员等需要频繁查阅文献的人群来说，检索资料是一项十分耗费时间的工作。据统计，科研人员花费在查找和消化科技资料上的时间约占全部科研时间的51%。那么，有没有办法将科研人员从繁重的检索任务中解放出来呢？随着AI技术的不断发展，文献检索也逐步迈入了AI时代，Science Navigator就是一个为科研人员量身打造的全新科研系统。在大语言模型的支持下，科研人员可以在文献数据库中通过对话提问的方式进行文献检索、阅读、分析及管理等操作，从而可以节约大量的检索时间，并将精力更多地投入解决关键问题与创新思考之中。

四、能力拓展

在信息检索的流程中，有一个环节称为构建检索提问式。该环节需要用户基于自己的检索需求构建检索提问的逻辑表达式，并通过该表达式进行信息的检索。而基于布尔逻辑算符构建的布尔逻辑检索，是用户在专业数据库中检索信息的常用方法。

布尔逻辑检索是指利用布尔逻辑算符连接各个检索词，然后由计算机进行相应的逻辑运算，以找出所需信息的方法。布尔逻辑检索具有使用面广、使用频率高等特点。在使用布尔逻辑检索方法之前，需要先了解布尔逻辑算符及其作用。常用的布尔逻辑算符包括 AND、OR、NOT 这 3 种。

- AND。AND 用来表示其所连接的两个检索词之间的交叉部分，也就是数据的交集部分。如果用 AND 连接检索词 D 和检索词 E，则其检索式格式为 D AND E，表示让系统检索同时包含检索词 D 和检索词 E 的信息集合。例如，在百度学术专业平台中查找"运动干预与血糖管控"的资料，则其检索式为"运动干预 AND 血糖管控"。
- OR。OR 是逻辑关系中"或"的意思，用来连接具有并列关系的检索词。如果用 OR 连接检索词 D 和检索词 E，则其检索式格式为 D OR E，表示让系统检索含有检索词 D、E 之一，或同时包含检索词 D 和检索词 E 的信息。例如，在百度学术专业平台中查找"远程或无线"的资料，则其检索式为"远程 OR 无线"，表示只要包含"远程"或"无线"中的任意一个检索词，就是满足条件的结果。
- NOT。NOT 用来连接具有排除关系的检索词，即排除不需要的和影响检索结果的内容。如果用 NOT 连接检索词 D 和检索词 E，则其检索式格式为 D NOT E，表示让系统检索含有检索词 D 而不含有检索词 E 的信息，即将包含检索词 E 的信息集合全部排除。例如，查找"催化剂（不包含镍）"的文献检索格式为"催化剂 NOT 镍"。注意，使用此检索方法时，需要在专业的文献网站中进行，否则会出现检索错误。

课后练习

一、填空题

1. 广义的信息检索包括_____和_____两个过程。
2. 信息检索的划分方式有很多种，通常会按_____、_____和_____这 3 种方式来划分。
3. 根据检索途径的不同，信息检索可以分为_____和_____两种类型。
4. 全文搜索引擎是目前广泛应用的搜索引擎之一，目前国内比较有代表性的全文搜索引擎包括_____和_____等。
5. 互联网中有很多用于检索学术信息的网站，在国内，这类网站主要有_____、_____和_____等。

二、单选题

1. 下列信息检索分类中，不属于按检索对象划分的是（　　）。
   A. 文献检索　　　　B. 手工检索　　　　C. 数据检索　　　　D. 事实检索
2. 下列关于搜索引擎的说法中，不正确的是（　　）。
   A. 使用搜索引擎进行信息检索是目前进行信息检索的常用方式
   B. 按"关键词"搜索属于目录索引
   C. 搜索引擎按其工作方式主要有目录检索和关键词查询两种方式
   D. 著名的元搜索引擎有 InfoSpace、Dogpile、Vivisimo

3. 下列选项中，不属于布尔逻辑算符的是（　　）。
   A. NEAR　　　　　B. OR　　　　　C. NOT　　　　　D. AND

4. 利用百度搜索引擎检索信息时，如果要将检索范围限制在网页标题中，则应使用的指令是（　　）。
   A. Intitle　　　　B. Inurl　　　　C. Site　　　　D. info

5. 如果要进行专利和商标信息的检索，则应选择的平台是（　　）。
   A. 百度学术　　　　　　　　　　B. CALIS 学位论文中心服务系统
   C. 谷歌学术　　　　　　　　　　D. 国家知识产权局

三、操作题

1. 在 360 搜索引擎中搜索与"裸眼 3D"相关的信息，搜索关键词为"裸眼 3D"，并在高级搜索中设置搜索时间为"1 年内"。

2. 在天工 AI 搜索中搜索与"嫦娥 6 号返回速度"相关的信息。

3. 按下列要求，在专业信息检索平台中搜索与"节水滴灌技术"相关的信息。

（1）在"百度学术"官方网站中搜索关键词为"节水滴灌技术"的论文，并设置搜索时间为"2024 年以来"，领域为"农业工程"。

（2）在"万方数据知识服务平台"官方网站中搜索与"节水滴灌技术"相关的期刊论文，并设置年份为"2024"，学科分类为"工业技术"，然后在"专利"版块中查看"节水滴灌技术"的专利信息，并设置专利分类为"人类生活必需"、专利类型为"实用新型"。

4. 按下列要求，在社交媒体平台中搜索与"奥运奖牌"相关的信息。

（1）在小红书 App 中搜索包含"我国获得奥运金牌数量最多的运动员"的信息。

（2）在微信 App 中搜索包含"我国获得奥运金牌的田径运动员"的文章。

（3）在抖音 App 中搜索包含"我国参加历届奥运会获得的金牌数量"的视频。

模块五
新一代信息技术概述

05

在信息高度发达的当今社会，信息已成为驱动社会发展的核心要素与关键生产力。而信息技术作为支撑信息社会高速发展的强大引擎，不仅可以推动经济增长、提高生产效率，还可以在改善人们的生活品质、推动社会进步及增强国家竞争力等方面发挥重要作用。随着科技的进步与发展，新一代信息技术正在全球范围内引发新一轮的科技革命，人工智能、大数据、云计算、物联网等新一代信息技术正以前所未有的速度和规模转化为现实生产力，深刻改变着人们的生产方式、生活方式和思维方式，引领着科技、经济和社会全面进入一个日新月异的崭新时代。本模块将从新一代信息技术的基本概念出发，介绍新一代信息技术的发展与应用，分析新一代信息技术产生的原因、发展历程、典型应用等，从而加深读者对新一代信息技术的理解，促使其适应并融入这个新的信息时代。

课堂学习目标

- **知识目标：**了解新一代信息技术的概念与特点，了解新一代信息技术主要代表技术的应用，了解新一代信息技术与其他产业的融合发展方式。

- **技能目标：**能够正确理解新一代信息技术的作用、意义及其与各个产业的相互促进与融合。

- **素质目标：**积极探索新一代信息技术的应用，用发展的眼光看待信息社会，用信息技术驱动创新思考与实践。

任务一　认识新一代信息技术

一、任务描述

在农业经济时代，社会基础设施主要包括道路、运河、码头、驿站等，而市场、客栈、娱乐场所等建筑均构筑于这些社会基础设施之上，并行使各自的职能，以满足人类的多样化需求，工业经济时代同样如此。在当今的数字经济时代下，新一代信息技术已成为整个社会的核心基础设施，慢慢地渗入人们的生活，无论是产业发展还是生活娱乐，各个领域都可以看到新一代信息技术的应用及其带来的影响。本任务将通过我国信息技术类公司的主要业务，以及新一代信息技术对产业发展或居民生活的影响来介绍新一代信息技术发展的意义及其重要性。

二、任务准备

认识新一代信息技术，需要先了解其基础知识，包括主要的新一代信息技术的概念及其产生原因和发展历程等。

（一）认识主要的新一代信息技术

新一代信息技术是在云计算、大数据、物联网、人工智能等一批新兴技术不断产生和发展壮大的过程中逐渐产生并完善的概念。新一代信息技术受到普遍关注，始于《国务院关于加快培育和发展战略性新兴产业的决定》（国发〔2010〕32号）列出的国家七大战略性新兴产业，其中就包括"新一代信息技术产业"。

后来，在我国"十二五""十三五""十四五"的五年规划纲要中也频频提起"新一代信息技术"这一概念，并通过各项举措的实施大力促进其发展。新一代信息技术既是信息技术的纵向升级，也是信息技术之间及其相关产业的横向融合。也就是说，新一代信息技术不只是指信息领域的一些分支技术，如集成电路、无线通信等的纵向升级，更主要的是指信息技术的整体平台和产业的代际变迁。

综合来说，新一代信息技术主要聚焦在新一代移动通信、下一代互联网、三网融合、物联网、云计算、集成电路、新型显示、高端软件、高端服务器和信息服务等范畴。

- 新一代移动通信。移动通信（Mobile Communication）是通信双方中至少有一方处于移动状态时进行的信息交换过程。新一代移动通信是相对于上一代移动通信而言的。新一代移动通信将通过解决网络系统应用中的便利性、多媒体业务、个性化、综合服务等问题，使用户能够在任何地点、任何时间，根据需求在不同无线网络系统间实现个人通信，并具有远高于上一代移动通信的性能、数据传输能力等。

- 下一代互联网。下一代互联网是一个建立在IP技术基础上的新型公共网络，它能够容纳各种形式的信息，在统一的管理平台下，实现音频、视频、数据信号的传输和管理，并提供各种宽带应用和传统电信业务，是一个真正实现宽带窄带一体化、有线无线一体化、有源无源一体化、传输接入一体化的综合业务网络。简单来说，下一代互联网是这一代互联网的升级换代。

- 三网融合。三网即电信网、互联网和广播电视网。三网融合主要是指在业务层上互相渗透和交叉；在网络层上实现互联互通与无缝覆盖；在应用层上趋向使用统一的IP，并通过不同的安全协议最终形成一套在网络中兼容多种业务的运行模式。三大网络通过技术改造后，能够提供包括数据、语音、图像等综合多媒体的通信服务，实现电信网、互联网和广播电视网的网络互联互通和业务融合。例如，手机可以看电视、上网，电视可以上网、打电话，计算机可以打电话、看电视，三者之间相互交叉，这就是三网融合的具体表现。

- 物联网。物联网是指各类传感器[如射频识别（Radio Frequency Identification，RFID）、红外感应器、定位系统、激光扫描器等]和现有的互联网相互连接的一种新技术。物联网的产业链条很长，涉及的行业包括传感器、芯片业、设备制造业及软件应用等。物联网带来的信息化浪潮将拉动集成电路市场需求的增长，也将推动芯片与传感器、芯片与系统的融合，带动全产业链的发展。

- 云计算。云计算是一种资源交付和使用模式，它在计算数据后，会将程序分为若干个小程序，并将小程序的计算结果以免费或按需租用的方式反馈给用户。云计算是分布式计算、并行计算、效用计算、网络存储、虚拟化等传统计算机技术和网络技术发展融合的产物。

- 集成电路。集成电路（Integrated Circuit，IC）是采用特定的制造工艺，将晶体管、电容、电阻和电感等元件及布线互联，制作在若干块半导体晶片或者介质基片上，进而封装在一个管壳内，变成具有某种电路功能的微型电子器件或部件。集成电路是现代电子技术中的重要组成部分，广泛应用于计算机、通信、自动控制等领域。

- 新型显示。新型显示是指充分利用新兴科技和材料，创造出的全新的显示技术，以提供更高质量、更高清晰度、更节能环保和更具交互性的显示效果。

- 高端软件。高端软件是指因具有关键或专有技术、创新或领先模式而拥有较高的附加值，并能促进产业形成较高劳动生产率的软件及服务。其代表着软件技术、信息技术的发展方向和趋势，如云计算就具有重大的产业价值和知识产权价值。高端软件是一个相对概念，基础软件包括桌面操作系统、服务器操作系统、数据库管理系统、办公软件等，而高端软件是基础软件的继承和发展，包括工业软件、信息安全软件、云计算软件、移动互联网软件及相关信息服务等。

- 高端服务器。高端服务器即"大服务器"，通常是指处理器数量在 8 个以上的计算机服务器。高端服务器可以快速处理大量复杂的计算任务，提供更快的计算速度和更短的响应时间，是云计算的核心平台。

- 信息服务。信息服务即利用信息资源提供的服务。信息服务以现代信息技术为手段，对用户及其信息需求进行研究，以便向用户提供有价值的信息，使用户能及时、有效和充分地利用信息。具体信息服务内容包括信息检索服务、信息报道与发布服务、信息咨询服务及网络信息的采集、处理、存储、传输等。

┃ 行业动态 ┃

新一代信息技术产业的范畴

基于新一代信息技术的发展，新一代信息技术产业的发展也明显加快。新一代信息技术产业是我国"十四五"时期九大战略性新兴产业之首，关系到国家安全、战略地位和经济基础。总的来说，新一代信息技术产业范畴主要可以归纳为电子信息制造业、软件和信息技术服务业两个方面。其中，电子信息制造业主要包括集成电路、新型显示、电子材料、关键元器件、电子专用设备、通用设备、仪器仪表等；软件和信息技术服务业主要包括软件开发、信息安全、云计算、大数据、人工智能、信息技术服务等，可以应用于智能制造、智能交通、智慧金融、智慧医疗、智慧教育等多个领域。

（二）新一代信息技术产生的原因

新一代信息技术的产生是科学技术、社会经济、国家发展等多种因素共同作用的结果。以下从技术层面、用户需求层面、国家发展战略层面进行分析。

1. 技术层面

从技术层面来看，计算机技术的发展、互联网的普及、移动互联网的兴起都推动了新一代信息技术的形成。

- 计算机技术的发展。随着计算机技术的不断更新换代，计算机的速度、存储容量、处理能力都得到了极大的提高，为新一代信息技术的产生与发展提供了坚实的物质基础和核心动力。

- 互联网的普及。互联网的普及将全球范围内的用户紧密地联系在了一起，实现了信息的快速传递和共享，为新一代信息技术的跨越式发展奠定了坚实的基础。

- 移动互联网的兴起。随着移动设备的普及，移动互联网得到了迅速发展。人们不再局限于固定终端，而可以在任何地方通过手机、平板电脑等设备上网、下载应用等，从而为新一代信息技术的普及和应用带来了更多的可能性。

另外，各种新兴信息技术之间还会形成促进作用。例如，5G 具有更高的传输速率、更低的时延和更高的可靠性能等特点，这些特点使得 5G 成为物联网使用和发展的基础，而云计算的高可靠性和高扩展性为物联网提供了更为可靠的服务；云计算、物联网和人工智能的应用为大数据的产生及利用提供了更广阔的平台与发展空间。

2. 用户需求层面

从用户需求层面来看，以大数据为例，在移动互联网时代，个人产生的数据量迅猛增长，人们越来越重视对数据的使用和管理；同时，人们更加乐意分享自己的数据，从而使得各种数据资源得以快速积累和共享，这种大规模的数据共享为大数据的产生和广泛应用提供了重要基础。此外，人们每天都会面临大量的信息，因此个性化需求也越来越强烈。大数据技术的出现和应用可以为人们提供更加个性化和高效的服务，以满足人们的不同需求。

3. 国家发展战略层面

从国家发展战略层面来看，战略性新兴产业是以重大技术突破和重大发展需求为基础的，对经济社会全局和长远发展具有重大的引领带动作用，同时它是知识技术密集、物质资源消耗少、成长潜力大、综合效益好的产业。加快培育和发展战略性新兴产业对推进我国现代化建设具有十分重要的战略意义。在国际新一轮产业竞争的背景下，各国纷纷制定自身的新兴产业发展战略，从而抢占经济和科技的制高点。目前我国经济发展正处在一个关键阶段，正在大力推进市场化、工业化、城镇化、信息化、国际化和绿色化。新一代信息技术代表了信息技术的未来发展方向，其发展可以极大地推动其他战略性新兴产业的发展，牵一发而动全身，在推动我国经济增长、促进产业结构优化升级、加速信息化和工业化深度融合、加快社会整体信息化进程、提高人民生活水平等方面具有关键性作用。

▌学思启示▐

新一代信息技术的重要地位

新一代信息技术涵盖了多个前沿技术领域，这些技术不仅代表了信息技术的纵向升级，也体现了信息技术的横向融合。新一代信息技术的发展与应用深刻地改变了人们的生活方式和工作方式，推动了整个社会的数字化转型和创新发展，已然成为全球高科技企业之间的主战场。在新一轮的竞争中，谁先获得高端技术，谁就能抢占新一代信息技术产业发展的制高点。因此，我们应加强对科技人才和技能型人才的培养，并不断提高互联网人才资源全球化培养、全球化配置的水平，从而为加快建设科技强国提供有力支撑。

（三）新一代信息技术的发展历程

《"十三五"国家战略性新兴产业发展规划》指出，"十二五"期间，我国新一代信息技术等战略性新兴产业快速发展，产业创新能力和盈利能力明显提升。在新一代信息技术等领域，一批企业的竞争力进入国际市场第一方阵，高铁、通信、航天装备、核电设备等国际化发展实现突破。"大众创业、万众创新"，战略性新兴产业广泛融合，加快推动了传统产业的转型升级，涌现了大批新技术、新产品、新业态、新模式，创造了大量就业岗位，成为稳增长、促改革、调结构、惠民生的有力支撑。

"十四五"期间，我国新一代信息技术产业将持续向"数字产业化、产业数字化"的方向发展，数字产业化强调数字经济的重要性和数字经济的发展，产业数字化是指传统产业借助数字化技术实现产业升级。《中华人民共和国国民经济和社会发展第十四个五年规划和2035年远景目标纲要》明确指出，要打造数字经济新优势，充分发挥海量数据和丰富应用场景优势，促进数字技术与实体经济深度融合，赋能传统产业转型升级，催生新产业、新业态、新模式，壮大经济发展新引擎。一方面，培育壮大人工智能、大数据、区块链、云计算、网络安全等新兴数字产业；另一方面，依托于新一代信息技术产业，传统产业将在"十四五"期间深入实施数字化改造升级。

自党的十八大以来，我国新一代信息技术产业结构不断优化，产业规模逐渐迈上新台阶。智能手机、电视、计算机、可穿戴设备等智能终端产品供给能力稳步增长，内需升级趋势明显。同时，我国作为全球消费电子产品的重要制造基地，全球主要的电子生产和代工企业大多数会在我国设立制造基地及研发中心。全球约80%的个人计算机、65%以上的智能手机和电视在我国生产，创造直接就业岗位约400万个，相关配套产业从业人员超千万。很多"世界首发"消费电子产品的问世，如全球首款消费级可折叠柔性屏手机、全球首款叠屏电视、全球首台卷曲屏8K激光电视、全球首台5G笔记本电脑等，都彰显了我国的创新能力。

回顾新一代信息技术，从整体上来看，以云计算、大数据、物联网、人工智能等为代表的新一代信息技术架构正在蓬勃发展，并将加快应用突破，加速渗透经济和社会生活中的各个领域，软件产业服务化、平台化、融合化趋势明显。例如，人工智能领域产业链已初具规模，应用领域不断扩展，对教育、汽车电子、智能家电、公共安全等相关产业的高端化发展形成了较强的带动作用。随着相关政策的落地实施，以及云计算、大数据、物联网、人工智能等新一代信息技术的加速迭代，将进一步推动传统行业走向智能化，其应用场景也将面向工业、家居、医疗、教育等领域快速扩张，从而迎来更加广阔的发展前景与市场机遇。

概括而言，新一代信息技术中的"新"主要体现在网络互联的移动化、信息处理的集中化和大数据化、信息服务的智能化和个性化上，它强调的是信息技术渗透融合到社会和经济发展中的各个行业，并推动其他行业的技术进步和产业发展。

> **▌行业动态▐**

新一代信息技术的"数字产业化"与"产业数字化"

新一代信息技术产业作为我国战略性新兴产业之首，其应用横跨了国民经济中的农业、工业和服务业三大产业。"十四五"期间，我国新一代信息技术产业将持续向"数字产业化""产业数字化"的方向发展且各方向均有其发展重点。

1. 数字产业化

（1）云计算。加快云操作系统迭代升级，推动超大规模分布式存储、弹性计算、数据虚拟隔离等技术创新，提高云安全水平。以混合云为重点培育行业解决方案、系统、运维管理等云服务产业。

（2）大数据。推动大数据采集、清洗、存储、挖掘、分析、可视化算法等技术创新，培育数据采集、标注、存储、传输、管理、应用等全生命周期产业体系，完善大数据标准体系。

（3）物联网。推动传感器、网络切片、高精度定位等技术创新，协同发展云服务与边缘计算服务，培育车联网、医疗物联网、家居物联网产业。

（4）工业互联网。打造自主可控的标识解析体系、标准体系、安全管理体系，加强工业软件研发应用，培育形成具有国际影响力的工业互联网平台，推进"工业互联网+智能制造"产业生态建设。

（5）区块链。推动智能合约、共识算法、加密算法、分布式系统等技术创新，以联盟链为重点，发展区块链服务平台，打造金融科技、供应链管理、政务服务等领域应用方案，完善监管机制。

（6）人工智能。建设重点行业人工智能数据集，发展算法推理训练场景，推进智能医疗装备、智能运载工具、智能识别系统等智能产品的设计与制造，推动通用化和行业性人工智能开放平台建设。

（7）VR（Virtual Reality，虚拟现实）和AR（Augmented Reality，增强现实）。推动三维图形生成、动态环境建模、实时动作捕捉、快速渲染处理等技术创新，发展虚拟现实整机、感知交互、内容采集制作等设备，开发工具软件、行业解决方案。

2. 产业数字化

利用数字技术对传统产业进行改造，发展智能交通、智慧能源、智能制造、智慧农业及水利、智慧教育、智慧医疗、智慧文旅、智慧社区、智慧家居、智能政务等。

三、任务实现

新一代信息技术代表了信息技术领域的当前发展和创新趋势，它不仅提高了生产效率和生活质量，还催生了新的产业和商业模式，为未来的发展注入了强大的动力。了解新一代信息技术的产业发展情况，有利于我们更好地认识新一代信息技术发展的背景，从而可以紧密追随时代发展的步伐。

（1）通过百度搜索引擎以"新一代信息技术产业"为关键词进行搜索，我们可以了解到新一代信息技术产业是目前我国战略性新兴产业之一，是国民经济的战略性、基础性和先导性产业，其应用范围横跨我国国民经济中的农业、工业和服务业三大产业。新一代信息技术产业的范围主要包括下一代信息网络产业（如新一代移动通信网络服务等）、云计算服务（如互联网+等）、电子核心产业（如集成电路制造等）、大数据服务（如工业互联网及支持服务等）、人工智能（如人工智能软件开发等）、新兴软件和新型信息技术服务（如 AR、物联网等）6 个方面，如图 5-1 所示。

图 5-1　新一代信息技术产业的范围

（2）访问华为官网，查看其公司介绍及主要的产品、服务和行业解决方案，从中可以发现，华为是一家全球领先的 ICT（Information and Communication Technology，信息与通信技术）基础设施和智能终端提供商。华为的主要业务包括 ICT 基础设施业务、终端业务和智能汽车解决方案，其业务布局情况如图 5-2 所示，每一个业务版块都与新一代信息技术紧密联系，每一个业务的发展都依赖于新一代信息技术的不断探索和突破。

图 5-2　华为公司的业务布局情况

（3）访问秘塔 AI 搜索首页，搜索并了解新一代信息技术的发展对行业及居民生活的影响。通过搜索我们可以了解到，新一代信息技术产业正在不断壮大且有效推动了传统产业的数字化升级，它不仅提升了企业的运营效率，还促进了新商业模式和业务模式的开拓。同时，新一代信息技术促进了智慧社区、智慧城市的建设，利用物联网、云计算、移动互联网等技术为居民提供了安全、舒适、便利的现代化生活环境，智能门禁、智能家居等信息化服务走进越来越多的社区，极大地提升了居民的生活便利度。

任务二　了解新一代信息技术的典型应用

一、任务描述

新一代信息技术创新异常活跃，技术融合的步伐不断加快，催生出了一系列新产品、新应用和新模式，如大数据、物联网、人工智能、云计算、区块链等，而新一代信息技术的应用场景也变得多种多样。例如，借助 5G 技术，用户利用手机就可以在线浏览"云货架""云橱窗"，享受全景式购物体验；还可以参观基于 VR 的体验馆，真正体验到身临其境的独特感受。本任务将介绍新一代信息技术的典型应用，并分析其相关技术特点。

二、任务准备

要学习新一代信息技术的典型应用，需要先了解当下常见的新一代信息技术。

（一）5G、6G

现阶段，移动通信技术大致经历了第一代移动通信技术至第五代移动通信技术（1G～5G）的发展。目前，1G、2G 和 3G 逐渐被淘汰，4G 和 5G 是移动通信技术应用的主流。

在 3G 时代，附图的文字资讯随处可见。而在 4G 时代，视频资讯的应用更加常见，各种短视频在微信、微博等平台中随处可见，视频节目可以"随手获得"。

随着数据传输需求呈爆炸式增长，现有的移动通信系统难以满足未来的需求，因而 5G 应运而生。5G 是整合以往优势技术后构成的综合性技术，具有更高的数据传输可靠性和传输速度，从理论上来说，其数据传输速率是 4G 的 10 倍左右，只需要几秒便可下载一部高清电影，能够满足消费者对虚拟现实、超高清视频等更高的网络体验需求。例如，由 VCEG（Video Coding Experts Group，视频编码专家组）和 MPEG（Moving Picture Experts Group，运动图像专家组）联合制定的新一代视频编码标准 H.266，主要面向 4K 和 8K UHD（Ultra High Definition，超高清）视频应用；由我国数字 AVS（Audio Video Coding Standard，音视频编码标准）工作组制定的第三代音视频编码标准 AVS3，主要面向 8K 超高清视频、虚拟现实等新兴应用场景。目前，数字视频正朝着超高清的趋势发展，超高清使图像的分辨率和清晰度有了质的飞跃，可以在视频中显示更多细节且色彩更丰富，从而为用户提供更出色的视觉体验。而 5G 完全符合当前超高清 4K（3840 像素×2160 像素）或 8K（7680 像素×4320 像素）分辨率的视频网络传输需求，同时提升了数据的安全性。在 5G 网络中，媒体信息传播更迅速，媒体间的信息共享更加紧密。

除了 5G，6G 也已进入研发阶段。6G 的数据传输速率、时延、移动性、定位能力等均优于 5G，6G 将是一个地面无线与卫星通信集成的全连接世界，以实现"万物互联"的目标。中国工程院院士邬贺铨表示，6G 的应用将扩展到卫星通信和低空无人机领域，支持人工智能的下沉，推动智能终端、算力、智能网联车等领域的创新。他认为，人工智能的产业应用加速后，6G 将催生多个万亿元规模产业，智能网联车、卫星互联网和低空无人机等都将成为新的应用场景。

（二）新型显示

新型显示技术采用最新材料、工艺和原理，是能够提供更高质量图像的显示技术。随着 5G、物联网、人工智能等新一代信息技术的快速发展，新型显示技术的应用前景愈加广阔。例如，在智能家居、虚拟现实、增强现实等领域中，高清、大屏、智能化的显示产品将逐渐成为主流趋势。

新型显示是我国战略性新兴产业之一，代表了显示行业的最新发展和趋势，包括 LCD、高世代 OLED、AMOLED、Mini/Micro-LED、QLED、印刷显示、激光显示、3D 显示、全息显示、电子纸显示、石墨烯显示等，是现代消费电子产品中不可或缺的一部分。

- LCD 技术。LCD 的最新技术是有源式薄膜晶体管（TFT-LCD）技术。TFT-LCD 显示技术具有成本低、技术成熟稳定等优点，广泛应用在消费电子产品上，包括智能手机、平板电脑、笔记本电脑、电视等。
- LED 显示技术。新型 LED 显示技术主要包括次毫米发光二极管（Mini LED）与微发光二极管（Micro LED），两者的主要区别在于尺寸的大小，Micro LED 的尺寸小于 Mini LED 的尺寸。Mini LED 显示技术主要面向大屏高清显示，包括监控指挥、高清演播、高端影院、医疗诊断、广告显示、会议会展、办公显示、虚拟现实等。Micro LED 显示技术主要面向小型设备，如头戴显示器等。同时，Micro LED 显示技术在向着大屏高清显示扩张。
- OLED 显示技术。OLED 显示技术是新一代的显示技术，具有高画质（高对比度、高亮度、宽色域）、视角限制小、超薄、响应速度快、可卷曲等特性。按驱动方式的不同，OLED 可分为被动有机发光二极管（PMOLED）、主动有机发光二极管（AMOLED）和硅基 OLED 等。其中，PMOLED 的结构较简单、驱动电压高，适合应用在低分辨率面板上，如手环、智能手表等；AMOLED 是目前 OLED 显示技术中的主流技术，其工艺虽然比较复杂，但其驱动电压低、发光元件使用寿命长，适合应用在高分辨率面板上，如智能手机、笔记本电脑、平板电脑、电视、车载显示等；硅基 OLED 属于前沿显示技术，具有分辨率高、体积小等特性，适合应用在小型设备上，如头戴显示器（虚拟现实的交互设备）等。
- 电子纸显示技术。电子纸本身不发光，而是反射自然光形成图像，其阅读效果与纸张类似。电子纸显示技术广泛应用于电子阅读器和商超零售领域的电子价签中。

除了 LCD 和 OLED 等显示技术，其他新型显示技术也在不断发展。例如，Mini/Micro LED、QLED 和印刷显示等技术具有更高的亮度及更好的色彩表现，适用于大屏幕显示和高分辨率显示等应用场景；激光显示和全息显示技术则能够提供更加立体、逼真的图像效果，适用于影院、家庭影院等高端应用场景。

随着智能终端设备的普及和迭代更新，显示产业的应用前景也将持续变化，新型显示技术将继续在各个领域发挥重要作用，以推动相关产业的快速发展。

（三）高性能集成电路

电子信息产品中的核心部件是集成电路，也可以说，集成电路是信息产业的核心。集成电路是 20 世纪 60 年代初期发展起来的一种新型半导体器件，具有体积小、重量轻、引出线和焊接点少、使用寿命长、可靠等特点。

高性能集成电路广泛应用于各种高科技领域，如智能手机、平板电脑、高性能服务器、航空航天、医疗设备等，这些领域对集成电路的性能有着极高的要求，因此需要采用先进的设计和制造技术来满足其需求。我国正积极发展集成电路产业链，其发展重点主要体现在以下 3 个方面。

- 着力开发高性能集成电路产品。重点开发网络通信芯片、信息安全芯片、射频识别芯片、传感器芯片等量大面广的芯片。
- 壮大芯片制造业规模。加快 45nm 及以下制造工艺技术的研究与应用，加快标准工艺、特色工艺模块、IP 核的开发。多渠道吸引投资进入集成电路领域，推进集成电路芯片制造业的科学发展。
- 完善产业链。加快新设备、新仪器、新材料的开发，形成成套工艺，培育一批具有较强自主创新能力的骨干企业，推进集成电路产业链各环节的紧密协作，完善产业链。

（四）云计算

云计算也是国家战略性新兴产业之一，基于互联网服务的增加、使用和交付模式。云计算通常涉及通过互联网来提供动态、易扩展且经常是虚拟化的资源，是传统计算机和网络技术融合发展的产物。

云计算技术是硬件技术和网络技术发展到一定阶段后出现的新技术模型，是对实现云计算模式所需的所有技术的总称。分布式计算技术、虚拟化技术、网络技术、服务器技术、数据中心技术等都属于云计算技术的范畴。云计算技术的出现意味着计算能力也可作为一种通过互联网进行流通的商品。

随着云计算技术产品、解决方案的不断成熟，云计算技术的应用领域也在不断扩大，衍生出了云安全、云存储、云游戏等多种功能。云计算对医药与医疗领域、制造领域、金融与能源领域、电子政务领域、教育科研领域的影响巨大，同时在电子邮箱、数据存储、虚拟办公等方面提供了非常多的便利。

- 云安全。云安全是云计算技术的重要分支，在反病毒领域得到了广泛应用。云安全技术可以通过网状的大量客户端对网络中软件的异常行为进行监测，获取互联网中木马病毒和恶意程序的最新信息，从而自动分析和处理信息，并将解决方案发送到每一个客户端。
- 云存储。云存储是一种新兴的网络存储技术，可将资源存储到"云"上供用户存取。云存储通过集群应用、网络技术或分布式文件系统等功能，可以将网络中大量不同类型的存储设备集合起来，使其协同工作，共同对外提供数据存储和业务访问服务。通过云存储，用户可以在任何时间、任何地点，将任何可联网的装置连接到"云"上并存取数据。
- 云游戏。云游戏是一种以云计算技术为基础的在线游戏技术，云游戏模式中的所有游戏都在服务器端运行，并通过网络将渲染后的游戏画面压缩传送给用户。云游戏技术主要包括云端完成游戏运行与画面渲染的云计算技术，以及玩家终端与云端间的流媒体传输技术。

（五）大数据

数据是指存储在某种介质上的包含信息的物理符号。在网络时代，随着人们生产数据的能力不断提升，数据量飞速增长，大数据应运而生。大数据是指无法在一定时间范围内用常规软件或工具进行捕捉、管理、处理的数据集合。要想从这些数据集合中获取有用的信息，就需要对大数据进行分析，这不仅需要采用集群的方法以获取强大的数据分析能力，还需要对面向大数据的新数据分析算法进行深入研究。

大数据具有数据体量巨大、数据类型多样、处理速度快、价值密度低等特点。在以云计算为代表的技术创新背景下，收集和处理数据将变得更加简便，国务院在印发的《促进大数据发展行动纲要》中也系统地部署了大数据的发展工作。目前，大数据的应用已经深入人们生活的方方面面，涵盖了医疗、交通、金融、教育、零售等多个领域。

- 医疗领域的应用。大数据在医疗领域的应用十分广泛，涵盖了临床决策支持、药品研发、电子病历分析、远程病人数据分析等多个方面。例如，华大基因利用大数据技术推出了肿瘤基因检测服务，通过分析患者的基因信息，可以帮助医生制定个性化治疗方案。
- 交通领域的应用。大数据在交通领域的应用涵盖交通管理、优化与安全监管等多个方面。例如，大数据技术能够通过收集和分析大量实时交通数据（如交通流量、道路状况、车辆速度等），实现对交通状况的实时监控和预测，从而有效减少交通拥堵，提高道路通行效率。
- 金融领域的应用。金融期货市场的数据时刻在变化，包括买入/卖出数据量、需求量、成交价格等，这些数据具有高频性和复杂性，因此财务公司、证券公司等金融机构往往需要利用大数据技术进行数据的分析和处理。此外，大数据技术可以帮助金融机构更好地了解客户需求，优化产品设计，提高风险管理和决策效率。
- 教育领域的应用。在教育领域中，大数据可以优化教育资源配置，帮助教师、学校或相关机构分析学生数据，提高教学质量，为教育工作者提供更好的教育决策支持。

- 零售领域的应用。大数据在零售领域的应用涵盖优化供应链、提升消费者体验、精准营销等多个方面。零售商可以利用大数据进行库存管理和价格策略的优化，从而可以更好地了解消费者的需求，并为其精准推送个性化产品和服务，同时可以根据消费者的需求、喜好、购买行为等数据制定适合的市场营销策略。现在，电子商务网站向消费者提供的商品推荐建议就是对用户数据分析后完成的推荐行为。

（六）物联网

物联网是一种通过信息传感设备将各种物品与互联网连接起来，以实现智能化识别、定位、跟踪、监控和管理的网络。物联网不仅包括传统的计算机设备，还涵盖了大量智能"事物"，如健身追踪器、智能手表、智能冰箱、洗衣机、汽车、交通信号灯等。以应用领域为依据进行划分，目前常见的物联网主要包括以下 8 个类别。

- 家居物联网。家居物联网指将智能家居设备通过互联网连接起来，实现智能化管理和控制，如智能家居系统、智能家电、智能安防等。
- 工业物联网。工业物联网主要应用于工业领域，通过连接和管理各种工业设备、机器、传感器，实现自动化生产、远程监控、设备管理等功能。
- 城市物联网。城市物联网将城市中的各种基础设施、公共设施、交通系统、环境监测等连接起来，实现城市的智能化管理和优化，如智能交通系统、智能停车系统、智能路灯等。
- 农业物联网。农业物联网主要应用于农业领域，通过连接和管理农田、温室、养殖场等农业设施，实现自动化灌溉、环境监测、智能养殖等功能。
- 医疗物联网。医疗物联网指将医疗设备、监护设备、体征监测器等设备连接到互联网上，实现远程医疗、健康管理和实时监测等功能。
- 车联网。车联网指将汽车与互联网连接起来，实现车辆定位、远程控制、车辆诊断、车载娱乐和网络通信等功能。
- 穿戴式物联网。穿戴式物联网指将各种可穿戴设备，如智能手表、智能眼镜等连接到互联网上，实现健康监测、运动追踪、信息推送等功能。
- 商业物联网。商业物联网主要应用于商业领域，通过将采购、仓储等与互联网连接，实现智能供应链、智能仓储、智能支付等功能。

总之，物联网结合云计算、大数据、人工智能等信息技术，可以在不同的领域得到广泛应用，实现对物理世界的实时监测和智能控制。

（七）人工智能

人工智能也称为机器智能，是指由人工制造的系统所表现出来的智能，可以概括为研究智能程序的一门学科。人工智能研究的主要目标在于用机器模仿和执行人类的某些智能行为，探究相关理论、研发相应技术，如判断、推理、识别、感知、理解、思考、规划、学习等思维活动。人工智能技术已经渗透到人们日常生活的各个方面，如在线客服、自动驾驶、智慧生活、智慧医疗、AI 机器人、生成式人工智能等。

1. 在线客服

在线客服是一种以网站为媒介进行即时沟通的通信技术，主要以聊天机器人的形式自动与消费者进行沟通，并及时解决消费者提出的一些问题。聊天机器人要善于理解自然语言，懂得语言所传达的意义，因此十分依赖自然语言处理技术。

2. 自动驾驶

自动驾驶是当前逐渐发展成熟的一项智能应用，可能逐渐推动汽车、道路等发生改变。

- 汽车本身的形态会发生变化。自动驾驶的汽车不需要司机和方向盘，因此其形态可能会发生较大的变化。
- 道路将发生改变。道路可能会按照自动驾驶汽车的要求重新设计，专用于自动驾驶的车道可能变得更窄，交通信号可能更容易被自动驾驶汽车识别。
- 完全意义上的共享汽车将成为现实。大多数汽车可以用共享经济的模式实现随叫随到。因为不需要司机，所以这些车辆可以 24h 待命，并在任何时间、任何地点为用户提供高质量的租用服务。

3. 智慧生活

目前的机器翻译已经可以达到基本表达原文语意的水平且不影响用户理解与沟通，假以时日，不断提高翻译准确度的人工智能系统很有可能悄然越过业余译员和职业译员之间的技术鸿沟，一跃成为翻译"专家"。到那时，不只是手机、智能音箱等可以和人进行智能对话，家庭里的每一台家用电器都会拥有足够强大的对话功能，为人们提供更加方便的服务。

4. 智慧医疗

智慧医疗通过打造健康档案区域医疗信息平台，利用先进的物联网技术，实现患者与医务人员、医疗机构、医疗设备之间的互动，从而逐步实现医疗服务的信息化。

大数据和基于大数据的人工智能为医生诊断疾病提供了良好的支持，将来医疗行业将融入更多的人工智能、传感技术等高科技技术，使医疗服务走向真正意义上的智能化。在人工智能的帮助下，我们看到的不会是医生失业，而是同样数量的医生可以服务更多的人。

5. AI 机器人

AI 机器人技术是一种结合了人工智能和机器人学的跨学科技术，旨在通过智能算法和硬件设备使机器人具备自主感知、决策和行动的能力。目前，AI 机器人已在多个领域展现出了广泛的应用潜力，尤其是在制造业、服务业及医疗领域。例如，在服务业中，AI 驱动的机器人正被应用于智能导诊、客户服务、信息查询等多种场景。图 5-3 所示为物流机器人，它可以实现仓储物流的自动化。在医疗领域，AI 机器人辅助手术系统能够为患者提供精准的医疗服务，通过术前规划、术中导航和机器人辅助手术，可以减少手术创伤，提升患者的康复速度。此外，人形机器人是 AI 机器人的重要发展方向，目前研发出的人形机器人越来越智能化，可以实时识别环境、准确理解用户的模糊指令和意图，并据此控制其机械躯体高效完成各类复杂任务。图 5-4 所示为人形机器人，它可以分开面包与鸡蛋。

图 5-3　物流机器人

图 5-4　人形机器人

6. AIGC

AIGC 是一种运用人工智能生成文本、图片、音频、视频、3D 模型和代码等内容的技术，它主要依赖于自然语言处理、计算机视觉、深度学习和强化学习等技术，以及大型数据集和强大的计算能力。AIGC 的应用范围非常广泛，包括但不限于文本生成（自动撰写新闻稿、小说、诗歌和电子邮件等）、图像生成（创建新的艺术作品、设计广告或修改现有图像）、音频生成（生成音乐、语音和环境声等）、视频生成（自动编辑和合成视频、生成全新的视频内容等）、3D 模型生成（自动设计 3D 建筑模型、角色模型等）、代码生成（自动编写软件代码等）等。目前，AIGC 已成为人工智能领域的热门应用，正在逐渐改变内容创作的方式，可以使得创作过程更加高效、多样化和个性化。

（八）区块链

区块链（Blockchain）是分布式数据存储、加密算法、点对点传输、共识机制等计算机技术的全新应用方式，它具有数据块链式、不可伪造和防篡改、高可靠等特征。区块链的本质是一个去中心化的分布式账本技术，它不再依靠中央处理节点，实现数据的分布式存储、记录与更新，具有较高的安全性。

区块链作为一种底层协议，可以有效解决信任问题，实现价值的自由传递，在数字货币、存证防伪、数据服务等领域具有广阔的发展前景。

- 数字货币。数字货币是区块链的典型应用，区块链技术具备去中心化和频繁交易的特点，可以让数字货币具有较高的流通价值。
- 存证防伪。区块链可以通过哈希时间戳证明某个文件或者数字内容在特定时间的存在，其公开、不可篡改、可溯源等特点为司法鉴证、产权保护等提供了近乎完美的解决方案。沃尔玛公司曾极力邀请其供应商抛弃纸张的追踪方式，加入沃尔玛的区块链计划。如今，沃尔玛公司利用区块链技术，在短短几秒内就可以将一个鸡蛋的源头从商店一直追踪到农场。
- 数据服务。未来，互联网、人工智能、物联网都将产生海量数据，现有的数据存储方案将面临巨大的挑战，基于区块链技术的边缘存储有望成为未来解决数据存储问题的关键。此外，区块链对数据的不可篡改和可追溯机制保证了数据的真实性及高质量，这将成为大数据、人工智能等一切数据应用的基础。

（九）VR

VR 是利用计算机技术模拟构建包含图像、声音、气味等多种信息源的三维空间，并使用户能够自然地与该空间进行交互的一种技术。VR 借助计算机技术及硬件设备建立了具备高度真实感的虚拟环境，这种虚拟环境是通过计算机图形构成的三维数字模型，并编制生成使人们可以通过视觉、听觉、触觉等感官感知的人工环境，给人一种"身临其境"的感觉，从而为人们提供一种完全沉浸式的人机交互方式。

VR 技术是人类在探索自然的过程中发展到一定水平的计算机技术与思维科学相结合的产物，它的出现为人类认识世界开辟了一条新途径，其重要意义不言而喻。随着 VR 技术的逐步成熟，各行各业对 VR 技术应用的需求日益增加，这项技术也开始渗透到人们的生活中，在一定程度上改变了人们与数字世界的互动方式。目前，VR 在沉浸式影视娱乐、沉浸式教育培训、虚拟旅游、虚拟医疗、模拟军事训练、虚拟航天航空等领域都发挥了重要作用。

- 沉浸式影视娱乐。因为操作方便、简单，并且目标用户数量大，所以影视娱乐是 VR 技术应用较为广泛的领域之一，其中又以 VR 观影为主要应用场景。VR 观影使用户不仅可以观看到立体效果的视频，更可以实现 360° 的全景观影，以及具有较强真实感的人机互动。
- 沉浸式教育培训。VR 技术在教育培训领域有着广泛的应用，它为学习者营造了"自主学习"的环境，使传统的"以教促学"的学习方式转换为学习者通过自身与信息环境的相互作用来得到知识、技能的新型学习方式，如图 5-5 所示。

图5-5　学生穿戴头戴显示器自主学习的场景

- 虚拟旅游。在现代社会，旅游是人们娱乐生活的重要方式，也是了解历史文化的一种途径。而VR技术的发展与应用为人们的旅游带来了全新的体验方式，既方便了人们的出行，也使得人们能够轻松探索向往之地。

- 虚拟医疗。VR技术被广泛应用于医疗康复、医学仿真教学和手术模拟训练等场景中。其中，医疗康复是指利用VR技术让病人暴露在虚拟的某种刺激性情境中，使其产生耐受和适应的方法，如图5-6所示；医学仿真教学是指利用VR技术对医护人员进行临床知识讲授和技能培训，使医护人员可以在沉浸式的环境中接受手术、技术、设备和与患者互动的培训；手术模拟训练是指利用VR技术创建虚拟手术室、搭建虚拟手术台，在虚拟环境中模拟出人体组织和器官，再借助触觉交互设备让医护人员在其中进行模拟，使其更快地掌握手术要领，如图5-7所示。

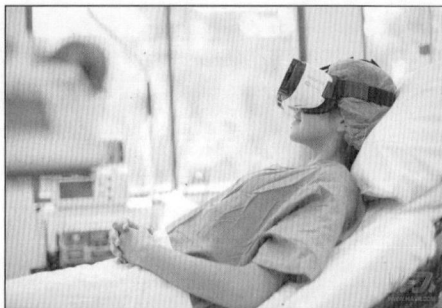

图5-6　VR医疗康复应用场景

图5-7　VR手术模拟训练应用场景

- 模拟军事训练。军事是VR技术重要的应用领域之一。VR技术发展初期就在军事作战系统中得到应用，并一直受到各国的重视，其具体应用包括模拟战场环境、士兵训练、战争演习、武器研发等。

- 虚拟航空航天。VR技术在航空航天领域中具有重要意义。在一定程度上，VR技术的应用可以促进航空航天的发展。VR技术在航空航天领域的应用可以分为两类：一类针对普通用户，通过VR交互设备，用户可置身于逼真的虚拟环境中，体验模拟飞行、太空探索和航天任务等活动，增强用户对航空航天领域的兴趣，促进航空航天知识的科普和推广活动的开展；另一类为航空航天领域内的专业人员提供支持，它可以改变传统的训练、设计和模拟方式，其具体应用包括飞行员培训、航空航天工程设计和太空探索模拟等。

三、任务实现

　　人工智能、区块链、大数据等新一代信息技术正在经济社会的各领域中快速渗透与应用，成为驱动行业技术创新和产业变革的重要力量。其中，人工智能在人们生活中的应用尤其普遍。例如，航拍无人机便是基于人工智能、物联网、大数据等技术，使得定位更加准确、图像分析结果更加精确，由此催生了多元化应用场景，如航空拍照、地质测量、高压输电线路巡视、油田管路检查、高速公路管理、森林防火巡查、毒气勘察等。

请同学们思考一下，在我们的生活中还有哪些新一代信息技术典型应用场景与产品，将其填入表 5-1，并分析该应用场景与产品都应用了哪些新一代信息技术。

表 5-1　新一代信息技术典型应用场景与产品分析

典型应用场景	相关技术	解决的问题
智慧园区新生态	云计算、人工智能等技术	打造出以场景为核心的新园区"云管端"一体化"1+6"通用场景解决方案
百度地图慧眼迁徙大数据	大数据	运用百度地图慧眼迁徙大数据有效锁定人员流向

▌行业动态▐

具有新质生产力的八大新兴产业和九大未来产业

所谓新质生产力，是指以科技创新为主的生产力，是摆脱了传统增长路径、符合高质量发展要求的生产力，是数字时代更具融合性、更体现新内涵的生产力。新质生产力以战略性新兴产业和未来产业为主要载体，形成高效能的生产力，其中新兴产业包括新一代信息技术、新能源、新材料、高端装备、新能源汽车、绿色环保、民用航空、船舶与海洋工程装备，未来产业包括元宇宙、脑机接口、量子信息、人形机器人、AIGC、生物制造、未来显示、未来网络、新型储能。

四、能力拓展

战略性新兴产业以重大技术突破和重大发展需求为基础，是对经济社会全局和长远发展具有引领带动作用的先进产业，是各国竞相角逐的新赛道、新经济，也是引领未来的新支柱、新赛道。

除了战略性新兴产业，一些未来产业也是各国持续布局、密集规划的产业，如量子信息。量子信息是指以量子力学基本原理为基础，通过量子系统的各种相干特性（如量子并行、量子纠缠和量子不可克隆等）进行计算、编码和信息传输的全新信息方式。量子信息主要包括量子计算、量子通信和量子测量三大领域，其在提升计算困难问题运算处理能力、加强信息安全保护能力、提高传感测量精度等方面具备超越经典信息技术的潜力。

我国一早就已经开始了量子信息产业的布局，2016 年、2018 年和 2021 年的政府工作报告中均提及了量子信息科技，《"十三五"国家科技创新规划》将"量子通信与量子计算机"列入"科技创新 2030一重大项目"，《"十四五"数字经济发展规划》也提到了"量子信息"，2023 年 12 月，中央经济工作会议上再一次强调要加快量子计算等前沿技术的研发和应用推广。根据《中华人民共和国国民经济和社会发展第十四个五年规划和 2035 年远景目标纲要》，"十四五"期间，我国量子信息领域的科技攻关任务将围绕量子通信技术研发和量子计算的产品研制进行，如图 5-8 所示。

01 量子计算	02 量子通信	03 量子测量

图5-8 量子信息领域的科技攻关任务

任务三 了解新一代信息技术与其他产业的融合

一、任务描述

目前，5G、云计算、大数据、人工智能等新一代信息技术在各个领域的应用日益广泛，与其他产业的融合也在不断加强。例如，在制造业中，工业互联网作为新一代信息技术与制造业深度融合的产物，实现了生产方式、组织形态和商业模式的全面变革，不仅提升了企业的生产效率和创新能力，还显著提高了企业的市场反应速度和灵敏度。新一代信息技术与其他产业的融合不仅可以推动传统产业的数字化转型，还可以促进新兴产业的发展，从而形成新的经济增长点。本任务将介绍新一代信息技术与其他产业融合所表现的主要特征。

二、任务准备

新一代信息技术与其他产业的融合是当前全球科技革命和产业变革的重要趋势，其不仅是技术层面的革新，更是经济和社会发展方式的根本转变。本任务将基于制造业、生物医药、汽车等产业，介绍新一代信息技术与产业融合的方式及趋势。

（一）新一代信息技术与制造业的融合

新一代信息技术与制造业的深度融合是推动制造业转型升级的重要举措，也是抢占全球新一轮产业竞争制高点的必然选择。目前，我国新一代信息技术与制造业的融合发展成效显著，主要体现在以下 3 个方面。

- 产业数字化基础不断夯实。近年来，我国以融合发展为主线，持续推动新一代信息技术在企业研发、生产、服务等流程和产业链中的深度应用，带动了企业数字化水平的持续提升。
- 企业数字化转型步伐加快。工业互联网平台作为新一代信息技术与制造业深度融合的产物，已成为制造大国竞争的新焦点。推广工业互联网平台，加快构建多方参与、协同演进的制造业新生态，是加快推进制造业数字化转型的重要催化剂。当前，我国工业互联网平台的发展取得了重要进展，工业互联网平台对加速企业数字化转型的作用日益彰显。

- 企业创新能力不断增强。随着我国信息技术产业的快速发展，一大批企业脱颖而出，这些企业在创新能力、规模效益、国际合作等方面不断取得新成就。其中，百强企业的研发投入资金持续增加，它们的平均研发投入强度（研发费用与营收的比例）超过 10%，为产业数字化转型奠定了良好的基础。

（二）新一代信息技术与生物医药产业的融合

近年来，以云计算、智能终端等为代表的新一代信息技术在生物医药产业得到了广泛的应用。新一代信息技术与生物医药这两个领域正在进行深度融合，这种融合代表着新兴产业发展和医疗卫生服务的前沿。新一代信息技术已渗透到生物医药产业的各个环节，如研发环节、生产流通环节、医疗服务环节等。

- 研发环节。在研发环节，大数据、云计算、"虚拟人"等技术将加快医药研发的进程。很多发达国家正尝试运用信息技术建立"虚拟人"，将药品临床试验的某些阶段虚拟化。另外，针对电子健康档案数据的挖掘和分析，将有助于提高药品的研发效率、降低研发费用。
- 生产流通环节。在生产流通环节，无线射频识别标签、温度传感器、智能尘埃等设备将在药品流通过程中得到广泛应用，提高药品流通领域的电子商务应用水平将成为提高药品流通效率的主要方式。
- 医疗服务环节。在医疗服务环节，电子病历、智能终端、网络社交软件等将使有限的医疗资源被更多人共享，从而形成新的医患关系。良好的市场前景已使许多信息技术公司介入生物医疗产业，如 IBM 公司推出了"智慧医疗"这一服务产品。

（三）新一代信息技术与汽车产业的融合

当汽车保有量接近饱和时，汽车产业曾经一度被误认为是夕阳产业，但实际上，全球汽车产业的发展从未止步，尤其是在新一代信息技术与汽车产业深度融合之后，汽车产业已焕发新生。新一代信息技术与汽车产业的深度融合呈现出以下 3 个新特征。

- 从产品形态来看，汽车不只是交通工具，还是智能终端。智能网联汽车配有先进的车载传感器、控制器、执行器等装置，应用了大数据、人工智能、云计算等新一代信息技术，具备智能化决策、自动化控制等功能，实现了车辆与外部节点间的信息共享及控制协同。
- 从技术层面来看，汽车从单一的硬件制造走向软硬一体化。其中，硬件设备是真正实现智能化并得以普及的底层驱动力，它是不可变的；而软件是可变的，可变的软件能够根据个人的需求改变。
- 从制造方式来看，汽车的生产由大规模同质化生产逐步转向个性化定制。在智能制造时代，汽车产业在纵向集成、横向集成、端到端集成 3 个维度率先突破，其生产模式正从大规模同质化生产模式转向个性化定制模式。

三、任务实现

新一代信息技术对各行各业的发展产生了巨大的影响，在新一代信息技术的引领下，我国各行业、各领域正逐步向数字化、智能化、移动化的方向发展。下面打开央视网，搜索以"新一代信息技术"为主题的相关视频。

在搜索结果中观看新一代信息技术与其他产业融合的相关视频，如"山东：抢抓机遇 加快新一代信息技术与制造业深度融合""河北：推动新一代信息技术与制造业深度融合 加快工业互联网创新发展"等视频。根据视频内容，读者可以讨论并分析新一代信息技术与其他产业融合的新趋势和相关技术的应用。图 5-9 所示为相关视频。

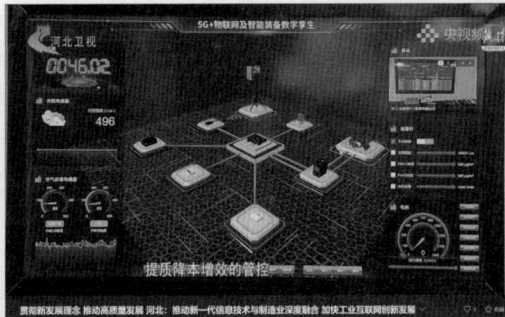

图 5-9　新一代信息技术与其他产业融合的相关视频

课后练习

一、填空题

1. 新一代信息技术创新异常活跃，技术融合步伐不断加快，催生出一系列新产品、新应用和新模式，如_____、_____、_____、_____和_____等。

2. 物联网是一种通过信息传感设备将各种物品与_____连接起来，以实现智能化识别、定位、跟踪、监控和管理的网络。

3. AIGC 即_____，它是一种运用人工智能生成文本、图片、音频、视频、3D 模型和代码等内容的技术。

4. _____通过集群应用、网络技术或分布式文件系统等功能，可以将网络中大量不同类型的存储设备集合起来协同工作，共同对外提供数据存储和业务访问服务。

二、单选题

1. 人工智能的实际应用不包括（　　）。
   A. 自动驾驶　　　　　B. AI 机器人　　　　　C. 数字货币　　　　　D. 智慧医疗

2. （　　）是硬件技术和网络技术发展到一定阶段后出现的新的技术模型，是对实现云计算模式所需的所有技术的总称。
   A. 云计算技术　　　　B. 工业互联网　　　　C. RFID 技术　　　　D. 物联网

3. 以应用领域为依据进行划分，目前常见的物联网不包括（　　）。
   A. 家居物联网　　　　B. 娱乐物联网　　　　C. 工业物联网　　　　D. 车联网

三、操作题

1. 在百度搜索引擎中搜索"智能家居"，看看提供全屋智能家居定制服务的有哪些品牌或企业，这些品牌或企业在新一代信息技术的研发或应用上有何关系？

2. 在百度搜索引擎中搜索我国研发人工智能的企业，包括生成式人工智能、AI 机器人等，并列举其有何成果。

模块六
信息素养与社会责任

06

　　随着全球信息化的发展，信息素养已经成为人们必须具备的一种基本素质和能力，特别是在信息爆炸的时代，懂得利用信息资源的人才能更好地适应和应对信息社会。信息技术的不断发展给人们带来了许许多多的便利，但同时各种信息安全问题在频繁发生。因此，具备良好的信息素养、提高社会责任感，是当代青年人的重要使命。我们要重视信息素养的培养和提升，通过教育和实践等多种方式不断提高自己的信息素养水平，同时要遵守法律法规、恪守信息社会行为规范、保持良好的职业操守和责任感、积极倡导知识与信息的共享和合理使用。本任务将从信息素养的基本概念出发，探讨信息技术的发展、信息安全、信息伦理等问题。

课堂学习目标

- 知识目标：了解信息素养的基本概念和要素，了解信息技术的发展情况，了解信息伦理和职业行为自律等内容。
- 素质目标：培养信息安全意识，明白信息社会的相关道德伦理，恪守信息社会行为规范，全面提升信息素养。

任务一　认识信息素养

一、任务描述

　　我国倡导强化信息技术的应用，鼓励学生利用信息手段主动学习、自主学习，以增强运用信息技术分析、解决问题的能力。原因在于，信息素养是人们在信息社会和信息时代生存的前提条件。本任务将介绍什么是信息素养。

二、任务准备

　　要认识信息素养，需要先了解信息素养的基本概念及要素，以明确信息素养的重要性。

（一）信息素养的基本概念

　　信息素养的概念最早于 1974 年被美国信息产业协会主席保罗·舒尔科夫斯基提出，他将信息素养解释为"利用大量的信息工具及主要信息源使问题得到解答的技能。这一概念一经提出，便得到了广泛传播和使用"。

1987 年，信息学家帕特里夏·布雷维克将信息素养进一步概括为"了解提供信息的系统并能鉴别信息价值、选择获取信息的最佳渠道、掌握获取和存储信息的基本技能"。他从信息鉴别、选择、获取、存储等方面定义了信息素养的基本概念，对保罗·舒尔科夫斯基提出的概念做了进一步的明确和细化。

在"术语在线"中进行检索，"图书馆·情报与文献学"将"信息素养"定义为"人们利用信息工具和信息资源的能力，以及选择、获取、识别信息，加工、处理、传递信息并创造信息的能力"。

综上所述，信息素养主要涉及内容的鉴别与选取、信息的传播与分析等环节，它是一种了解、搜集、评估和利用信息的知识结构。随着社会的不断进步和信息技术的不断发展，信息素养已经成为一种综合能力，涉及人文、技术、经济、法律等各方面的内容，与许多学科紧密相关，是信息能力的具体体现。

（二）信息素养的要素

为了更好地理解信息素养这个概念，我们可以从信息意识、信息知识、信息能力和信息道德这 4 个要素进一步了解信息素养。

1. 信息意识

信息意识是指对信息的洞察力和敏感程度，体现的是捕捉、分析、判断信息的能力。判断一个人有没有信息素养、有多高的信息素养，首先要看其具备多高的信息意识。例如，在学习上遇到困难时，有的学生会主动去网上查找资料、寻求老师或同学的帮助，而有的学生会听之任之或放弃，后者便是缺乏信息意识的直观表现。

2. 信息知识

信息知识是信息活动的基础，它一方面包括信息基础知识，另一方面包括信息技术知识。前者主要是指信息的概念、内涵、特征，信息源的类型、特点，组织信息的理论和基本方法，搜索和管理信息的基础知识，分析信息的方法和原则等理论知识；后者则主要是指信息技术的基本常识、信息系统结构及工作原理、信息技术的应用等知识。

3. 信息能力

信息能力是指人们有效利用信息知识、技术和工具来获取信息、分析与处理信息，以及创新和交流信息的能力。信息能力是信息素养的核心组成部分，主要包括对信息知识的获取、对信息资源的评价、对信息技术及其工具的选择和使用、对信息处理过程的创新等能力。

4. 信息道德

信息技术在改变人们生活、学习和工作的同时，个人信息隐私、软件知识产权、网络黑客等问题也层出不穷，这就涉及信息道德问题。一个人信息素养的高低与其信息伦理、道德水平的高低密不可分，能不能在利用信息解决实际问题的过程中遵守伦理道德，将最终决定一个人能否成为高素养的信息化人才。

▌学思启示▐

提升信息素养，共建文明网络空间

网络化、信息化是当今世界显著的特征之一，网络媒体（社交网站、微博、微信等）已经成为现代人彼此交流、知晓时事新闻、获取知识、发布言论及进行商业宣传等不可或缺的媒介。随着网络媒体的发展，发布信息的门槛降低，如今人人皆可成为信息的传播者，能够实时发送新闻事件、行业资讯、商业文案等信息，因此一些虚假的具有误导性和诱导性的信息也会出现在网络中。然而，有的人不愿意或不知道如何查证网络信息的真伪、网络信息的可靠性，从而

成为虚假信息、不良信息的接收者或传播者。当代青年人作为社会的新生力量和中坚群体，应当增强信息素养、积极参与网络监督、倡导文明上网，为构建一个健康、和谐、文明的网络空间贡献自己的力量。

三、任务实现

信息素养是每个人基本素养的构成要素，它既反映了个体查找、检索、分析信息的信息认知能力，也反映了个体整合、利用、处理、创造信息的信息使用能力。在日常生活和未来的工作中，良好的信息素养主要体现在以下 4 个方面。

（1）能够熟练使用各种信息工具，如网络媒体、聊天软件、电子邮件、微信、博客等。

（2）能够根据自己的学习目标有效收集各种学习资料与信息，并能熟练运用阅读、访问、讨论、检索等获取信息的方法。

（3）能够对收集到的信息进行归纳、分类、整理、鉴别等。

（4）能够自觉抵御和消除垃圾信息及有害信息的干扰与侵蚀，树立正确的人生观、价值观。

请判断表 6-1 所示的相关行为是否具备良好的信息素养。如果不正确，则正确的做法应该是什么？将正确做法填在表格最右侧一栏中，也可自行收集相关案例并进行判断分析。

表 6-1　判断相关行为是否具备良好的信息素养

相关行为	是否正确		若不正确，则正确的做法是什么
张明随意引用他人的文章且不注明出处	是□	否□	
李明偶尔会通过一些不合法的渠道获取数据、图像、声音等信息	是□	否□	
赵明会在网络中恶意攻击他人	是□	否□	
孙明在未经王丽的同意下，盗用王丽的身份信息	是□	否□	
申丽在网络中传播不良信息	是□	否□	

任务二　信息技术的发展与安全

一、任务描述

信息技术是由计算机技术、通信技术、信息处理技术和控制技术等多种技术构成的一项综合的高新技术，它的发展以电子技术特别是微电子技术的进步为前提。回顾整个人类社会的发展史，从语言的使用、文字的创造到造纸术和印刷术的发明与应用，以及电报、电话、广播和电视的发明与普及等，无一不是信息技术的革命性发展成果。但是，真正标志着现代信息技术诞生的事件还是 20 世纪 60 年代电子计算机的普及与应用，以及计算机与现代通信技术的有机结合，如信息网络的形成实现了计算机之间的数据通信、数据共享等。本任务将通过信息技术企业的发展变化来介绍信息技术的发展，同时介绍信息安全与自主可控的相关知识。

二、任务准备

认识信息技术的发展与安全，需要了解信息技术的发展、信息安全与信息素养之间的密切关系，用发展的眼光追随信息技术发展的步伐，培养信息安全素养。

（一）信息技术的发展

随着计算机技术、通信技术、互联网技术等的不断发展与更新，信息技术快速地发展起来。在这一背景下，我国信息技术的发展逐渐汇入时代的潮流，并经历了众多具有代表性意义的发展阶段。

1994 年，我国正式接入国际互联网，这一事件拉开了我国信息技术蓬勃发展的大门；1995—2000 年，信息技术的发展主要体现在互联网门户网站的建立上，我国的搜狐、网易、腾讯、新浪等信息技术企业在这一时间段内不断发展壮大；2001—2005 年，搜索引擎、电子商务逐渐成为信息技术的主要研发领域；2006—2010 年，社交网站开始活跃起来；2011—2015 年，我国的移动互联网技术开始蓬勃发展；2016 年至今，大数据、云计算、人工智能等新一代信息技术开始发展和成熟，从信息时代慢慢走向人工智能时代。2023 年被称为"AI 大模型元年"，这一年，我国的众多信息技术企业纷纷推出各种 AI 大模型，如文心一言、通义、讯飞星火认知大模型等，不断拓宽我国信息技术发展的通道。

信息技术的不断发展带来了大量的机遇，许多信息技术企业也借着这一股东风开始创建、成长，并不断壮大起来。在这股信息技术发展的浪潮中，有的企业不断创新，始终占领着潮头位置，有的企业则因为跟不上社会的进步和科学技术的发展而被时代所抛弃。信息技术的发展不仅是一个技术进步的过程，更是社会进步的体现。未来，随着新一代信息技术、AI 技术与其他领域的深度融合，更多跨领域的创新技术将不断涌现并得到广泛应用，未来社会也将在信息技术的引领下向着更智能、更高效、更安全的方向发展。

（二）信息安全与自主可控

信息技术的发展催生出了大量数字化信息，这些信息被存储在各类网络和设备中，或借助互联网实现共享，或保密独享，但这些信息都无法避免安全问题的发生。特别是一些不法分子，为了获利，可能会非法传播、使用各种信息，从而增大了信息被非法利用的概率和信息安全隐患。信息安全不仅关乎个人隐私，还关系到国家的安全和社会稳定，因此，确保信息安全不仅是每个人的责任和义务，也是信息安全技术发展的重要方向。

1. 信息安全基础

信息安全主要是指防范信息被破坏、篡改、泄露的可能。其中，"破坏"涉及信息的可用性，信息被破坏可能妨碍合法用户的正常操作；"篡改"涉及信息的完整性，如果信息在传输或存储过程中被有意或无意地改变、破坏或丢失，则意味着信息的完整性遭到破坏；"泄露"涉及信息的机密性，未经许可任意截取保密信息即破坏了信息的机密性。信息安全的核心就是保证信息的可用性、完整性和机密性。

2. 信息安全现状

近年来，信息泄露的事件不断出现，如某组织倒卖业主信息、某员工泄露公司客户信息等，这些事件都说明我国的信息安全目前存在许多隐患。从个人信息现状的角度来看，为了保证信息安全，我们必须按规范采集个人信息，拒绝不规范的个人信息采集行为，同时要提高个人信息保护意识，不随意在网页或应用中填写个人信息。此外，要加大对个人信息的监管，探讨信息管理的相关办法，有针对性地出台相关政策法规，从而更好地保护个人信息安全。

3. 信息安全面临的威胁

随着信息技术的飞速发展，信息技术为人们带来更多便利的同时，也使得人们的信息堡垒变得更加脆弱。就目前来看，信息安全面临的威胁主要有以下 5 个。

- 黑客恶意攻击。黑客是一群专门攻击网络和个人计算机的用户，他们一般精通各种编程语言和各类操作系统，具有熟练的计算机应用能力，多采用病毒对网络和个人计算机进行破坏。
- 网络自身及其管理有所欠缺。互联网的共享性和开放性使得网上的信息安全管理存在不足，在安全防范、服务质量、带宽和方便性等方面存在滞后性与不适应性。许多企业、机构及用户对其网站或系统都疏于管理，从而导致信息容易被盗取。
- 软件设计存在漏洞。很多操作系统或应用软件在设计中存在一些漏洞，而不法分子往往会利用这些漏洞将病毒、木马等恶意程序传输到网络和用户的计算机中，从而造成相应的损失。
- 非法网站设置的陷阱。互联网中，有些非法网站会故意设置一些盗取他人信息的软件，并且可能隐藏在下载的信息中，只要用户登录或下载网站资源，其计算机就会被控制或感染病毒，严重时还会使计算机中的信息被盗取。
- 用户不良行为引起的安全问题。用户误操作导致信息丢失、损坏，没有备份重要信息，在网上滥用各种非法资源等，都可能会对信息安全造成威胁。

4. 信息安全的自主可控

在信息时代，信息安全是不容忽视的重要内容。信息泄露、网络环境安全等不仅会影响到个人或组织，甚至会直接影响国家的安全。近年来，我国也在不断完善相关法律，其目的就是坚定不移地按照"国家主导、体系筹划、自主可控、跨越发展"的方针解决在信息技术和设备上受制于人的问题。

首先，我国信息安全等级保护标准一直在不断完善，目前已经覆盖各地区、各单位、各部门、各机构，涉及网络、信息系统、云平台、物联网、工业控制系统、大数据、移动互联网等各类技术的应用平台和场景，以最大限度地确保按照我国的标准来利用和处理信息。

其次，我国信息安全等级保护标准中涉及的信息技术和软硬件设备，如安全管理、网络管理、端点安全、安全开发、安全网关、应用安全、数据安全、身份与访问安全、安全业务等，都是我国信息系统自主可控发展中不可或缺的内容，而这些技术与设备大多是由我国的企业自主研发和生产的，这也进一步使信息安全的自主可控成为可能。

三、任务实现

目前，全球 97% 的人口生活在被移动蜂窝信号覆盖的地方，而 5G 是新一代信息技术的重要支柱。在 2G 时代，手机可以进行语音通话和简单的文本通信；在 4G 时代，数据传输速率提升，人们能够更流畅地浏览网页、观看高清视频和使用各种基于数据的应用程序；而在 5G 时代，人与物、物与物之间的全面互联成为现实，5G 网络既可以支持医生进行远程手术，也可以助力自动驾驶的发展。

了解移动通信技术发展的相关知识，并填写表 6-2，通过了解 2G、4G、5G 技术在不同行业中的应用与发展，探讨信息技术的发展史。

表 6-2 了解 2G、4G、5G 技术在不同行业中的应用与发展

领域	2G	4G	5G
交通	人工控制	摄像头监控	智慧城市，智能控制
娱乐			
教育			
制造			
医疗			
互联网			

四、能力拓展

由于信息技术的发展，文字、图片、音频、视频、动画等数字媒体作品的获取和传输变得越来越容易，这就极大地增加了作品被侵权的风险。如果没有完善的版权保护措施，导致创作者辛苦创作的作品遭到侵权，损害了创作者的利益，那么创作者创作和生产数字媒体内容的积极性就会遭受打击，创新动力也会降低，甚至使整个行业的创新受到影响。因此，数字媒体版权保护显得尤为重要。

数字媒体版权保护不仅需要健全版权保护的法律制度、加强版权保护的法律措施，还需要增强版权保护的行业规范与自律、增强版权保护的宣传教育、增强公众的版权保护意识。除此之外，创作者自身也可以采取一定的技术手段保护版权，以形成全面的作品保护机制。

对个人用户来说，保护自己的数字作品主要可以采用加密的方式，如加密保护文件、压缩加密等都是常见的加密保护方式。

（1）加密保护文件。加密保护文件指对敏感数据或重要数据进行加密，可以保护其在传输和存储过程中的安全性。一般来说，用户可以使用磁盘加密软件对整个磁盘进行加密，或者使用文件加密软件对特定文件进行加密。

（2）压缩加密。压缩加密即利用压缩软件在压缩文件或文件夹的过程中设置保护文件或文件夹的密码。常见的压缩软件几乎都具有加密压缩功能。

任务三　信息伦理与职业行为自律

一、任务描述

信息技术已渗透到人们的日常生活中，也深度融入了国家治理、社会治理的过程，对于提升国家治理能力、实现美好生活、促进社会道德进步起着越来越重要的作用。但随着信息技术的深入发展，也出现了一些伦理道德问题，如有些人沉迷于网络虚拟世界，厌弃现实世界中的人际交往。这种去伦理化的生存方式从根本上否定了传统社会伦理生活的意义和价值，这种错误行为是要摒弃的。本任务将探讨信息伦理及与信息伦理相关的法律法规，认识职业行为自律，以及树立正确的职业理念。

二、任务准备

本任务主要围绕信息伦理现象进行探讨，从而提升信息意识、培养信息诚信、加强技术防护，并进一步推动职业行为自律，以维护良好的网络环境和社会秩序。

（一）信息伦理概述

信息伦理对每个社会成员的道德规范要求都是相同的，在信息交往自由的同时，每个人都必须承担同等的伦理道德责任，共同维护信息伦理秩序，这也对我们今后形成良好的职业行为规范具有积极的影响。信息伦理是信息活动中的规范和准则，主要涉及信息隐私权、信息准确性权利、信息产权、信息资源存取权等方面。

- 信息隐私权，即依法享有自主决定的权利及不被干扰的权利。
- 信息准确性权利，即享有拥有准确信息的权利，以及要求信息提供者提供准确信息的权利。
- 信息产权，即信息生产者享有自己所生产和开发的信息产品的所有权。
- 信息资源存取权，即享有获取所应该获取的信息的权利，包括对信息技术、信息设备及信息本身的获取。

（二）与信息伦理相关的法律法规

在信息领域，仅仅依靠信息伦理并不能完全解决问题，它还需要强有力的法律做支撑。因此，与信息伦理相关的法律法规就显得十分重要。有关的法律法规与国家强制力的威慑不仅可以有效打击在信息领域造成严重后果的行为者，还可以为信息伦理的顺利实施构建良好的外部环境。

随着计算机技术和互联网技术的发展与普及，我国为了更好地保护信息安全、培养公众正确的信息伦理道德，陆续制定了一系列法律法规，用于制约和规范对信息的使用行为及阻止有损信息安全的事件发生。

在法律层面上，我国于1997年修订的《中华人民共和国刑法》中首次界定了计算机犯罪的范畴。其中，第二百八十五条的非法侵入计算机信息系统罪，第二百八十六条的破坏计算机信息系统罪，第二百八十七条的利用计算机实施犯罪的提示性规定等，都能够有效确保信息的正确使用和解决相关的安全问题。

在政策法规层面上，我国自1994年起陆续颁布了一系列法规文件，如《中华人民共和国计算机信息网络国际联网管理暂行规定》《金融机构计算机信息系统安全保护工作暂行规定》《中国互联网信息中心域名注册实施细则》《中华人民共和国计算机信息系统安全保护条例》等，这些法规文件都明确规定了信息的使用方法，使信息安全得到了有效保障，也能在公众当中形成良好的信息伦理观念。

（三）职业行为自律

一个行业的健康发展离不开相关法律法规的保护和监管，同时需要行业从业者通过自我约束、自律管理等方式加强职业行为建设，做好职业行为自律。职业行为自律是一个行业自我规范、自我协调的行为机制，也是维护市场秩序、保持公平竞争、促进行业健康发展、维护行业利益的重要措施。另外，职业行为自律是个人或团体完善自身的有效方法，是自身修养的必备环节，是提高自身觉悟、净化思想、强化素质、改善观念的有效途径。我们应该从坚守健康的生活兴趣、培养良好的职业态度、秉承正确的职业操守、维护核心的商业利益、规避产生个人不良记录等方面培养自己的职业行为自律思想。职业行为自律的培养途径主要有以下3个。

- 确立正确的人生观是职业行为自律的前提。
- 职业行为自律要从培养自身良好的行为习惯开始。
- 发挥榜样的激励作用，向先进模范人物学习，不断激励自己。学习先进模范人物时，要密切联系自身职业活动和职业道德的实际，注重实效，自觉抵制拜金主义、享乐主义等腐朽思想的侵蚀，大力弘扬新时代的创业精神，提高自己的职业道德水平。

除此之外，我们还应该充分发挥以下4种个人特质，逐步建立起自己的职业行为自律标准。

- 责任意识：具有强烈的责任感和主人翁意识，能对自己的工作负全责。
- 自我管理：在可能的范围内身先士卒，做企业形象的代言人和员工行为的榜样。
- 坚持不懈：面对激烈的竞争，尤其是在面临困境或危急时刻，能够顽强坚持、不轻言放弃。
- 抵御诱惑：有较高的职业道德素养和坚定的品格，能够在各种利益诱惑下做好自己。

当然，各行业、各职业均有从业者应遵守的职业行为自律准则。对于信息技术职业从业者来说，要做好职业行为自律，还要做到以下4点。

- 严格遵守保密规定。从业者应严格保护公司和客户的信息，以及其他敏感信息，防止信息泄露，确保信息安全。这是职业行为自律的基本要求，也是职业道德的重要体现。
- 诚信经营，公正竞争。从业者应以诚实、正直的原则开展业务活动，遵守公平竞争原则，不得以不正当手段获取商业利益。
- 保护知识产权。保护知识产权是信息技术行业中的一项重要任务，从业者应尊重和保护他人的知识产权，不得未经许可使用、复制或传播他人的专利、商标、版权等。同时，从业者应自觉遵守相关法律法规，并进行合规操作，从而确保业务活动的合法、合规。

- 终身学习，持续创新。信息技术行业是一个飞速发展的行业，随着技术的不断进步，从业者也需要不断学习新知识、新技能，以适应行业发展的需要。同时，从业者要保持创新精神，积极探索新的应用和技术，以推动行业进步。

总的来说，从业者应当时刻保持警惕，自觉遵守相关规定和准则，为行业的健康发展贡献自己的力量。

（四）树立正确的职业理念

理念是指导人们行动的思想，职业理念则是人们从事职业工作时形成的职业意识，在特定情况下，这种职业意识也可以理解为职业价值观。树立正确的职业理念，对个人、单位、社会、国家都是非常有益的。

职业理念可以指导我们的职业行为，让我们感受到工作带来的快乐，使我们在职场上不断进步。那么什么样的职业理念才是正确的呢？

- 职业理念应当合时宜，即职业理念要和社会经济发展水平相适应，要适合企业所在地域的社会文化。脱离了企业所在地域的社会文化和价值观，生搬硬套某种所谓"先进"的职业理念，是无法产生积极作用的。
- 职业理念应当是适时的，任何超前或滞后的职业理念都会影响我们的职业发展。企业处在什么样的发展阶段，我们就应该秉承什么样的职业理念。当企业向前发展时，如果我们的职业理念仍停留在原来的阶段，既不学习也不改变，那么我们自然会跟不上企业的发展。同样，如果我们的职业理念过于超前，脱离了企业发展的实际，也就无法发挥自己的能力。
- 职业理念必须符合企业管理的目标。企业的成长过程实际上就是企业管理目标实现的过程。只有充分了解企业管理的目标，才能构建与企业管理目标一致的职业理念。

三、任务实现

当前，以互联网、大数据、人工智能等为代表的新一代信息技术正蓬勃发展且深刻改变着人们的生活和交往方式，但同时可能带来一些伦理风险。现在的网络上经常有引发全社会关注的信息伦理事件，这些事件对社会产生了深远影响。例如，智能推荐带来了用户隐私方面的问题，如为了精确刻画用户画像，相关算法需要对用户的历史行为、个人特征等数据进行深入细致的挖掘，这可能导致推荐系统过度收集用户的个人数据；自动驾驶面对的伦理问题有自动驾驶上市前对事故风险的讨论，以及自动驾驶与现行交通法律法规体系的协调等。

请同学们讨论并分析应对信息伦理问题的方法与措施，如个人信息的过度收集和使用、AI时代数字作品的版权保护、信息价值取向型失范行为、网络人际关系疏离等，也可以通过网络进一步阅读信息化带来伦理挑战的相关文章，如《信息时代的伦理审视》《智媒时代的数字伦理问题》等，从而进一步加强对自身信息伦理道德的规范和审视。

课后练习

一、填空题

1. 信息素养这一概念最早被提出是在_____年。
2. 职业理念的作用主要体现在_____、感受工作带来的快乐、使我们在职场上不断进步等方面。

3. 信息安全的核心就是要保证信息的_____、_____和_____。

二、单选题

1. 下列选项中，属于信息素养核心组成部分的是（　　）。

    A. 信息伦理　　　　B. 信息知识　　　　C. 信息能力　　　　D. 信息道德

2. 下列关于职业理念的说法中，不正确的是（　　）。

    A. 职业理念应当合时宜　　　　　　B. 职业理念应当是适时的

    C. 职业理念必须符合企业管理的目标　　D. 职业理念应当符合个人的要求与目标

3. 下列选项中，不属于信息伦理涉及的问题是（　　）。

    A. 信息私有权　　　　B. 信息隐私权　　　　C. 信息产权　　　　D. 信息资源存取权

模块七
WPS AI应用

07

　　从技术的发展历程来看，每一次新技术的出现与普及都将引起各个行业和领域的重大变革。例如，在工业革命、信息革命之后，很多传统行业都发生了变革，一些新的行业与领域也随之兴盛起来。在 AI 技术兴起以后，AI 智能办公技术也让办公领域迎来了重大变革。AI 智能办公的核心是人工智能技术和自动化技术，它可以利用自然语言处理、机器学习、数据挖掘、计算机视觉等多种人工智能技术提高人们在办公场景中的工作效率和工作质量。随着人工智能技术的快速发展，AI 智能办公逐渐成为一种新兴的自动化办公方式。本任务将基于 WPS AI 来制作"实习报告"文档、"学生成绩管理"表格和"劳动第一课"演示文稿，以认识 AI 技术在办公方面的应用场景，并掌握使用 AI 智能办公软件提升工作效率的方法。

课堂学习目标

- **知识目标：** 了解 WPS AI 的应用基础，认识其主要功能。

- **技能目标：** 能够运用 WPS AI 快速完成文档、表格和演示文稿的制作。

- **素质目标：** 紧跟时代发展的步伐，培养前瞻视野，做新知识的学习者与应用者。

任务一　使用 WPS 文字 AI 制作"实习报告"文档

一、任务描述

　　实习报告是大学生对实习期间所经历的工作内容、任务、挑战及解决方案的书面汇报。通过撰写实习报告，一方面，大学生可以系统地回顾整个实习过程，加深对实践经验的理解和记忆，从而巩固所学知识、提升实践能力；另一方面，大学生撰写实习报告有利于树立正确的职业观念、增强职业意识，并为未来的职业生涯做好准备。本任务将使用 WPS 文字 AI 制作"实习报告"文档，通过制作该文档介绍 WPS 文字 AI 应用的相关方法和技巧，以提高用户制作文档的能力。

二、任务准备

　　"实习报告"文档全部由 WPS 文字中的 AI 功能进行制作，因而需要提前了解 WPS 文字 AI 的主要功能和使用场景。

（一）WPS 文字 AI 的主要功能

　　利用 WPS 文字 AI，用户可以在 WPS 文字中完成文本的起草、续写、润色，以及长文档创作等各种操作，从而大大提高文本创作效率。

（1）AI 帮我写。使用该功能可以直接生成文档大纲和文档内容，用户只需提出相应指令，WPS 文字 AI 将基于该指令完成文档内容的自动生成。如果对文档内容不满意，则可以续写文档。

（2）AI 帮我改。使用该功能可以对文档内容进行修改、优化，包括扩写、缩写、更改语言风格等。

（3）AI 伴写。使用该功能，WPS 文字 AI 将基于文档的已有内容逐句生成后续内容，陪伴用户逐句完成整个文档的撰写。

除了以上功能，WPS 文字 AI 还提供了 AI 全文总结、AI 排版等功能。其中，AI 全文总结可以帮助用户快速提炼文档的核心要点，从而对文档的主要内容进行整体归纳；AI 排版则可以帮助用户实现一键快速排版操作，从而大大提高文档排版的效率。

（二）WPS 文字 AI 的使用场景

根据 WPS 文字 AI 的主要功能，可以总结其主要的使用场景。

（1）文档生成。当需要起草一篇文档时，可以使用 WPS 文字 AI 快速完成文档内容的生成。

（2）文档润色。如果需要对已完成的文档进行调整、修改，使其语言更加准确、内容更具有逻辑性，则可以使用 WPS 文字 AI 对文档进行润色。

（3）提炼重点。在阅读一篇长文档，如调研报告、毕业论文时，如果想要提前了解该文档的核心内容，以便确认其是否符合自己的阅读需要，则可以使用 WPS 文字 AI 对文档的重点进行提炼和总结。

（4）一键排版。在制作长文档或专业文档时，可以使用 WPS 文字 AI 的 AI 排版功能完成文档的快速排版，如排版毕业论文、排版公文等。

▌行业动态▐

AI 办公模式应健康发展

自聊天式 AI 横空出世后，AI 大模型迅速成为 AI 的热门赛道，并快速席卷协同办公领域，微软、金山办公、钉钉、飞书等纷纷接入 AI，开启了人机交互办公的新时代。在 AI 飞速发展的同时，办公软件接入 AI 在安全合规方面也有了更高的要求，根据规定，利用 AIGC 技术向中华人民共和国境内公众提供生成文本、图片、音频、视频等内容的服务时，需遵循《生成式人工智能服务管理暂行办法》。

三、制作思路

创建"实习报告"文档的操作比较简单，思路整理如下。

（1）使用 WPS 文字 AI 生成文档内容。

（2）阅读生成的文档内容，并按照需求改写、扩写其中的内容。

（3）手动对文档内容进行编辑和优化，使其内容准确可用，然后对文档内容进行审校，并对文档的核心要点进行总结。

（4）快速排版文档，使其正式、规范。

四、效果展示

"实习报告"文档制作完成后的参考效果如图 7-1 所示。

图 7-1 "实习报告"文档制作完成后的参考效果

五、任务实现

（一）使用 WPS 文字 AI 生成文档内容

要使用 WPS 文字 AI 生成"实习报告"文档的草稿，可以先提出简单指令，并通过 WPS 文字 AI 对该指令进行优化，最后完成文档内容的生成，具体操作如下。

（1）创建"实习报告"空白文档，在文档编辑区中单击鼠标右键，在弹出快捷菜单上方的浮动工具栏中单击"WPS AI"按钮，如图 7-2 所示。

（2）打开 WPS AI 助手，在文本框中输入需要生成的文本要求，如输入"请帮我生成一篇实习报告"文本，然后在文本框右侧单击"优化指令"按钮，如图 7-3 所示。

微课

使用 WPS 文字 AI
生成文档内容

（3）此时，WPS 文字 AI 将自动对该指令进行优化，如图 7-4 所示。阅读优化后的指令，对不妥或不符合自己需求的内容进行修改，完成后按"Enter"键开始生成文档内容。

图 7-2 单击"WPS AI"按钮

图 7-3 输入要求

（4）完成文档内容的生成后，仔细阅读生成的内容，并对不妥之处进行调整。例如，可以直接在 WPS 文字 AI 助手的文本框中继续输入指令，也可以直接单击"调整"按钮，在打开的下拉列表中选择相应的选项对文档内容进行调整。这里单击"调整"按钮，在打开的下拉列表中选择"扩写"选项，如图 7-5 所示。

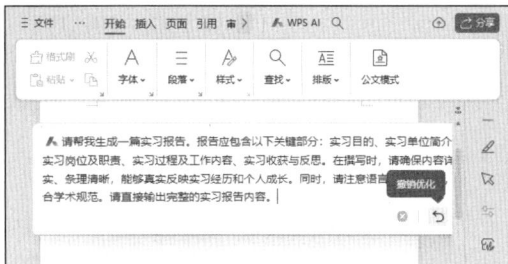

图7-4 优化指令

图7-5 选择"扩写"选项

（5）此时 WPS 文字 AI 将对文档内容进行扩写，使其内容更加详细。确认使用该生成结果后，单击 保留 按钮保存生成的内容，然后阅读文档内容，对其中不恰当、不符合需求的内容进行手动修改与优化。

> **技能提升** 在上述案例中，如果 WPS 文字 AI 生成的关于实习岗位的信息不符合自己的实际情况，则可以在提出指令时指定实习岗位，如"请帮我生成一篇实习岗位为'新媒体文案'的实习报告"，这样就可以进一步控制生成的文档内容。

（二）智能审校文档内容

完成文档内容的生成、调整与优化之后，可以使用 WPS 文字的智能审校功能对文档内容进行审校，具体操作如下。

（1）在"审阅"功能选项卡中单击"文档校对"按钮，在打开的"文档校对"面板中单击 立即校对 按钮，如图 7-6 所示。

（2）此时，WPS 文字将自动对文档内容进行校对，并在打开的面板中提示问题信息，单击 开始修改文档 按钮，在打开的任务窗格中可对问题进行修改，如图 7-7 所示，修改完成后单击 替换 按钮，完成文档内容的审校。

微课
智能审校文档内容

图7-6 单击"立即校对"按钮

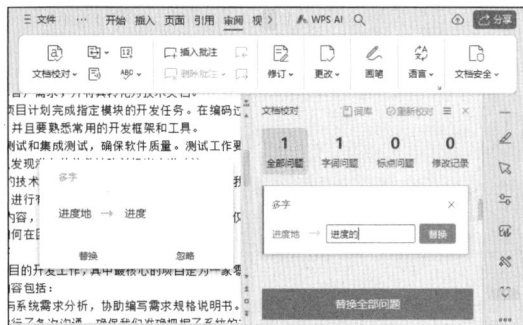

图7-7 对问题进行修改

（三）快速提炼文档内容

如果要将实习报告的主要内容提炼至报告开头，以便于他人阅读，则可以使用 WPS 文字 AI 的全文总结功能，具体操作如下。

（1）在功能选项卡右侧单击"WPS AI"按钮，在打开的下拉列表中选择"AI 全文总结"选项，如图 7-8 所示。

微课
快速提炼文档内容

（2）打开"AI全文总结"对话框，在其中将基于文档内容自动进行总结，生成的总结内容如图 7-9 所示。确认内容无误后，复制生成的内容，然后关闭该对话框，并将复制的内容粘贴至文档开头。

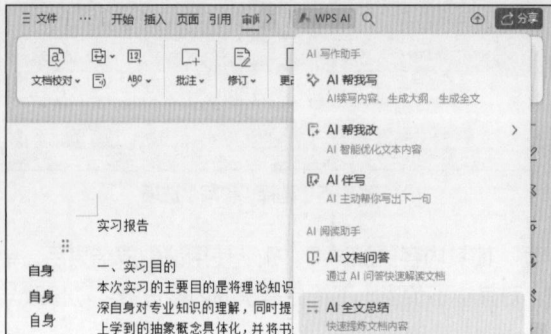

图 7-8　选择"AI 全文总结"选项

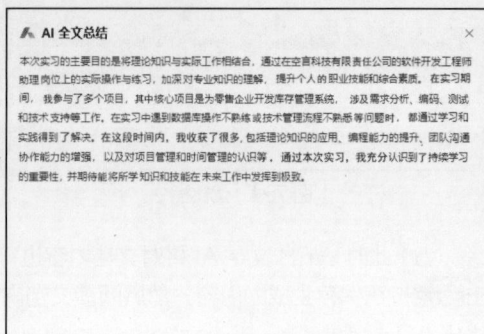

图 7-9　生成的总结内容

（四）一键排版文档内容

完成文档内容的生成后，为了使文档更加专业、美观，可以使用 WPS 文字 AI 的 AI 排版功能快速对文档内容进行排版，具体操作如下。

（1）在功能选项卡右侧单击"WPS AI"按钮 ，在打开的下拉列表中选择"AI 排版"选项，打开"AI 排版"任务窗格，在其中选择需要的排版样式后，单击 开始排版 按钮，如图 7-10 所示。

（2）此时，WPS 文字 AI 将自动对文档内容进行排版，检查排版效果后，单击 应用到当前 按钮，应用样式，如图 7-11 所示，实现文档的快速排版。

微课

一键排版文档内容

图 7-10　选择需要的排版样式

图 7-11　应用样式

（3）按"Ctrl+S"组合键保存文档（配套资源：\效果\模块七\实习报告.docx）。

行业动态

AI 技术助力数字办公加速发展

《国家人工智能产业综合标准化体系建设指南》（2024版）中提到："近年来，我国人工智能产业在技术创新、产品创造和行业应用等方面实现快速发展，形成庞大市场规模。伴随以大模型为代表的新技术加速迭代，人工智能产业呈现出创新技术群体突破、行业应用融合发展、国际合作深度协同等新特点。"在数字办公领域，WPS AI是人工智能技术创新应用的代表。WPS AI自首次亮相到正式公测以来，实现了AI技术在国内办公领域的率先落地，为用户提供AI和协作服务，无论是文档编辑、数据分析还是企业项目管理领域，都能为其提供精准而高效的支持。

任务二　使用 WPS 表格 AI 制作"学生成绩管理"表格

一、任务描述

学生成绩管理是教学信息化中的重要一环。管理学生成绩，既便于教师评估教学效果和教学质量，找出教学过程中的优势与不足，进而调整教学策略和教学方法；也便于学生了解自己的学习进度和学习效果，及时发现问题并有针对性地巩固复习，或发掘自己的学习、就业方向等。本任务将使用 WPS 表格 AI 制作"学生成绩管理"表格，通过制作该表格来介绍 WPS 表格 AI 应用的相关方法和技巧，以提高用户制作实用表格的能力。

二、任务准备

"学生成绩管理"表格全部由 WPS 表格中的 AI 功能进行制作，因而需要提前了解 WPS 表格 AI 的主要功能与使用场景。

（一）WPS 表格 AI 的主要功能

利用 WPS 表格 AI 可以在 WPS 表格中快速完成公式的编写、条件格式的设置等操作。

（1）AI 写公式。使用该功能，WPS 表格 AI 将根据用户的指令快速生成对应的函数公式，并自动完成数据的计算。

（2）AI 条件格式。使用该功能，WPS 表格 AI 将按照用户的指令筛选出指定的单元格，并对其进行标注，从而让数据突出显示出来。

（二）WPS 表格 AI 的使用场景

基于 WPS 表格 AI 的主要功能，我们可以分析其使用场景。通常来说，当用户需要计算表格数据但不知道应该使用哪些函数或公式时，就可以使用 WPS 表格 AI 中的"AI 写公式"功能来完成相关操作。例如，在计算工资表、销量表、成绩表等表格数据时，均可利用 WPS 表格 AI 快速完成相关数据的计算。此外，在一个数据较多的表格中，如果用户想筛选出指定数据，并将其突出显示出来，则可以使用 WPS 表格 AI 中的"AI 条件格式"功能来标记重点数据。

三、制作思路

创建"学生成绩管理"表格主要依靠指令完成数据的计算与筛选，思路整理如下。

（1）使用 WPS 表格 AI 依次完成相关数据的计算。

（2）使用 WPS 表格 AI 筛选指定数据，并将其突出显示出来。

四、效果展示

"学生成绩管理"表格制作完成后的参考效果如图 7-12 所示。

图7-12 "学生成绩管理"表格制作完成后的参考效果

五、任务实现

（一）输入指令，快速计算数据

使用 WPS 表格 AI 来书写公式，可以提高表格数据的计算效率，具体操作如下。

（1）打开"学生成绩管理.xlsx"工作簿（配套资源：\素材\模块七\学生成绩管理.xlsx），选择 H7 单元格，然后在"功能"选项卡右侧单击"WPS AI"按钮，在打开的下拉列表中选择"AI 写公式"选项，打开指令框，在其中输入指令，如图7-13 所示。

（2）单击"发送"按钮，此时，WPS 表格 AI 将依据该指令自动生成相应的公式，以对当前单元格中的数据进行计算，如图 7-14 所示。确认计算无误后，单击 完成 按钮，确认计算结果。

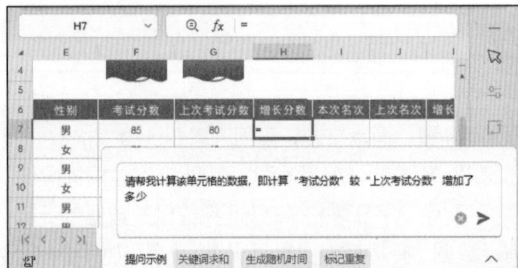

微课

输入指令，快速
计算数据

图7-13 输入指令

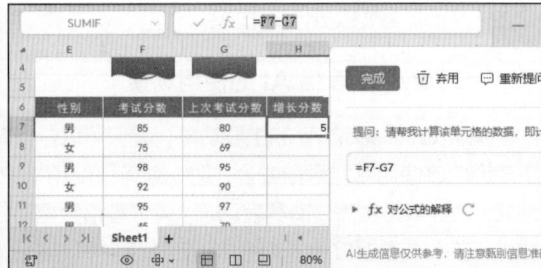

图7-14 检查并应用计算公式

（3）将鼠标指针移动到 H7 单元格的右下角，当其变为＋形状时，将鼠标指针拖动至 H17 单元格，快速完成该列数据的计算。

（4）按照该方法依次计算 I 列、J 列、K 列的单元格数据，依次输入指令为"请计算 F7 单元格在 F 列中的排名""请计算 G7 单元格在 G 列中的排名""请计算 J7 单元格数据减 I7 单元格数据的结果"。

（5）按照该方法依次计算 C3、P3、P4、P5、P6 单元格数据，依次输入指令为"请计算 C7:C17 单元格区域中的单元格个数""请计算'考试分数'列中大于 60 的单元格个数""请计算 9 与 11 的百分比""请计算'考试分数'列中大于或等于 95 的单元格个数""请计算 3 与 11 的百分比"。计算后的结果如图 7-15 所示。

图 7-15　计算后的结果

（二）快速筛选和标记单元格数据

下面在"学生成绩管理"表格中筛选出分数增长最多、名次增长最快的 3 位学生的数据，具体操作如下。

（1）在"功能"选项卡右侧单击"WPS AI"按钮，在打开的下拉列表中选择"AI 条件格式"选项，打开指令框，在其中输入指令，如图 7-16 所示。

（2）打开"AI 条件格式"对话框，查看标记区域和标记规则，在"格式"下拉列表中设置标记颜色，然后单击 完成 按钮，如图 7-17 所示。

图 7-16　输入指令

图 7-17　标记单元格

（3）返回工作表后，可看到符合条件的单元格已成功标记。按照该方法标记出本次名次中前 3 名的单元格数据。

（4）根据计算的数据插入图表和文本框，并对其格式进行设置，以实现重点数据的可视化（配套资源：\效果\模块七\学生成绩管理.xlsx）。

任务三　使用 WPS 演示 AI 制作"劳动第一课"演示文稿

一、任务描述

劳动是中华民族的传统美德之一，在中华民族伟大复兴之路上，正是要依靠所有劳动者的勤劳、勇敢、坚韧不拔来创造民族的美好未来。为了培养学生的劳动观念、劳动技能、劳动习惯和劳动精神，促进学生全面发展、实现素质教育目标，无论是义务教育还是高等教育，都需要高度重视劳动课的教学工作。本任务将使用 WPS 演示 AI 制作"劳动第一课"演示文稿，通过制作该演示文稿来介绍 WPS 演示 AI 应用的相关方法和技巧，以提高用户制作演示文稿的能力。

二、任务准备

制作"劳动第一课"演示文稿前需要了解 WPS 演示 AI 的主要功能与使用场景。

（一）WPS 演示 AI 的主要功能

利用 WPS 演示 AI 可以在 WPS 演示中快速生成整个演示文稿，也可以单独生成某一张幻灯片。

（1）AI 生成 PPT。使用该功能，WPS 演示 AI 将基于主题、大纲或文档自动生成 PPT，并基于模板来设计演示文稿的整体视觉效果。

（2）AI 生成单页。使用该功能，WPS 演示 AI 将在一个演示文稿中单独生成一张幻灯片，并自动设计该幻灯片的内容和视觉效果。

（二）WPS 演示 AI 的使用场景

如果用户明确自己需要生成的演示文稿主题，或完成了演示文稿大纲的制作，或制作了相关文档后，想要将文档内容转换为演示文稿，则可以使用 WPS 演示中的"AI 生成 PPT"功能来根据主题、大纲和文档内容自动生成完整的演示文稿。如果用户已经完成了演示文稿的制作，但还需要补充一些内容，如增加单独的幻灯片，则可以使用"AI 生成单页"功能进行单页幻灯片的生成。

三、制作思路

制作"劳动第一课"演示文稿主要涉及 WPS 演示中 AI 功能的使用，思路整理如下。

（1）使用 WPS 演示 AI 快速生成大纲和演示文稿初稿，并为其应用模板。

（2）根据需要单独生成单页幻灯片的内容。

四、效果展示

"劳动第一课"演示文稿制作完成后的部分参考效果如图 7-18 所示。

图 7-18 "劳动第一课"演示文稿制作完成后的部分参考效果

五、任务实现

（一）一键生成大纲和 PPT

使用 AI 生成演示文稿的操作虽然十分高效、便捷，但其生成的内容可能不符合自身需要，因此用户需要提前拟定演示文稿的主题和大纲，再基于该拟定内容快速生成相应的演示文稿。下面使用 WPS 演示 AI 基于拟定的大纲生成对应的演示文稿，具体操作如下。

（1）新建一个空白演示文稿，在"功能"选项卡右侧单击"WPS AI"按钮，在打开的下拉列表中选择"AI 生成 PPT"/"大纲生成 PPT"选项，打开指令框，输入大纲，如图 7-19 所示。

（2）单击 开始生成 按钮，此时，WPS 演示 AI 将自动基于大纲生成演示文稿并细化大纲，如图 7-20 所示。

图 7-19　输入大纲

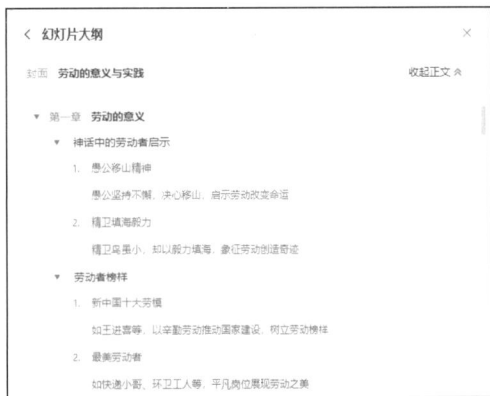

图 7-20　基于大纲生成演示文稿并细化大纲

（3）确认大纲无误后，单击 挑选模板 按钮，为演示文稿挑选一个合适的模板，如图 7-21 所示。确认模板无误后，单击 创建幻灯片 按钮，完成演示文稿的创建。

图 7-21　挑选模板

（二）单独生成单页幻灯片

尽管 WPS 演示 AI 基于用户提供的大纲来生成演示文稿，但其内容和细节也需要用户进一步检查。如果需要增加内容，则可以生成单页幻灯片。下面检查"劳动第一课"演示文稿的内容，并根据需要生成单页幻灯片，具体操作如下。

（1）检查 WPS 演示 AI 生成的演示文稿，并对其内容进行修改，包括删除不需要的幻灯片、修改有误的文本、更改不适合的图片等。

（2）确认内容修改完成后，在"功能"选项卡中单击"WPS AI"按钮 ，在打开的下拉列表中选择"AI 生成单页"选项，打开指令框，在其中输入指令，如图 7-22 所示。

（3）单击 智能生成 按钮，在打开的对话框中将生成单页幻灯片的大纲，确认无误后，单击 生成幻灯片 按钮，如图 7-23 所示。

图 7-22　输入指令

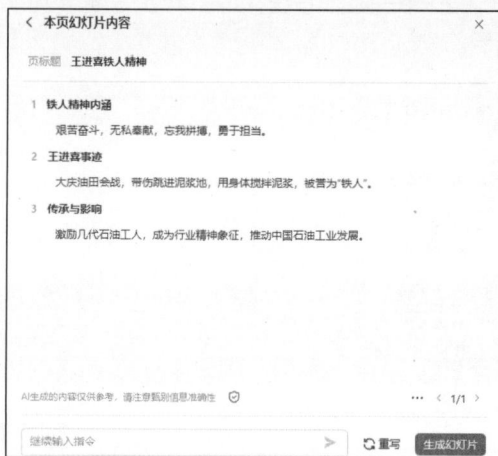

图 7-23　生成单页幻灯片的大纲

（4）此时，WPS 演示 AI 将生成该幻灯片内容，并推荐多种样式。在"推荐样式"栏中选择需要的样式后，如图 7-24 所示，单击 应用此页 按钮，完成单页幻灯片的创建。

图 7-24　选择需要的样式

（5）按照该方法依次生成其他幻灯片，并根据需求调整幻灯片的内容、顺序等，完成后保存演示文稿（配套资源：\效果\模块七\劳动第一课.pptx）。

课后练习

一、填空题

1. 撰写文档缺乏思路时，可以使用 WPS 文字 AI 的__________功能直接生成整篇文档。

2. 在完成一部分内容的撰写后，如果没有找到撰写的方向或灵感，则可以使用 WPS 文字 AI 的__________功能获取灵感。

3. 在计算工资数据时，可以使用 WPS 表格 AI 的__________功能自动编写公式并完成计算。

4. 当用户制作了一篇文档后，想将其以演示文稿的形式展示出来，可以使用 WPS 演示 AI 的__________功能。

5. 在一个演示文稿中，如果用户想要补充、增加单独的幻灯片，则可以使用 WPS 演示 AI 的__________功能。

二、单选题

1. 如果需要对已完成的文档进行调整、修改，使其语言更加准确、内容更具有逻辑性，则可以使用 WPS 文字 AI 的（　　）功能对文档进行润色。

A. 文档生成　　B. 文档润色　　C. 提炼重点　　D. 一键排版

2. 在 WPS 表格中，如果用户想要将指定的数据突出显示出来，则可以使用 WPS 表格 AI 的（　　）功能。

A. AI 写公式　　B. AI 条件格式　　C. AI 改写　　D. AI 伴写

3. 假设你需要在一个“学生信息表”表格中标记出“政治面貌”列中所有为“团员”的单元格，应选择（　　）指令。

A. 请帮我标记出“政治面貌”列中显示为“团员”的单元格

B. 标记所有团员

C. 标记团员

D. 请帮我筛选出表格中的所有团员

三、操作题

1. 启动 WPS 文字，按照下列要求对文档进行操作，参考效果如图 7-25 所示。

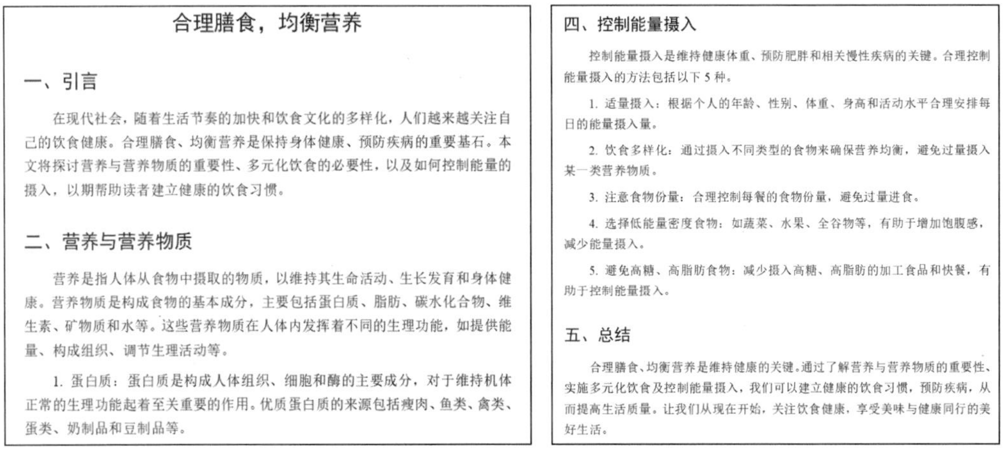

合理膳食，均衡营养

一、引言

在现代社会，随着生活节奏的加快和饮食文化的多样化，人们越来越关注自己的饮食健康。合理膳食、均衡营养是保持身体健康、预防疾病的重要基石。本文将探讨营养与营养物质的重要性、多元化饮食的必要性，以及如何控制能量的摄入，以期帮助读者建立健康的饮食习惯。

二、营养与营养物质

营养是指人体从食物中摄取的物质，以维持其生命活动、生长发育和身体健康。营养物质是构成食物的基本成分，主要包括蛋白质、脂肪、碳水化合物、维生素、矿物质和水等。这些营养物质在人体内发挥着不同的生理功能，如提供能量、构成组织、调节生理活动等。

1. 蛋白质：蛋白质是构成人体组织、细胞和酶的主要成分，对于维持机体正常的生理功能起着至关重要的作用。优质蛋白质的来源包括瘦肉、鱼类、禽类、蛋类、奶制品和豆制品等。

四、控制能量摄入

控制能量摄入是维持健康体重、预防肥胖和相关慢性疾病的关键。合理控制能量摄入的方法包括以下 5 种。

1. 适量摄入：根据个人的年龄、性别、体重、身高和活动水平合理安排每日的能量摄入量。

2. 饮食多样化：通过摄入不同类型的食物来确保营养均衡，避免过量摄入某一类营养物质。

3. 注意食物份量：合理控制每餐的食物份量，避免过量进食。

4. 选择低能量密度食物：如蔬菜、水果、全谷物等，有助于增加饱腹感，减少能量摄入。

5. 避免高糖、高脂肪食物：减少摄入高糖、高脂肪的加工食品和快餐，有助于控制能量摄入。

五、总结

合理膳食、均衡营养是维持健康的关键。通过了解营养与营养物质的重要性、实施多元化饮食及控制能量摄入，我们可以建立健康的饮食习惯，预防疾病，从而提高生活质量。让我们从现在开始，关注饮食健康，享受美味与健康同行的美好生活。

图 7-25 “合理膳食，均衡营养”文档参考效果

（1）新建空白文档，将其命名为“合理膳食，均衡营养”，并将其保存到计算机中。

（2）使用“AI 帮我写”功能生成文档内容，其指令为“请帮我写一篇主题为‘合理膳食、均衡营养’的文档，其内容包含引言、营养与营养物质、多元化饮食、控制能量摄入、总结 5 个部分”。

（3）使用“AI 帮我改”功能对文档内容进行润色。

（4）使用“AI 排版”功能对文档进行排版。

（5）保存文档（配套资源：效果\模块七\合理膳食，均衡营养.docx）。

2. 启动 WPS 表格，按照下列要求对表格进行操作，参考效果如图 7-26 所示。

（1）打开“企业员工花名册统计表.xlsx”工作簿（配套资源：素材\模块七\企业员工花名册统计表.xlsx），使用“AI 写公式”功能计算表格中的相关数据。

（2）将学历为“博士”的单元格标记出来。

（3）保存工作簿（配套资源：效果\模块七\企业员工花名册统计表.xlsx）。

员工花名册

户籍统计	
农村户籍	4
城镇户籍	5

学历统计				
初中	高中	专科	本科	博士
0	1	3	3	1

年龄段统计		
30岁以下	30-40岁	40岁以上
1	4	4

序号	工号	姓名	性别	部门	职务	户籍类型	身份证号	年龄	学历	联系电话	现住址	职称情况	备注
1	A701	秋月	女	总经办	总经理	城镇户籍	250XXX19891106XXXX	35	博士	150XXXX2995	XXXX省XXXXX市XXXX街道	高级	
2	A702	洛云	男	人力资源部	人事专员	农村户籍	250XXX19910507XXXX	33	专科	150XXXX2996	XXXX省XXXXX市XXXX街道	初级	
3	A703	冬天	女	设计部	设计总监	城镇户籍	250XXX19791108XXXX	45	本科	150XXXX2997	XXXX省XXXXX市XXXX街道		
4	A704	夏花	女	财务部	会计	农村户籍	250XXX1990609XXXX	34	本科	150XXXX2998	XXXX省XXXXX市XXXX街道		
5	A705	征捷	男	营销部	营销专员	城镇户籍	250XXX19720510XXXX	52	专科	150XXXX2999	XXXX省XXXXX市XXXX街道		
6	A706	岚山	男	技术部	技术经理	城镇户籍	250XXX19950311XXXX	29	专科	150XXXX3000	XXXX省XXXXX市XXXX街道		
7	A707	吴钩	男	工程部	安装工程师	农村户籍	250XXX19750112XXXX	49	高中	150XXXX3001	XXXX省XXXXX市XXXX街道		
8	A708	苏未	男	成本部	成本经理	城镇户籍	250XXX19881013XXXX	36	本科	150XXXX3002	XXXX省XXXXX市XXXX街道		
9	A709	兆麟	男	设计部	平面设计师	农村户籍	250XXX19781014XXXX	46	硕士	150XXXX3003	XXXX省XXXXX市XXXX街道		

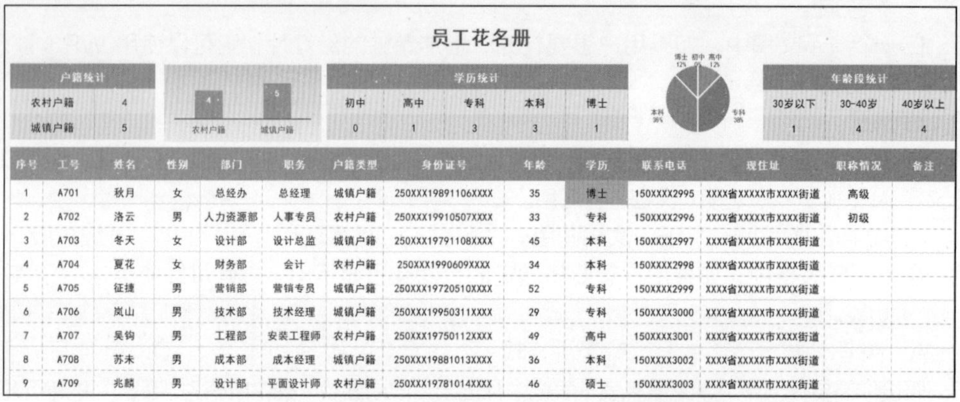

图 7-26 “企业员工花名册统计表”工作簿参考效果

3. 启动 WPS 演示，按照下列要求对演示文稿进行操作，部分参考效果如图 7-27 所示。

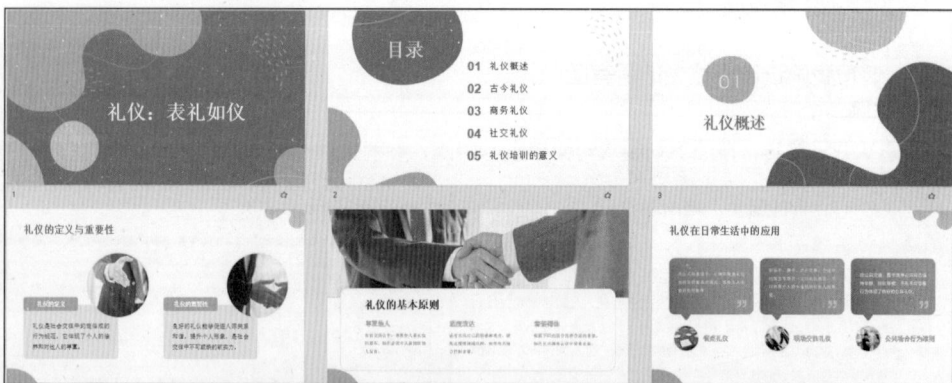

图 7-27 “礼仪培训”演示文稿部分参考效果

（1）新建空白演示文稿，将其命名为“礼仪培训”，并将其保存到计算机中。

（2）使用“AI 生成 PPT”功能生成演示文稿内容，其指令为“请生成一篇以‘礼仪培训’为主题的演示文稿，其内容包括礼仪概述、古今礼仪、商务礼仪、社交礼仪、礼仪培训的意义 5 个部分”。

（3）检查生成的演示文稿内容，并根据需求对其内容进行编辑，完成后保存演示文稿（配套资源：效果\模块七\礼仪培训.pptx）。